FOOD HYGIENICS

이해하기 쉬운

식품위생학

머리말

지구 환경의 변화로 우리의 건강을 위협하는 곰팡이·세균·바이러스 등은 점점 더 강력해지고 있다. 농업기술의 발달과 무역자유화로 인해 먹거리가 다양하고 풍부해졌지만, 식품에 잔류한 농약·화학비료·항생제 등은 우리에게 큰 걱정거리를 안겨주고 있다. 소비자들은 가공식품을 소비하면서 식생활의 편리함을 누리면서도 각종 식품첨가물과 유해물질에 대해 안심할 수가 없으며, 가정 밖에서의 음식 섭취로 식중독 발생이 증가하고 있다.

이 책은 세균성 식중독과 식품변질에 대한 이해를 돕기 위하여 식품미생물에 대한 정보를 간략하게 수록하였다. 식중독·화학적 위해물질·감염병·기생충·위생동물·식품첨가물 등과 관련된 내용을 자세히 다루었고, HACCP 제도·식품의 전처리 제조 가공시설 및 집단급식시설 위생관리에 대하여 최신 정보를 제공하고자 하였다. 또한 우리가 식생활 속에서 이미 소비하고 있는 방사선조사식품과 유전자변형식품에 대한 내용을 포함시켰다.

식품영양학을 전공하는 학생들이 영양사와 위생사 국가시험에 대비할 수 있도록 새로운 법규나 변경된 제도 등을 반영하였고, 내용의 이해를 돕기 위해 그림이나 사진 자료도 활용하였다. 저자들은 현재 출간되어 있는 여러 책과 정부기관에서 발행한 인쇄물이나 홈페이지에 수록된 자료, 학회에서 발간하는 잡지 등을 토대로 이 책을 집필하였다.

저자들은 개정되는 법규나 제도는 최대한 즉시 수정하고 부족한 점이 발견되면 보완해 나갈 것을 약속드리며, 이 책이 순조롭게 완성될 수 있도록 도움을 주신 파워북 여러분께 감사를 드린다.

저자 일동

차례

CHAPTER 1

서론

CHAPTER 2

식품과 미생물

CHAPTER 3

식품위생 검사

CHAPTER 4

세균성 식중독과 바이러스성 식중독

CHAPTER 5

자연독 식중독

CHAPTER 6

화학적 식중독

CHAPTER 7

환경유해물질

CHAPTER 8

감염병, 기생충과 위생동물

CHAPTER 9

식품첨가물

CHAPTER 10

HACCP

CHAPTER 11

식품시설의 위생

CHAPTER 12

유전자변형 농산물 및 방사선조사 식품

CHAPTER 13

식품위생행정

CHAPTER 1

서론

1. 식품위생의 개념 | 2. 식품위생사고 발생 현황 | 3. 식중독 예방 대책

학습목표

인간이 생활하기 위해서는 물이나 공기 등의 여러 필수 조건 외에 식품도 이에 못지않게 매우 중요한 위치를 차지하고 있다. 인류 최초 조상들은 자연에서 획득하여 날 것으로 섭취한 식재료의 위험성에 대한 지식이 전혀 없었으므로 때로는 섭취 후 생명을 잃기도 하였다. 그러다 우연히 발견한 불의 도움으로 열처리를 통한 조리가 시작되어 외관, 영양 외에도 위생과 안전성을 고려한 새로운 형태의 식품 또는 음식이 제공됨으로써 식품저장에 의한 경제적 효과도 얻게 되었다.

1. 식품위생의 개념

식품이란 동물이나 식물을 근원으로 인간과 동물에 의해 섭취되고 소화, 흡수되어 성장, 발달 및 기타 활동을 하기 위해 먹을 수 있는 모든 물질이라고 정의한다. 따라서 섭취하였을 때 발생하는 식중독과 관련된 용어로는 위해(위험hazard), 독성toxicity 및 안전성safety이 있다. 위해란 어떤 물질을 주어진 양과 방법으로 섭취하였을 때 발생하는 위험이나 손상의 확률로 설명한다. 독성은 어떤 물질로 인해 기형, 돌연변이, 암 등이 유발될 때 그 물질이 가지는 능력이고, 안전성은 그러한 위험이나 손상이 일어나지 않도록 하는 실제적인 확실성을 의미한다.

식품과 관련된 위해는 여러 요인에 의해 야기된다. 이에는 병원성 미생물, 영양 요인, 환경 요인, 자연독, 잔류농약, 식품첨가물 및 제조·유통 중 유인성 요인 등이 있다 표 1-1. 영양 요인이란 잘못된 식품정보로 인한 특정 영양소의 과부족이 심각한 건강 문제를 야기하는 경우로, 과거에 기아의 대명사로 알려진 콰시오커나 오늘날의 비만이 해당된다. 또한 환경 요인 중의 하나인 환경 호르몬이나 잔류농약에 의한 위해는 수질오염과도 관련되어 생물체 특히 어패류에 큰 영향을 미치는데, 이는 먹이사슬을 통해 결국 인체에 상당한 영향을 미치거나 건강상 장애를 유발한다. 따라서 식품첨가물은 식중독균을 제거하여 식품저장과 안전성 증대의 측면에서도 중요하지만 여전히 불안감을 야기하기므로 종종 논쟁의 대상이 된다. 아울러 식품 가공·조리·저장·발효 과정 중 발생되는 일부 독성물질에 의한 위해성이 확인되면서 식품제조나 유통 시에

표 1-1 | 식품 위해의 요인

위해 요인	요인 물질/발생의 예
병원성 미생물	비브리오균, 살모넬라균, *Clostridium botulinum*
영양 요인	소금, 지방, 항비타민 성분
환경 요인	중금속, PCB, 다이옥신 등의 환경호르몬
자연독	식물독, 동물독, 곰팡이독(mycotoxin)
잔류농약	유기인제, 유기염소제, 유기수은제
식품첨가물	품질개량제, 보존료, 살균료, 산화방지제
유인성 요인	니트로자민, 아세트알데히드, 트랜스지방(산), MCPD, PAH, 아크릴아미드, 에틸카바메이트

주의를 환기시키고 있다.

식생활을 위협하는 여러 요인을 알아보고자 시행한 소비자 대상 설문조사에서 한국인은 잔류농약과 식품첨가물을 가장 위험한 요인 중의 하나라고 선택하였다. 그러나 실제 수치로 나타나는 위협요소는 병원성 미생물, 영양과잉, 환경오염물질(중금속이나 다이옥신), 자연독, 잔류농약 및 식품첨가물 순으로 나타났다.

식품위생food hygiene은 식품의 생산, 제조 및 유통 과정 중 발생되어 인간의 건강을 위협하는 식중독을 예방하는 측면에서 매우 중요하다. 이를 구체적으로 도입한 수단이 「식품위생법」으로 식품, 식품첨가물, 화학적 합성품, 기구, 용기, 포장 및 영업 등 9개 항목을 대상으로 용어를 설명하고 규정하는 내용을 포함시키고 있다.

「식품위생법」 제4조에서는 "위해 식품이란 부패 또는 설익은 식품, 유독 또는 유해물질에 오염된 식품, 병원 미생물에 오염된 식품, 불결한 것이나 이물질 등이 혼입된 식품, 영업허가를 받지 않은 자가 제조·가공·소분한 식품, 안전성에 문제 있는 식품, 수입금지 또는 신고하지 않고 수입한 식품"으로 정의한다. 이를 지키지 않으면 식품에 의해 야기되는 식성장해food injury가 발생할 수 있다.

2. 식품위생사고 발생 현황

그림 1-1에 최근 8년간(2015~2022년)의 식중독 발생 현황을 나타내었다. 이 기간 중에 식중독 발생건수는 2018년도에 최대(363건)를 보였는데 이는 지구온난화, 급증한 아파트의 수, 빈번한 외식 기회 등 여러 요인이 관계되는 것으로 보인다. 이후에는 연도 간 큰 차이를 보이지 않으면서 점차 감소하여 2022년에 발생건수(311건)를 나타냈다. 발생 환자 수는 2018년도에 최대(11,504명)를 보였다가 점점 감소하여 2022년에는 5,501명의 환자 수를 보였다.

2022년 5~7월의 식중독 발생건수(환자 수)는 129건(2,352명)으로 2021년의 70건(1,830명)에 비해 발생건수와 환자수가 증가하였는데, 야외활동(야유회, 체육대회 등)이 많은 시기인 이 기간 중에는 반복적으로 급격한 기온 상승과 장마로 인한 환경적 요인에 의해 부패균이나 미생물 증식이 활발하고 식재료를 부적절하게 취급함으로써 집단 식중

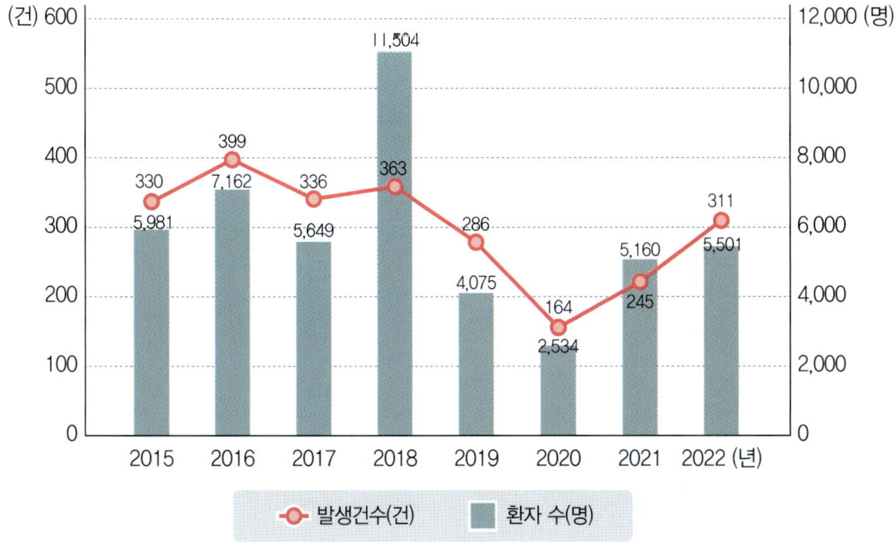

그림 1-1 | **연도별 식중독 발생건수 및 환자 수**
자료: 식품의약품안전처

독 사고가 일어날 가능성이 매우 높다. 더욱이 급식시설이 대형화되고 주 5일 근무제 시행으로 인해 여행을 통한 다양한 식품접객시설을 이용할 기회가 많아지므로 음식을 제공하는 시설에서는 조리나 보관 등의 수칙을 엄수하고 안전한 급식을 제공해야 한다. 식품의약품안전처에서도 야외 활동 등 외부에서 도시락을 먹는 경우 음식물을 충분히 익힌 후에는 5℃ 이하나 60℃ 이상에서 보관하고, 손을 항상 깨끗이 씻고, 물은 끓여서 마시는 생활습관을 실천도록 제안하였다.

표 1-2는 원인시설별 식중독 발생 현황을 연도별로 제시하고 있다. 8년 평균치(2015~2022)로 살펴보면 음식점, 기타 학교 외 집단급식, 학교, 가정집 순으로 발생빈도가 높았다. 이는 가정보다는 외식(식품접객업체) 기회가 점점 더 많아지고 여러 행사를 통해 제공되는 식사가 집단급식 형태로 이루어져 가정 내 식사에 의한 식중독보다는 가정 외 식사에 의한 식중독 발생(건수와 환자 수 모두)이 더 많다는 것을 설명한다.

표 1-3은 2022년도 원인시설별 식중독 발생 현황을 지역별로 제시하였다. 총 발생건수는 경기, 서울, 부산, 경남, 충남이 많았고, 환자 수는 부산, 경기, 서울, 경남, 대구 지역에서 많았는데, 주로 대도시나 여행횟수가 빈번한 지역에서의 행사나 모임 등으로 인한 잦은 외식 요인으로 발생한다고 볼 수 있다. 따라서 가정 내 식사에 비해 점점 대

표 1-2 ㅣ 연도별 · 원인시설별 식중독 발생 현황 (단위: 건, 명)

	총계		학교		학교 외 집단급식		음식점		가정집		기타		불명	
	건수	환자 수	건수	환자 수	건수	환자 수	건수	환자 수	건수	환자 수	건수	환자 수	건수	환자 수
2015년	330	5,981	38	1,980	26	802	199	1,506	9	34	54	1,641	4	18
2016년	399	7,162	36	3,039	32	904	251	2,120	3	16	73	974	4	109
2017년	336	5,649	27	2,153	23	426	222	1,994	2	6	52	776	10	294
2018년	363	11,504	44	3,136	38	1,875	202	2,323	3	10	67	4,094	9	66
2019년	286	4,075	24	1,214	29	620	175	1,409	3	7	48	764	7	61
2020년	164	2,534	13	401	25	1,043	108	797	3	13	15	280	0	0
2021년	245	5,160	21	708	55	1,227	119	2,705	3	12	44	501	3	7
2022년	311	5,501	25	1,102	44	903	180	2,117	3	32	43	1,239	16	108
계	2,434	47,566	228	13,733	272	7,800	1,456	14,971	29	130	396	10,269	53	663

자료: 식품의약품안전처

표 1-3 ㅣ 지역별 · 원인시설별 식중독 발생 현황(2022년 기준) (단위: 건, 명)

	총계		학교		학교 외 집단급식		음식점		가정집		기타		불명	
	건수	환자 수	건수	환자 수	건수	환자 수	건수	환자 수	건수	환자 수	건수	환자 수	건수	환자 수
서울	47	658	5	212	12	180	19	187	0	0	9	75	2	4
부산	40	1,208	2	130	4	103	28	460	0	0	6	515	0	0
대구	15	306	1	115	0	0	13	189	0	0	1	2	0	0
인천	7	210	1	81	1	30	3	65	0	0	1	32	1	2
광주	6	40	0	0	2	28	3	9	0	0	1	3	0	0
대전	7	230	1	4	0	0	3	134	0	0	2	90	1	2
울산	3	15	0	0	1	6	2	9	0	0	0	0	0	0
세종	1	4	0	0	0	0	1	4	0	0	0	0	0	0
경기	49	1,134	6	303	16	339	18	301	1	19	7	170	1	2
강원	11	107	0	0	0	0	9	94	0	0	2	13	0	0
충북	12	100	0	0	1	15	9	39	0	0	2	46	0	0
충남	22	285	1	14	2	49	13	58	1	11	3	138	2	15
전북	11	170	3	119	0	0	6	45	0	0	1	4	1	2
전남	13	81	0	0	1	4	11	69	0	0	0	0	1	8
경북	18	255	2	24	1	10	11	116	0	0	3	53	1	52
경남	26	377	1	12	3	139	16	134	1	2	3	84	2	6
제주	15	231	2	88	0	0	12	139	0	0	1	4	0	0
불명	8	90	0	0	0	0	3	65	0	0	1	10	4	15
계	311	5,501	25	1,102	44	903	180	2,117	3	32	43	1,239	16	108

자료: 식품의약품안전처

규모화되는 식중독 발생을 대비하기 위해서는 반드시 위생 처리를 한 음식의 섭취가 무엇보다도 필요하다.

표 1-4는 원인물질별 요인에 따른 연도별 식중독 발생 현황을 나타내었다. 과거에는 발생건수의 반 이상이 세균성이었지만 2015년부터 세균에 의한 발생은 점점 줄어들고 노로바이러스에 의한 발생건수가 점차 늘어나고 있다(불명과 기타 요인 제외). 아직까지 원인물질별 식중독 현황은 대부분 역학조사에 의존하기 때문에 새로운 미생물에 의해 야기된 식중독 검출은 매우 어려운 실정이다. 세균성 요인에서는 살모넬라균, 클로스트리디움 퍼프린젠스, 장염비브리오균이 주된 식중독 유발 병원균이지만 캄필로박터균에 의한 식중독이 점차 늘어나고 있다. 이 균은 유통 중에 오염된 닭을 불완전하게 조리하거나 재가열이 불충분할 때 자주 발생한다고 알려진 식중독균이다.

표 1-4 | 원인물질별 요인에 따른 연도별 식중독 발생 현황 (단위: 건, 명)

	합계		2015년		2016년		2017년		2018년		2019년		2020년		2021년		2022년	
	건수	환자 수	건수	환자 수	건수	환자 수	건수	환자 수	건수	환자 수	건수	환자 수	건수	환자 수	건수	환자 수	건수	환자 수
병원성대장균	301	12,635	39	2,138	57	2,754	47	2,383	51	2,715	25	497	23	628	32	668	27	852
살모넬라	188	8,634	13	202	21	354	20	662	19	3,516	18	575	21	529	32	1,561	44	1,235
장염비브리오	57	888	5	25	22	251	9	354	11	213	5	25	3	12	2	8	0	0
캄필로박터 제주니	128	3,871	22	805	15	831	6	101	14	453	12	312	17	515	28	584	14	270
황색포도상구균	35	546	11	191	1	4	0	0	3	52	4	56	1	4	5	82	10	157
클로스트리디움 퍼프린젠스	83	3,657	15	394	8	449	7	69	14	679	10	251	8	207	11	615	10	993
바실러스 세레우스	60	684	6	22	3	26	10	73	15	242	5	75	3	26	7	113	11	107
기타세균	16	886	0	0	0	0	1	26	5	801	1	17	0	0	2	18	7	24
노로바이러스	397	7,789	58	996	55	1,187	46	968	57	1,319	46	1,104	29	243	57	1,058	49	914
기타바이러스	25	472	2	9	0	0	2	52	2	128	8	230	1	6	8	32	2	15
원충	196	1,112	15	114	39	212	39	177	37	229	48	308	10	40	2	8	6	24
자연독	9	51	0	0	1	6	2	21	1	4	2	10	0	0	1	1	2	9
화학물질	0	0	0	0	0	0	0	0	0	0	0	0	0	0	0	0	0	0
불명	939	6,341	144	1,085	177	1.088	147	763	134	1,153	102	615	48	324	58	412	129	901
진행중	0	0	0	0	0	0	0	0	0	0	0	0	0	0	0	0	0	0
계	2,434	47,566	330	5,981	399	7.162	336	5,649	363	11,504	286	4,075	164	2,534	245	5,160	311	5,501

자료: 식품의약품안전처

발생 환자 수에서도 발생건수에서처럼 노로 바이러스에 의한 식중독 환자 수가 매우 많으며, 바이러스성 식중독은 사람 간 전파가 쉬워 많은 사람이 모이거나 연휴 기간에는 음식 보관 및 개인위생 관리에도 철저히 주의를 기울여야 한다(식품의약품안전처).

표 1-5는 2022년도 원인물질별 요인에 따른 식중독 발생건수와 발생 환자 수를 지역별로 조사한 수치이다. 표 1-4와 마찬가지로 불명과 기타 요인을 제외하고는 노로 바이러스에 의한 식중독이 일부 지역을 제외(미조사 또는 미검출)하고는 대부분의 지역에서 가장 위협적인 식중독 발생요인으로 밝혀졌다.

앞에서 보았듯이 최근 보고된 식중독 사고의 원인균이 기존에 알려진 원인균과는 다른 바이러스균으로 밝혀지거나 불명 또는 기타 요인으로 불검출되므로 이러한 신종 원인 미생물의 정확한 검출에 대한 대책이 필요하고, 아울러 이러한 균이나 원인에 대한 예방이나 치료가 신속히 대처되어야 한다.

표 1-5 | **원인물질별 요인에 따른 지역별 식중독 발생 현황(2022년) (단위: 건, 명)**

	총계		병원성 대장균		살모넬라		장염 비브리오		캠필로박터 제주니		황색포도상 구균		클로스트리디움 퍼프린젠스		바실러스 세레우스		기타세균		노로 바이러스		기타 바이러스		원충		자연독		화학물질		불명		진행중	
	건수	환자 수	건수	환자 수	건수	환자 수	건수	환자 수	건수	환자 수	건수	환자 수	건수	환자 수	건수	환자 수	건수	환자 수	건수	환자 수	건수	환자 수	건수	환자 수	건수	환자 수	건수	환자 수	건수	환자 수	건수	환자 수
서울	47	658	3	152	3	47	0	0	1	5	1	5	0	0	0	0	2	5	9	163	1	13	1	7	0	0	0	0	26	261	0	0
부산	40	1,208	0	0	8	300	0	0	1	12	3	78	2	480	0	0	0	0	12	285	0	0	1	2	0	0	0	0	13	51	0	0
대구	15	306	1	27	4	128	0	0	0	0	0	0	0	0	0	0	0	0	3	123	0	0	2	7	1	4	0	0	4	17	0	0
인천	7	210	3	118	1	58	0	0	1	30	0	0	0	0	0	0	0	0	0	0	1	2	1	2	0	0	0	0	0	0	0	0
광주	6	40	0	0	2	5	0	0	0	0	0	0	0	0	0	0	0	0	2	28	0	0	0	0	0	0	0	0	2	7	0	0
대전	7	230	0	0	2	9	0	0	0	0	0	0	3	215	0	0	0	0	2	6	0	0	0	0	0	0	0	0	0	0	0	0
울산	3	15	0	0	0	0	0	0	0	0	0	0	0	0	0	0	0	0	0	0	0	0	0	0	1	5	0	0	2	10	0	0
세종	1	4	0	0	0	0	0	0	0	0	0	0	0	0	1	4	0	0	0	0	0	0	0	0	0	0	0	0	0	0	0	0
경기	49	1,134	4	233	8	263	0	0	0	0	1	10	4	275	0	0	2	10	9	137	0	0	1	6	0	0	0	0	20	200	0	0
강원	11	107	2	68	0	0	0	0	1	3	0	0	0	0	1	3	0	0	2	12	0	0	0	0	0	0	0	0	5	21	0	0
충북	12	100	2	17	1	4	0	0	3	50	0	0	0	0	0	0	0	0	1	15	0	0	0	0	0	0	0	0	5	14	0	0
충남	22	285	1	14	3	138	0	0	0	0	1	11	0	0	5	83	0	0	1	3	0	0	0	0	0	0	0	0	11	36	0	0
전북	11	170	3	78	2	52	0	0	0	0	0	0	0	0	1	2	1	4	0	0	0	0	0	0	0	0	0	0	4	34	0	0
전남	13	81	0	0	3	15	0	0	1	30	1	4	0	0	1	2	1	3	0	0	0	0	0	0	0	0	0	0	6	27	0	0
경북	18	255	3	43	2	76	0	0	0	0	0	0	0	0	0	0	0	0	4	34	0	0	0	0	0	0	0	0	9	102	0	0
경남	26	377	2	31	2	107	0	0	6	140	1	2	0	0	2	13	0	0	1	12	0	0	0	0	0	0	0	0	12	72	0	0
제주	15	231	1	6	2	30	0	0	0	0	2	47	1	23	0	0	0	0	2	88	0	0	0	0	0	0	0	0	7	37	0	0
불명	8	90	2	65	1	3	0	0	0	0	0	0	0	0	0	0	1	2	1	8	0	0	0	0	0	0	0	0	3	12	0	0
계	311	5,501	27	852	44	1,235	0	0	14	270	10	157	10	993	11	107	7	24	49	914	2	15	6	24	2	9	0	0	129	901	0	0

자료: 식품의약품안전처

3. 식중독 예방 대책

여러 자료를 통해 식중독 사고는 비위생적인 식재료나 식품 취급과 보관이 가장 큰 원인이므로 이를 수정조치하여 식중독 발생을 줄이거나 억제할 수 있다. 이에 식품의약품안전처에서는 연령별로 생활전반에 따른 건강한 식생활을 유지하기 위한 가이드를 제시하고 다양한 집단 급식소나 조리시설에서 실천할 수 있는 위생관리 매뉴얼도 배포하여 개인위생 및 식재료 관리, 조리작업관리, 환경위생 등 조리 현장에서 요구되는 철저한 위생관리와 식중독 예방을 통해 안전한 급식을 실천하도록 권고하고 있다. 표 1-6은 식품의약품안전처가 제시하는 식중독 예방을 위한 일반적 주의사항 및 3대 요령이다.

표 1-6 | 식중독 예방을 위한 주의사항 및 3대 요령

구분	내용	
식중독 예방을 위한 주의사항	• 주변 환경(조리장 바닥, 벽면, 창문, 배수로 등)을 철저히 청소할 것 • 조리기구는 소독제 등을 사용하여 충분하게 소독 및 세척할 것 • 식수로 사용되는 정수기 등은 반드시 정기적으로 필터를 교환하고 청소할 것 • 유통기한은 반드시 확인하고 개봉된 포장제품은 사용하지 말 것 • 식재료에 대한 철저한 검수 및 보관온도를 준수할 것 • 물은 끓여서 제공하고, 지하수 사용 시 사전 수질검사 및 저수조 위생상태를 점검할 것 • 조리장 내부 및 식재료 창고의 환기를 철저히 하고 습도를 높지 않게 유지할 것 • 바이러스성 또는 화농성 질환 환자의 조리 종사를 금지할 것 • 가급적 날것으로 섭취하는 식단의 자제 및 음식은 충분히 가열조리하여 제공할 것	
식중독 예방 3대 요령	손씻기	식품 섭취 전 비누로 20초 이상 깨끗이 씻을 것
	익혀 먹기	음식물은 중심부까지 충분히 익히고 물은 반드시 끓일 것
	끓여 먹기	조리 후 바로 섭취하거나 보관 시 반드시 냉장 또는 냉동할 것

자료: 식품의약품안전처

2

CHAPTER

식품과 미생물

1. 미생물의 종류와 특성 | 2. 세균 | 3. 곰팡이 | 4. 효모 | 5. 원생동물
6. 바이러스 | 7. 미생물의 생육에 영향을 주는 인자

학습목표

생물 중에서 육안으로는 볼 수 없고 현미경으로 관찰할 수 있는 작은 생물을 미생물이라고 한다. 미생물은 토양, 물, 공기, 식품 등 자연계에 널리 분포하고 있다. 미생물은 각종 장류, 김치, 유발효식품, 발효주 등 식품의 발효에 중요한 역할을 함으로써 우리의 건강을 지켜주고 식생활을 풍요롭게도 한다. 하지만 식품을 부패시키거나 식중독을 일으키는 미생물들은 우리의 건강을 해치거나 식품의 손실을 초래하기도 한다.

1. 미생물의 종류와 특성

미생물에는 세균·곰팡이·효모·원생동물·미세조류 등이 있으며, 바이러스도 미생물로 분류하고 있다. 생물을 분류하는 학설이 여러 가지가 있지만, 미생물의 분류는 헤켈Haeckel에 의한 생물 3계설에 따른다. 헤켈은 그림 2-1과 같이 생물계를 동물계, 식물계, 원생생물계로 구분하고 미생물을 원생생물계로 분류한다.

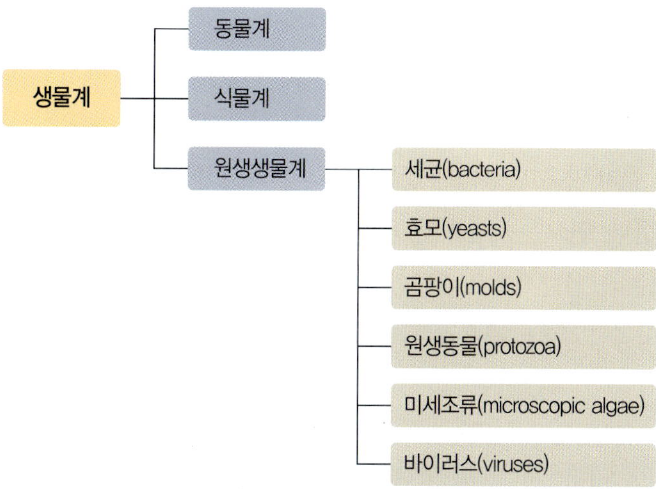

그림 2-1 | 생물계의 분류

2. 세균

1) 세균의 일반적인 특성

세균bacteria은 원시핵세포를 가지고 있는 하등미생물이며, 분열에 의해서 증식하므로 분열균이라고도 한다. 자연계에 존재하는 세균은 1,200종가량인데 형태, 산소요구도, 생육 pH, 생육온도, 포자 형성 유무, 편모 유무, 그람염색성 등을 기준으로 분류한다.

세균의 형태는 구균, 간균, 나선균으로 나누어진다. 구균은 그 세균의 배열에 따라 단구균, 쌍구균, 사련구균, 팔련구균, 포도상구균, 연쇄상구균 등으로 나뉜다.

세균은 중성 또는 약알칼리성 pH 영역에서 잘 자라고, pH 4.0 이하에서는 잘 자라지 못한다. 최적 발육에 요구되는 산소 조건에 따라 호기성, 미호기성, 통성혐기성, 혐기성균으로 나누기도 한다. 바실러스*Bacillus*속은 호기성이고, 클로스트리디움*Clostridium*속은 혐기성, 젖산균은 미호기성인데 대부분의 세균은 통성혐기성균에 속한다.

증식에 필요한 일반적인 온도 범위는 -10~70℃이며, 증식온도에 따라 저온균psychrophiles 0~25℃, 중온균mesophlies 25~45℃, 고온균thermophiles 45~70℃으로 나눈다.

세균은 그람염색성에 의해 그람양성균과 그람음성균으로 나누는데, 식품과 관련된 주요 세균을 그람염색성에 따라 분류하면 표 2-1과 같다.

세균은 외부 환경이 열악할 경우 포자spore를 만든다. 포자는 내열성이 커서 가열조리해도 살아남고, 약품에 대하여 저항성이 커서 살균제 처리를 해도 살아남는다. 이와 같이 포자는 좋지 않은 환경에서 살아남았다가 외부 환경이 좋아지면 발아하여 영양세포로 성장한다. 편모는 세균의 운동기관이다. 세균에 따라서 편모가 있는 것도 있고 없는 것도 있는데, 일반적으로 간균이나 나선균이 편모를 가진다.

섬모는 영양공급원으로 작용하는데, 짧고 가느다란 실 모양이다.

표 2-1 | 그람양성균과 그람음성균

구분		그람양성균	그람음성균
간균	 간균	*Clostridium*속 *Bacillus*속	*Desulfotomaculum*속
	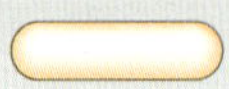 장간균	*Listeria*속 *Corynebacterium*속	*Escherichia*속 *Pseudomonas*속 *Salmonella*속
구균	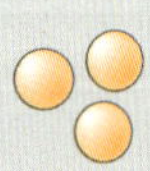 단구균  포도상구균  연쇄상구균	*Staphylococcus*속 *Streptococcus*속 *Micrococcus*속	
나선균	 완곡균		*Campylobacter*속 *Vibrio*속

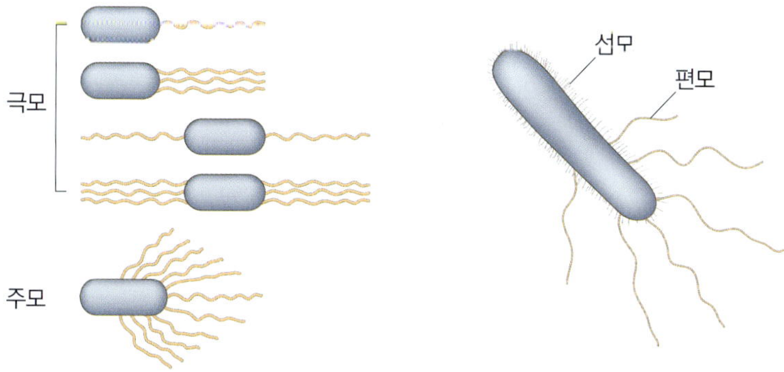

그림 2-2 | 세균의 편모와 섬모의 형태

> **세균이 만드는 장내독소-엔테로톡신(enterotoxin)**
>
> **엑소톡신(exotoxin)**
> 세균이 증식하면서 생성되어 주변으로 분비하는 독소로 외독소라고도 부른다. 이 독소에 오염된 식품을 섭취하면 독소형 식중독에 걸리게 되는데, 독소가 몸 속에 들어가는 즉시 식중독 증상이 나타난다.
>
> **엔도톡신(endotoxin)**
> 세균이 세포 내에 생성하는 독소로 내독소라고도 부른다. 세균이 장내에서 사멸하기 전까지 세포 밖으로 나오지 않는다. 이와 같은 독소를 만드는 세균에 감염된 식품으로 인한 식중독을 감염형 식중독이라고 한다.

2) 식품과 관련이 있는 주요 세균들

식품과 밀접한 관련이 있는 세균으로는 발효작용을 하는 유용한 세균과 식품의 변질, 부패 및 식중독과 관련이 있는 해로운 세균이 있다.

(1) 슈도모나스속

슈도모나스*Pseudomonas*속의 세균은 극편모를 가지며 포자는 형성하지 않는 그람음성의 간균이다. 단백질과 지질을 분해할 수 있고 저온에서 생육이 가능하므로 냉장보관한 식품을 변질시킬 수 있다. 호기성으로 심하게 오염된 식품 표면에 점질층을 형성한다.

(2) 마이크로코커스속

마이크로코커스*Micrococcus*속의 세균은 자연계에 널리 분포하는 균이다. 일반적으로 호기성이고 저온균인 경우가 많은데, 냉장식품을 변질시키는 특성이 있다. 마이크로코커스 바리안스*Micrococcus varians*는 육제품에 점질물을 생성하고 내열성이 강하여 우유의 저온살균에도 생존한다.

(3) 스트렙토코커스속

스트렙토코커스*Streptococcus*속의 세균은 연쇄상구균으로도 불리는데, 발효유제품이나 젖산균제제 등의 생산에 이용되는 유용한 젖산균이 많다.

(4) 루코노스톡속

루코노스톡*Leuconostoc*속의 세균은 젖산발효를 한다. 채소절임식품의 숙성에 중요하며, 자당sucrose을 이용하여 점질물을 생성하기도 한다. 루코노스톡 메센테로이데스 *Leuconostoc mesenteroides*가 대표적이다.

(5) 락토바실루스속

락토바실루스*Lactobacillus*속의 세균은 대부분 간균으로 당을 발효시켜 젖산을 생성하는 특성이 있다. 식품에서 증식하면 식품의 pH를 낮추는 효과가 있어서 부패균과 병원균의 생육을 억제한다. 치즈, 요구르트, 채소절임, 간장, 청주 등의 발효식품에서 중요한 역할을 한다.

(6) 에스케리시아속

에스케리시아*Escherichia*속의 세균은 분변에서 주로 발견되는 그람음성균으로 자연계에 널리 분포하고 있다.

포자는 형성하지 않는 간균으로 대장균으로도 부르는 에스케리시아 콜리*Escherichia coli*가 대표적이다. 에스케리시아 콜리 중에서 일반 세균학적 특성은 차이가 없으나 설사를 주 증상으로 유발하는 대장균을 병원성 대장균이라고 한다. 병원성 대장균은 독

위생지표 세균

식품이 위생적으로 취급되었는가 또는 식품이 위생적으로 안전한가를 판정하는 일은 매우 중요하다. 병원성 세균을 모두 검사한다는 것은 현실적으로 어려우므로 위생적으로 지표가 되는 세균을 정하여 식품의 안전성을 평가할 수 있다. 이러한 지표가 되는 세균을 위생지표 세균이라고 하는데 대장균군, 분변계 대장균, 장구균 등이 여기에 속한다.

대장균군은 장관 내에 존재하는 *Escherichia coli*, 자연계에 존재하는 *Erwinia carotovora*, 그리고 두 곳 모두 존재 가능한 *Enterobacter aerogenes*, *Enterobacter cloacae*를 들 수 있다. 이 균은 병원성은 없으나 이 균이 검출되면 병원성이 있는 *Salmonella*속, *Shigella*속과 같은 균의 존재 가능성을 타진할 수 있기 때문에 위생지표균으로 활용한다. **분변계 대장균**으로는 *Escherichia coli*가 가장 대표적이며 주로 사람이나 온혈동물의 장관에 존재하므로 대장균의 존재는 분변의 오염을 나타낸다. **장구균**은 *Enterococcus feacalis*(옛 이름 *Streptococcus faecalis*)가 있으며 냉동식품에서 장기간 생존이 가능하므로 냉동식품의 오염지표 세균이다.

분변 오염 사태를 정확하게 파악하려면 대장균군과 장구균을 동시에 검출하는 것이 바람직하다.

성 발현 특징에 따라 4종류로 분류하는데, 이 중에서 베로독소를 생산하는 *Escherichia coli* O157:H7은 장관출혈성 대장균이라 하여 식품위생상 크게 문제를 일으키고 있다.

(7) 세라티아속

세라티아*Serratia*속 세균은 붉은색의 색소를 생산하는 특성이 있는 세균으로 식품 표면을 적색으로 변색시킨다. 세라티아 마르세센스*Serratia marcescens*가 대표적이다.

(8) 프로테우스속

프로테우스*Proteus*속의 세균은 주모가 있는 간균으로 육류, 해산물, 달걀 등을 변질시킨다. 프로테우스 모르가니*Proteus morganii*는 알레르기성 식중독의 원인균으로 알려져 있다.

(9) 에르위니아속

에르위니아*Erwinia*속의 세균은 식물에 연부soft rots 또는 흑반증necrosis을 초래하는 원인균으로 채소나 과일에 피해를 준다. 에르위니아 카로토보라*Erwinia carotovora*는 시장병의 원인균으로 부른다.

(10) 엔테로박터속

엔테로박터*Enterobacter*속의 세균은 자연계에 널리 분포하고 있는 균이다. 사람의 장내에는 대장균보다 적지만, 어패류·두부·샐러드 등에 많이 분포한다. 특히 엔테로박터 아에로제네스*Enterobacter aerogenes*는 식품을 점질화시키는 원인균이며, 대장균보다 가스 생성력이 강하기 때문에 포장된 우유나 치즈 등에서 가스 발생으로 인한 위험이 문제가 된다.

(11) 여시니아속

여시니아*Yersinia*속의 세균은 그람음성 간균이고 식중독을 유발한다. 대표적으로 여시니아 엔테로콜리티카*Yersinia enterocolitica*가 있다.

(12) 살모넬라속

살모넬라*Salmonella*속의 세균은 자연계에 널리 분포하고 있다. 포자를 생성하지 않는 간균으로 살모넬라 속에는 살모넬라 티피*Salmonella typhi*와 같이 법정 감염병인 장티푸스의 원인균도 있고, 살모넬라 티피무리움*Salmonella typhimurium*, 살모넬라 엔테리티디스*Salmonella enteritidis*와 같은 식중독균도 있다. 살모넬라 속 세균은 닭고기와 달걀 등에서 자주 검출되어 식품 취급 시 세심한 주의가 요구된다.

(13) 비브리오속

비브리오*Vibrio*속의 세균은 그람음성으로 호염성 균과 비호염성 균으로 나뉜다.

호염성 비브리오속에는 장염비브리오균이라고 불리는 비브리오 파라헤몰리티쿠스*Vibrio paraphemolyticus*, 패혈증균이라고 불리는 비브리오 불니피쿠스*Vibrio vulnificus*가 있다. 비호염성 비브리오속에는 콜레라균인 비브리오 콜레라*Vibrio cholerae*가 대표적이다.

(14) 바실러스속

바실러스*Bacillus*속의 세균은 호기성 또는 통성 혐기성의 포자를 형성하는 그람양성 간균이며 중온성균이나 호열성균이 있다. 토양과 공기에 널리 분포하며, 이 균의 포자는 80~100℃에서 수분~수십 분 가열해도 사멸되지 않고 가열처리한 식품을 부패시키기도 한다. 대표적인 균종은 바실러스 서브틸리스*Bacillus subtilis*이며, 우리나라 전통 메주와 청국장 발효에서 중요한 역할을 한다.

바실러스 세레우스*Bacillus cereus*는 김밥 등에 증식하여 식중독을 일으키기도 하는 식중독의 원인균이다. 바실러스 안트라시스*Bacillus anthracis*는 인축 공통 감염병인 탄저병의 원인균이고, 바실러스 스테아로테모필루스*Bacillus stearothermophilus*는 통조림의 플랫 사우어flat sour 원인균이다.

플랫 사우어는 통조림의 내용물이 시어지는 변패가 발생하지만, 캔의 표면이 평편하여 외관상으로 정상으로 보이는 현상을 말한다. 통조림의 살균 상태가 부적절할 경우 살아있던 균이 생육하면서 가스는 발생하지 않고 단지 산 만을 생성하기 때문이다.

(15) 클로스트리디움속

클로스트리디움*Clostridium*속의 세균은 토양에 널리 분포하며 그람양성의 간균이다. 내열성이 강한 포자를 형성하는 세균으로 중온성과 호열성균이 있다. 절대혐기성균이므로 통조림식품·햄·소시지 등에서 독소형 식중독을 일으키는 원인균이 될 수 있다.

클로스트리디움 보툴리늄*Clostridium botulinum*의 포자는 내열성이 강하고, 강한 독소를 생산하므로 통조림 제조과정에서 이 균의 포자를 죽이는 것이 매우 중요하다.

클로스트리디움 퍼프린젠스*Clostridium perfringens*는 집단급식에서 대량으로 조리한 음식에 생육하여 식중독을 초래하는 원인균이다.

클로스트리디움 테모사카로리티쿰*Clostridium thermosaccharolyticum*은 탄수화물을 분해시키는 호열성균으로 통조림식품의 품질을 저하시킨다.

(16) 리스테리아속

리스테리아*Listeria*속은 그람양성이고 리스테리아 모노시토게네스*Listeria monocytogenes*가 대표적이다. 이 균은 아이스크림이나 냉장 또는 냉동식품 등에서 검출되기도 하는 식중독균이다. 5℃ 이하의 냉장온도에서도 증식이 가능하고, 식품 표면에 부착되면 바이오막biofilm을 형성하여 세척 시 잘 제거되지 않으므로 냉장식품의 취급 시 주의가 필요하다.

(17) 스타필로코커스속

스타필로코커스*Staphylococcus*속은 그람양성균이고 포도송이 형태를 지닌다. 스타필로코커스 아우레우스*Staphylococcus aureus*가 식품위생상 가장 중요한 균인데 황색을 나타내어 황색포도상구균이라고도 부른다. 장독소를 생산하는 특징이 있어서 잠복기가 매우 짧고 증상이 심각한 식중독을 초래한다.

(18) 캄필로박터속

캄필로박터*Campylobacter*속의 세균은 그람음성균이며, 포자는 형성하지 않는 나선균이다. 식중독을 일으키는 캄필로박터 제주니*Campylobacter jejuni*는 애완동물, 가축, 새 등에게서 발견된다.

3. 곰팡이

장류나 주류 등 발효식품에 관련이 있는 곰팡이mold는 식품에 매우 유용하지만 식품에 번식하여 품질을 저하시키는 해로운 곰팡이도 있다. 식품에 곰팡이독mycotoxin을 생성하는 곰팡이는 식중독과 관련이 있다.

1) 곰팡이의 일반적인 특성

곰팡이는 호기성으로 식품의 표면에서 생육한다. 곰팡이는 효모나 세균보다 건조에 잘 견디므로 수분함량이 13~15%인 건조식품에서도 온도가 적당하면 생육한다. 당이나 식염농도가 높은 식품에서도 증식하는 곰팡이가 있다. 생육에 요구되는 최적 pH는 2.0~9.0으로 넓으나 산성 pH 영역에서 잘 자란다. 대부분의 곰팡이는 25~30℃에서 잘 생육하는 중온성 미생물이다. -10~-5℃에서 잘 생육하는 저온성 곰팡이, 40℃ 이상에서 잘 생육하는 고온성 곰팡이도 있다.

곰팡이는 절단된 균사나 포자에 의하여 증식되는데, 균사나 포자는 적색·황색·갈색·회색·검은색 등의 색을 가지고 있다. 균사의 형태나 색깔, 포자의 종류와 형태 등이 곰팡이를 분류할 때 중요한 지표가 된다.

2) 식품과 관련이 있는 중요한 곰팡이

(1) 아스페르길루스속

아스페르길루스*Aspergillus*속 곰팡이는 누룩곰팡이 또는 국균이라 부르며 132종이 알려져 있다. 아스페르길루스 오리제*Aspergillus oryzae*는 대표적인 누룩곰팡이로 흔히 황국균이라고 하는데, 개량메주 발효에서 중요한 작용을 하고, 전분과 단백질 분해력이 강해서 주류나 효소 제조에 이용되기도 한다.

아스페르길루스 소예*Aspergillus sojae* 등은 된장 제조에 쓰이며, 아스페르길루스 니게르*Aspergillus niger*는 흑국균이라고 부르며 유기산을 잘 생산한다. 아스페르길루스 플라부스*Aspergillus flavus*는 곡류나 콩류에 번식하여 곰팡이독인 아플라톡신aflatoxin을 생산한다. 아플라톡신은 간암 유발물질로 알려져 있으므로 곡류나 콩류의 취급 및 이용에 주의가 필요하다.

아스페르길루스 글라우쿠스*Aspergillus glaucus*는 낮은 수분함량, 높은 농도의 당이나 식염 상태에서도 잘 생육한다.

(2) 페니실리움속

페니실리움*Penicillum*속 곰팡이는 푸른곰팡이라고도 부르며 약 300종이 알려져 있다. 페니실리움 이스란디쿰*Penicillum islandicum*과 페니실리움 시트리눔*Penicillum citrinum*은 황변미yellow rice를 초래하며 곰팡이독을 생성하는 특성이 있다. 페니실리움 엑스판숨*Penicillum expansum*은 사과, 페니실리움 디기타툼*Penicillum digitatum*은 밀감류를 연부시키므로 과일의 연부병soft rot 원인곰팡이로 알려져 있다. 페니실리움 카멘베르*Penicillum camemberti*와 페니실리움 로케포르*Penicillum roqueforti*는 치즈 숙성에, 페니실리움 노타툼*Penicillum notatum*, 페니실리움 크리소게눔*Penicillum chrysogenum*은 페니실린penicillin 생산에 이용되는 유용한 곰팡이이다.

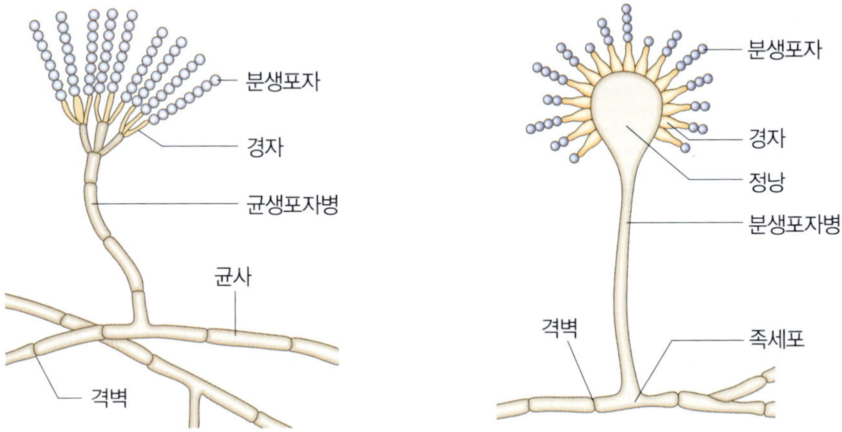

그림 2-3 | *Aspergillus*속과 *Penicillum*속 곰팡이

(3) 무코속

무코*Mucor*속 곰팡이의 균사는 백색이나 회백색이며 털곰팡이라고도 부른다. 전통메주의 표면에 번식한다. 무코 라세모수스*Mucor racemosus*는 채소나 과일의 변패에 관여하며, 무코 로욱시*Mucor rouxii*는 알코올 제조에 이용된다.

(4) 리조푸스속

리조푸스*Rhizopus*속 곰팡이는 식품 표면에 거미줄 모양으로 번식하므로 거미줄곰팡이라고도 하고, 빵곰팡이라고도 부른다. 채소, 과일, 빵, 메주 등에도 잘 번식한다. 리조푸스 니그리칸스*Rhizopus nigricans*, 리조푸스 델레마*Rhizopus delemar*는 알코올 제조에 이용된다.

(5) 푸사리움속

푸사리움*Fusarium*속 곰팡이는 연한 적색이나 적자색 등을 띠며, 과일과 채소의 변패에 관여한다.

4. 효모

1) 효모의 일반적인 특징

효모yeast는 단세포로 되어 있고, 주로 출아법budding에 의하여 증식한다.

형태는 구형이나 타원형을 나타내는 것이 많지만, 소시지형 · 오이형(위균사형) · 레몬형 등 다양하다. 생육에 필요한 수분은 곰팡이보다는 많지만 세균보다는 적다.

증식 pH 범위는 2.0~8.5로 넓은 편인데, 곰팡이와 유사하게 산성 pH 영역에서 잘 자란다. 특히 주류 발효에 이용되지만 식품을 변질시키기도 한다.

2) 식품과 관련된 중요한 효모

(1) 사카로미세스속

사카로미세스*Saccharomyces*속 효모는 발효공업에 가장 관계가 깊은 효모로서 당을 발효해서 탄산가스와 에탄올을 생산한다. 사카로미세스 세레비시에*Saccharomyces cerevisiae*는 대표적인 사카로미세스속 효모이며, 빵 효모 · 청주 효모 · 상면발효맥주 효모 등으로도 부른다.

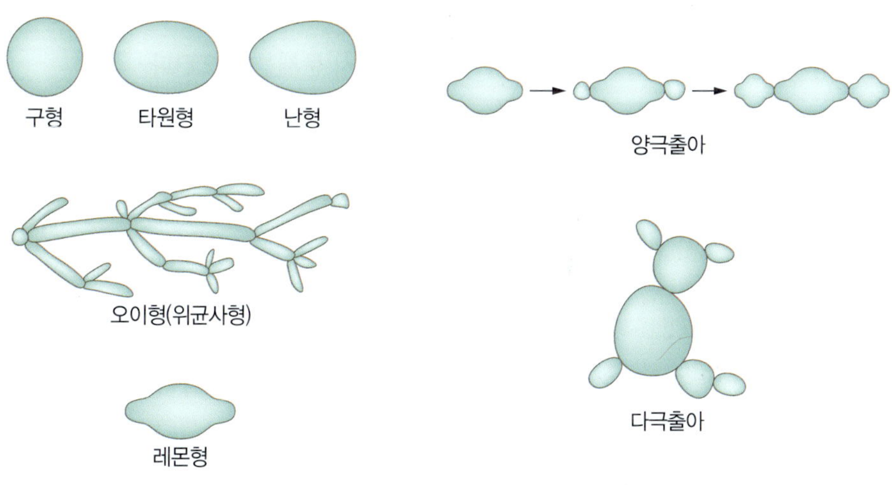

그림 2-4 | 효모의 형태와 출아법

사카로미세스 칼스베르겐시스*Saccharomyces carlsbergensis*는 하면발효맥주 효모인데 비교적 낮은 온도에서도 발효작용이 왕성하고, 한국·일본·미국·독일 등에서 맥주 발효에 이용한다.

사카로미세스 파스토리아누스*Saccharomyces pastorianus*는 맥주를 혼탁하게 만드는 유해균이다.

(2) 칸디다속

칸디다*Candida*속은 위균사형 효모로 곰팡이와 비슷한 형태를 띠는 효모이다. 칸디다 트로피칼리스*Candida tropicalis*는 칸디다속의 대표균으로 사료용 효모 제조에 이용되며, 칸디다 유틸리스*Candida utilis*는 펄프 폐액을 원료로 하여 사료용 효모 생산에 이용된다. 칸디다 리폴리티카*Candida lipolytica*는 버터의 변패에 관여한다.

(3) 산막 효모

채소 발효식품이나 주류 발효액의 표면에 증식하여 피막을 형성하는 효모를 산막 효모라고 한다. 산막 효모는 액체 표면에 피막을 형성할 뿐만 아니라 알코올을 소비하므로 유해균으로 취급하며, 피키아*Pichia*속·한세눌라*Hansenula*속·데바리오미세스*Debaryomyces*속 등이 여기에 속한다.

피키아 멘브라네파시엔스*Pichia membranaefaciens*는 채소절임액이나 양조액 표면에서, 한세눌라 아노멜라*Hansenula anomala*는 양조액 표면에서 문제를 일으킨다.

5. 원생동물

원생동물protozoa은 2.0~20nm 정도 크기의 단세포 생물이다.

엽록소를 갖지 않으며 활발한 운동성이 있고, 영양분 섭취는 동물적인 소화형도 있고, 용액상태의 유기화합물을 섭취하는 형도 있다.

원생동물에는 편모충류flagellates, 근족충류amoeba, 포자충류sporozoa, 섬모충류ciliates

가 있다.

사람의 장관에 기생하여 이질성 설사를 유발하는 엔타모에바 히스토리틱스*Entamoeba histolytics*는 근족충류에 속한다. 그리고 모든 종류가 절대 기생성인 포자충류 중에는 말라리아의 병원체인 플라스모디움 말라리아*Plasmodium malariae*와 톡소플라스마증toxoplasmosis의 원생생물인 톡소플라스마 곤디*Toxoplasma gondii* 등이 포함되어 있다.

6. 바이러스

바이러스virus는 크기가 0.02~0.3nm 정도로 매우 작아서 일반 광학현미경으로는 관찰할 수 없고 전자 현미경으로 관찰할 수 있다. 항생제에 대한 감수성이 없으므로 바이러스가 원인인 간염이나 AIDS에 감염되었을 때 치료에 어려움이 크다.

바이러스는 독립적으로 대사활동을 할 수 없고, 숙주세포가 있어야 증식할 수 있는 절대 기생성 세포 내 생물에 속한다.

바이러스는 DNA나 RNA 중 한 종류의 핵산만을 보유하고 있다. 식물세포를 숙주로 하는 식물 바이러스는 주로 RNA, 세균세포를 숙주로 하는 세균 바이러스인 박테리오파지bacteriophage는 주로 DNA, 동물세포를 숙주로 하는 동물 바이러스는 RNA 또는 DNA를 가지고 있다.

1) 간염 바이러스

간염을 일으키는 바이러스는 현재 9가지가 알려져 있다. 특성이 학문적으로 잘 알려진 바이러스는 A형, B형, C형, D형, E형의 다섯 종류이다. 다섯 종류 중에서 B형 간염 바이러스만 DNA 바이러스이고 나머지는 RNA 바이러스이다.

A형과 E형 바이러스는 대변과 구강을 통하여 감염이 되므로 감염성 간염에 속하고, B형·C형·D형 바이러스는 혈액에 의해 감염이 되므로 혈청간염에 속한다.

A형 간염은 오염된 음식과 음료, 오염된 물, 소화기 내에 A형 간염 바이러스를 가지고 있는 어패류를 통하여 감염된다.

2) AIDS 바이러스

AIDS란 후천성면역결핍증acquired immune deficiency syndrome의 약자이다. 이 바이러스는 세포 내에서 증식하여 면역체계를 붕괴시키기 때문에 면역력 저하로 인하여 여러 가지 질병에 쉽게 감염된다. 사람에 따라 다르지만 잠복기간은 보통 5~10년 정도이다.

3) 위소장염 바이러스

위소장염 바이러스는 소장과 위에 급성 염증을 유발한다.

(1) 노로 바이러스

노로 바이러스는 1968년 미국 오하이오주 노워크Norwalk의 한 초등학교에서 발생한 집단 위장염 환자들에게서 최초로 관찰되어 노워크 바이러스라고도 부른다. 집단이나 요양시설에서 발생하는 경우가 많으며, 음식·식수·음식조리자와 관련이 있다. 구토, 설사, 복부 통증, 약한 열, 두통 등이 1~2일간 계속되는 증상을 나타낸다.

(2) 로타 바이러스

로타 바이러스는 특히 유아와 어린이에게 심한 설사를 유발하며 추운 시기에 많이 발생한다. 로타 바이러스에 감염된 사람은 약한 증세에서 심한 증상까지 경험하는데 일반적인 증상은 구토, 물 같은 설사, 약한 열 등이다.

(3) 아스트로 바이러스

아스트로 바이러스는 1~3일간 계속되는 물 같은 설사를 유발하는데 요양시설의 어린이에게서 발견된다.

7. 미생물의 생육에 영향을 주는 인자

미생물이 식품에서 생육하기 위해서는 여러 가지 요소가 충족되어야 한다. 즉, 식품 자체의 요인인 내인성 인자와 식품이 저장되는 환경과 관련이 있는 외인성 인자가 미생물의 생육을 조절한다. 여러 인자가 복합적으로 상호작용함으로써 미생물의 생육에 영향을 준다. 각각의 식품에 대한 복합작용을 정확하게 알아내기는 어렵지만, 미생물이 생육함에 있어서 영양을 주는 주요한 인자들은 다음과 같다.

1) 내인성 인자

내인성 인자로는 수분활성, pH, 산화-환원전위, 식품의 물리적 구조, 영양성분의 사용 가능성, 자연적 항미생물 물질의 존재 가능성, 화학약제 등이 있다.

(1) 수분활성

미생물은 결합수는 이용하지 못하고 자유수를 이용한다. 식품의 자유수 함량을 나타내는 척도로 수분활성을 사용하는데, 수분활성이 높을수록 미생물의 생육이 용이하다. 생육이 가능한 최저 수분활성도의 한계는 세균이 0.90, 효모가 0.88, 그리고 곰팡이가 0.80이다. 특정 세균은 0.75, 내건성 곰팡이는 0.65, 내삼투압성 효모는 0.60의 수분활성에서도 생육이 가능하다.

(2) pH

세균은 pH 4.0~4.5가 성장에 필요한 최소의 값이고, pH 6.5~7.2에서 가장 잘 생육한다. 대부분의 부패세균이나 식중독세균은 pH 5.0 이하에서는 발육이 저해된다. 효모는 pH 4.0~8.5, 곰팡이는 pH 2.0~8.5가 증식 범위인데, 산성 영역에서 증식이 잘 된다. pH 6.0~7.0 정도의 중성 pH인 대구, 새우, 우유 등은 세균에 의하여 쉽게 부패한다. pH 2.9~4.5 정도의 산성 pH인 딸기, 사과, 포도 등은 곰팡이에 의하여 변질된다.

(3) 산화-환원전위

하나의 물질이 전자electron를 잃거나 얻으려는 경향을 측정한 값을 산화-환원전위 oxidation-reduction pontential라고 한다. 산화된 상태(전자를 얻으려는 경향)의 물질은 양(+)의 값, 환원된 상태(전자를 잃으려는 경향)의 물질은 음(-)의 값을 나타낸다. 식품 중의 산화-환원전위는 미생물의 생육에 영향을 주므로 식품의 부패 양상을 좌우한다. 산화-환원전위 값이 크면 호기성 미생물이, 낮으면 혐기성 미생물이 증식하기가 용이하다. 가공되지 않은 식품은 대부분 살아있는 조직이어서 호흡작용을 하고 음(-)의 산화-환원전위 값을 갖는다. 과일이나 채소는 환원성 물질인 비타민 C, 환원당, 설프히드릴기 sulfhydryl group, -SH 등을 많이 함유하고 있어서, 산화-환원전위 값이 낮아져 혐기성균이 생육하기 쉽다.

(4) 식품의 물리적 구조

소시지와 햄처럼 같이 갈아서 섞어 만든 식품의 경우, 식품의 표면적이 증가되고 세포구조가 변경되었으며 오염 미생물을 식품 전체에 분포시킨 상태이다. 따라서 식품을 잘못 보관하면 쉽게 부패된다.

(5) 자연적 항미생물 물질

화학저해제와 효소 같은 자연적 항미생물 물질을 함유하고 있는 식품이 많다.

과일과 채소의 쿠마린coumarin, 달걀의 라이소자임lysozyme 효소, 마늘의 알리신allicin, 발효되지 않은 녹차의 폴리페놀polyphenol 등이 자연적 항미생물 물질이다.

향신료 중에서 세이지와 로즈마리는 가장 강한 항미생물 물질을 함유하고 있으며, 오레가노, 정향, 계피, 겨자 등도 미생물의 증식을 억제한다.

(6) 화학물질

화학물질 중에는 미생물을 사멸시키거나 생육을 억제하는 효능인 항미생물성을 나타내는 것이 많다. 이와 같은 화학물질을 사용하여 미생물을 사멸시키는 살균효과, 미생물의 증식을 억제시키는 정균 또는 제균 효과를 얻을 수 있다.

- 살균제 : 모든 미생물을 사멸시키기 위하여 사용한다.
- 소독제 : 병원균을 사멸시키거나 병원성을 약화시키는 작용을 한다. 무기약품으로 질산은·과산화수소·할로겐화합물 등이 있으며, 유기약품으로는 포르말린·석탄산·알코올·계면활성제 등이 있다.
- 보존료 : 식품의 부패나 발효를 억제하는 작용을 한다. 유기약품으로 소르브산칼륨, 안식향산칼륨, 프로피온산나트륨 등이 있다.
- 항생제 : 인체에는 독성이 적고 병원균에는 잘 작용하므로 질병의 치료에 사용한다. 유기약품으로 설파제가 있고, 생물이 생산하는 항생물질이 있다.

소독(disinfection)은 병원미생물을 죽이거나 병원성을 약화시켜 감염 위험성을 없애는 것이며, 비병원성균과 미생물의 포자는 생존이 가능하다.
살균(sterilization)은 세균, 효모, 곰팡이 등 미생물의 영양세포뿐만 아니라 포자까지도 사멸시켜 무균상태로 만드는 것이다.

2) 외인성 인자

외인성 인자로는 온도, 습도, 탄산가스와 산소의 존재 유무, 공존하는 미생물의 상호관계 등이 있다.

(1) 온도

미생물은 분열에 필요한 시간이 증식 최적온도에서는 짧고, 최적온도를 벗어나면 길다. 효모, 곰팡이는 일반적으로 30℃에서 잘 생육한다.

- 저온미생물은 최적 생육온도가 15℃ 또는 그 이하인데, 0℃에서도 잘 생육하고 20℃ 이상에서는 생육이 어렵다.
- 중온미생물은 최적 생육온도가 25~45℃이다. 최저 생육온도는 15~20℃이고 45℃ 이상에서는 생육이 어려운데, 인간에게 병을 유발하는 병원균은 대부분 중온균이다.
- 고온미생물은 55℃ 이상에서 생육이 가능하며, 최적 생육온도는 55~65℃이고 최저 생육온도는 45℃ 정도이다.

(2) 산소

생육과 산소요구도에 따라 미생물을 다음과 같이 분류한다.

- 호기성균(절대호기성균) : 생육에 산소를 절대적으로 필요로 하는 미생물로 대부분의 곰팡이와 산막 효모가 여기에 속한다. 세균 중에는 아세토박터속, 슈도모나스속, 마이크로코커스속, 바실러스속, 사시나속, 아크로모박터속, 플라보박테리움속 등이 있다.
- 미호기성균 : 정상적인 산소분압(20%)에서는 생육이 어렵고 2~10%의 낮은 분압의 산소를 필요로 하는 미생물이다. 젖산균과 캄필로박터속의 세균이 여기에 속한다.
- 혐기성균(절대혐기성균) : 산소가 존재하면 생육을 하지 못하는 미생물이다. 산소가 존재하면 산화-환원전위가 상승하여 생육이 불가능하다. 클로스트리디움속 세균이 대표적이다.
- 통성혐기성균(조건부혐기성균) : 생육에 산소가 필수적이지는 않지만, 산소가 존재하면 생육을 더 잘하는 미생물이다. 대부분의 효모와 세균이 여기에 속하는데, 장내세균, 스타필로코커스속, 엔테로코커스속, 일부의 바실러스속 등이 있다.
- 내기성혐기성균 : 산소를 이용하지는 않지만 산소가 존재해도 생육에 지장을 받지 않는 미생물이다. 락토바실러스 플란타룸*Lactobacillus plantarum*이 여기에 속한다.

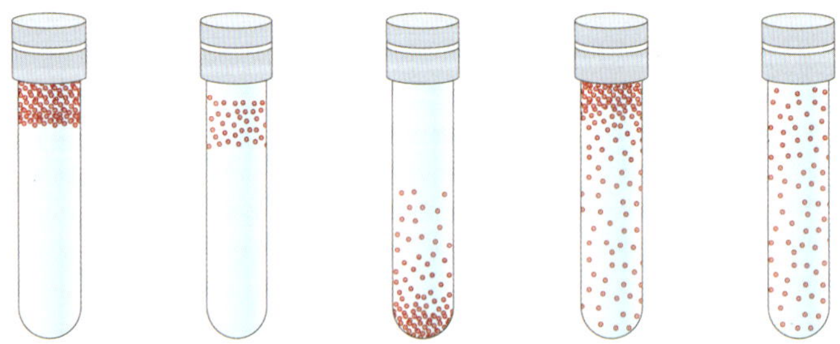

그림 2-5 | 산소와 세균의 생육 모양(한천배지에서의 집락)

(3) 탄산가스와 신소의 존재 유무

포장된 식품에서는 저장 공기가 중요하다. 포장에 사용한 플라스틱막은 산소를 확산시키므로 식품 표면에 붙은 미생물이 더욱 증식한다. 과량의 탄산가스는 용액의 pH를 감소시켜서 미생물의 증식을 억제한다. 탄산가스가 많은 상태에 보관한 육류에서는 주로 젖산균이 증식한다. 탄산가스 함량이 60% 이상인 공기 중에 있는 식품에서는 부패성 곰팡이가 생육하지 않는다.

(4) 미생물 상호 관계

자연계에는 여러 종류의 미생물이 함께 존재한다. 공존하는 미생물이 서로 관련이 없이 생육하기도 하지만, 대부분의 경우에는 상호 복잡한 관계를 이루며 살아간다. 미생물의 상호 관계는 다음과 같다.

- 공생symbiosis : 상리공생mutualism이라고도 하는데, 공존하는 미생물이 서로 유리한 영향을 주고받으며 생육한다.
- 조생metabiosis : 편리공생commensalism이라고도 하는데, 공존하는 미생물 중에서 한 쪽이 다른 쪽에게 유리하게 작용하는 경우이다.
- 공동작용synergism : 각각의 미생물이 단독으로 존재할 때는 볼 수 없던 기능이 공존에 의하여 출현하면서 생육에 도움을 준다.
- 경합competition : 영양물질이나 생육공간 때문에 미생물 상호 간에 경쟁이 생겨 서로 불리한 상황에서 생육한다.
- 길항antagonism : 항생antibiosis 또는 편해공생amensalism이라고도 한다. 공존하는 미생물의 한 쪽이 다른 쪽에게 해롭게 작용하는 경우인데, 항생물질을 생산하는 경우도 있다.

3

CHAPTER

식품위생 검사

1. 식품위생 검사의 목적 | 2. 식품 독성시험 | 3. 안전성과 위생 검사방법
4. 물리적 검사 | 5. 화학적 검사 | 6. 미생물 검사

학습목표

식품의 안전을 확인하기 위해 식품독성시험을 실시하며, 주로 동물실험을 통해 안전량을 정한다. 식품의 안전과 위생검사에는 관능검사, 물리적 검사, 화학적 검사, 미생물 검사를 시행한다.

1. 식품위생 검사의 목적

식품을 안전하게 섭취하여 건강한 식생활을 하려면 식품의 위생상태를 파악하는 것이 중요하다. 육류와 어패류, 채소류나 과일류 등에서 발생하는 식중독 세균이나 기생충의 오염 여부, 농약의 사용, 식품첨가물의 사용은 식품의 안전을 위협하는 중요한 요인이 되고 있다. 따라서 식품에 첨가하는 농약이나 첨가물의 양의 결정은 동물실험을 통해 안전량을 결정해야 하고, 안전이 확인된 다양한 종류의 첨가물만 식품에 사용하여야 한다.

소비자의 입장에서 첨가물의 안전량이 어떻게 결정되고 사용되는지를 알 필요가 있다. 또한 식품의 안전과 위생검사를 위해 관능검사, 물리·화학적 검사, 미생물학적 검사를 시행하게 된다. 특히 식품을 미생물학적으로 분석하는 목적은 식품에 존재하는 총 미생물 수의 결정, 특정 미생물의 존재 유무 확인, 지시미생물의 오염 수준 결정, 특정 식중독균의 존재와 오염 수준을 확인하기 위해서이다.

2. 식품 독성시험

식품은 저장기간의 연장, 맛의 향상, 색의 보존, 질감 유지 등의 다양한 목적으로 첨가물을 넣어 가공한다. 그러나 이러한 좋은 목적으로 첨가한 물질이 인체에 유해할 가능성이 있으므로 국민의 건강을 위하여 국가와 기업체에서는 그 사용량을 제한하고 있다. 이때 다양한 실험을 통해 첨가물의 안전한 첨가량이 결정되고 있다.

식품첨가물에 의한 안전성의 검사는 동물을 통해 실험하는 수밖에 없는데 그 방법에는 일반 독성시험인 급성 독성시험, 아만성 독성시험, 만성 독성시험과 특수 독성시험인 발암성 시험, 최기형성 시험, 변이원성 시험 등이 있다 표 3-1.

1) 급성 독성시험

이 시험은 실험동물에 시료를 한 번 투여하여 반 수의 동물이 죽는 양, LD_{50}50% lethal

dose를 구하여 시행한다. 이것은 시험동물의 1kg당의 mg으로 나타낸다. LD_{50}이 적을수록 독성이 강하며, 이 수치를 통해 무독성·저독성·보통 독성·고독성·극독성·맹독성과 같이 분류한다.

2) 아만성 독성시험

이 시험은 쥐와 개처럼 적어도 두 가지 동물을 대상으로 하며, 다양한 양의 시험물질을 1개월에서 1년 정도 투여하는데 보통 90일 정도 투여한다. 이 시험은 발암성을 제외한 모든 만성 독성의 정보를 제공하며, 만성 독성시험의 투여량을 결정하는 데 필요하다.

3) 만성 독성시험

장기간 섭취 시에 나타나는 독성 영향, 특히 식품첨가물의 안전한계 설정 시 또는 불가역적이나 점진적인 영향을 발견하고 확인하는 경우에 필요하다. 적어도 두 가지 동물의 암수에 4가지 이상의 양을 설정하여 동물에 따라 1년 이상 시험한다. 투여용량은 최대내량Maximum tolerated dose, MTD과 그보다 낮은 용량을 사용한다. MTD란 대조군과 비교하여 10% 이상의 체중 감소를 초래하지 않으며, 그 동물의 수명을 단축시킨다고 기대되는 사망률, 독성의 증후 등이 나타나지 않는 최대용량을 말한다. 그 동물에게 일

표 3-1 | 식품 독성시험

분류		정의	목적
일반 독성 시험	급성 독성시험	반 수의 동물이 죽는 양 측정	첨가물의 독성 판정
	아만성 독성시험	1달~1년 정도 투여한 첨가물의 독성 측정	만성 독성의 정보, 투여량 제공
	만성 독성시험	장기간 투여 시 나타나는 독성 영향 평가	식품첨가물의 안전한계량 설정
특수 독성 시험	발암성 시험	일생 매일 투여 시 발암 생성 평가	발암 가능한 물질인지 판정
	번식 시험	첨가물이 번식에 영향을 미치는지 평가	첨가물이 번식, 성장에 영향을 미치는지 판정
	최기형성 시험	어미에게 첨가물의 투여가 새끼에게 영향을 미치는지 평가	후손의 영향을 평가
	변이원성 시험	첨가물이 돌연변이를 유발하는지 평가	돌연변이 유발 판정

생동안 계속 투여하여도 독성이 나타나지 않는 양을 최대무작용량Maximum no effect level, MNEL이라고 한다.

4) 발암성 시험

이 시험은 동물에게 시험물질을 일생동안 매일 투여하면서 종양(암)의 생성을 관찰하는 시험이다. 종양의 발생이 대조구보다 빠르거나 많은지를 판단하여 발암성 유무를 구분한다.

5) 번식시험

이 시험은 시험물질이 동물의 생식선 기능, 발정주기, 교미, 임신, 출산 및 새끼의 성장에 미치는 영향을 알아보기 위해 실시한다.

6) 최기형성시험

이 시험은 새끼가 자궁 내에서 성장하는 사이에 어미에게 시험물질을 투여하고 출산예정일 직전의 새끼를 대상으로 이상 유무를 관찰한다. 피시험물질이 태아의 발생에 미치는 영향을 조사하는 시험으로, 기관 형성기에 모체에 피시험물질을 투여하여 태생 말기에 모체를 부검하여 기형뿐만 아니라 태아의 사망이나 발육지연을 검사하는 것이다. 투여량은 최대내량MTD보다 낮은 농도로 한다.

7) 변이원성 시험

동물시험 대신에 대장균이나 살모넬라균을 이용한 돌연변이를 유발하는 시험Ames test을 통해 시험물질의 변이원성을 시험한다. 해당물질이 생물의 유전물질인 DNA에 직접 또는 그 생체내 대사물에 작용하여, 유전적인 돌연변이를 일으키는 물질인지를 확인하는 것이다.

8) 1일 섭취허용량과 사용기준의 설정

이상의 시험을 통해 안전성이 확인되면 사용한계량을 설정한다. 앞서 말한 최대무작용량MNEL을 FAO, WHO에서 인정하는 각 식품첨가물에 대한 안전계수인 100~250으로 나누어 그 양을 사람에 대한 1일 섭취허용량acceptable daily intake, ADI으로 한다. 안전계수는 대개 100을 사용하는데 이는 동물과 사람의 차이(10배)와 사람 개인 간의 차이(10배)와의 상승효과를 고려하여 정한 것이다.

즉, ADI = MNEL/100~250이다.

식품의 섭취허용량 결정에 관련된 용어는 표 3-2에 정리하였다.

표 3-2 | 식품의 섭취허용량과 관련된 용어

용어	특징	계산법
최대내량 (MTD : maximum tolerated dose)	동물의 체중 감소, 사망, 독성 징후를 나타내지 않는 최대의 용량	
최대무작용량 (MNEL : maximum no effect level =NOEL : no observed effect level)	동물에게 일생동안 투여하여도 아무런 독성이 나타나지 않는 양	
1일 섭취허용량 (ADI : acceptable daily intake)	한 사람에게 하루에 허용되는 첨가물의 섭취량	MNEL/100~250
섭취가능량	목적하는 첨가물의 효과를 내는 최소량과 일일섭취량을 고려하여 결정	
섭취허용량	섭취가능량에 식품기호계수(2~10)를 곱해 최대섭취량 결정 → ADI를 고려하여 섭취허용량을 결정	

식품첨가물 사용량은?

식품첨가물 사용기준 < 1일 섭취허용량

$$1일\ 섭취허용량(mg/kg\ bw/day) = \frac{최대무독성량(mg/kg\ b.w.)}{100}$$

첨가물 결정방법은?

국제기구인 식품첨가물전문가위원회(JECFA)에서는 사람이 어떤 물질을 일생동안 매일 먹더라도 유해한 작용을 일으키지 않는 양인 1일 섭취허용량(ADI)을 설정하고 있다.

1일 섭취허용량은 마우스 등 동물실험에서 독성을 나타내지 않는 양, 즉 유해한 작용을 전혀 나타내지 않는 양인 최대 무독성량을 구한 다음 동물과 사람, 사람과 사람 간의 차이를 고려하여 100분의 1 수준의 안전계수로 나누어 결정한다.

따라서 식품첨가물의 사용기준은 평생 먹어도 전혀 유해한 작용을 나타내지 않는 양인 1일 섭취허용량보다 훨씬 적은 안전한 양으로 설정되기 때문에 인체에 유해한 영향을 주지 않는다.

3. 안전성과 위생 검사방법

국민의 건강과 안전을 지키기 위해 식중독의 원인을 찾고 환자를 추적하여 해결책을 마련하는 일은 아주 중요하고 때로는 시간을 다투는 일이 된다. 식중독을 일으키는 병인물질의 검사는 물리적·화학적, 미생물 검사 등을 하게 된다. 물리적·화학적 검사를 위한 시료는 비교적 간편하게 채취하여 검사에 사용하지만, 미생물 검사를 위한 시료의 준비와 채취방법은 미생물의 오염 방지와 분석의 정확성을 위해 조심하여야 한다 표 3-3.

식품위생 검사의 대상이 되는 시료를 검체라고 하고 이것은 모집단을 대표하는 표본이며 검사물의 이력을 알 수 있는 증거물이다.

표 3-3 | 식중독의 병인물질 검색 순서

위생검사 종류	실험	항목
식품 독성시험	동물실험	식품첨가물 등
물리적 검사	일반검사, 관능검사	녹는점, 점도, 비중, pH, 관능평가 등
화학적 검사	유기물	첨가물, 잔류농약 등
	무기물	유해금속 등
미생물 검사	세균	일반 세균, 혐기성 세균, 아포 형성 세균 등
	진균	곰팡이, 효모, 곰팡이 독(mycotoxin) 등
	바이러스	

시료 채취 시에는 검사목적, 식품의 종류, 상태와 양 등을 고려하여 처리하고, 시료의 양은 검사목적, 검사항목 등을 참작하여 검사대상 전체를 대표할 수 있는 양이어야 한다.

4. 물리적 검사

1) 일반검사

식품의 물리적 검사로는 식품의 녹는점, 어는점, 비중, 점도, pH 등을 측정한다. 녹는점과 어는점의 측정에는 온도계를 사용하며, 비중의 측정에는 비중계를 사용하거나 비중병을 사용한다. 점도는 모세관 점도계(오스트왈드 점도계), 회전 점도계 등을 사용한다. pH 측정에는 pH 시험지와 pH 미터 등을 사용한다.

2) 관능평가

식품의 물리적·화학적 변화를 관능적인 방법으로 평가한다. 관능평가 시에는 식품의 맛, 냄새, 색, 텍스처 등을 평가하는데, 평가방법에는 여러 가지 다양한 방법이 있다. 단순히 식품 간의 차이를 평가하는 차이검사법은 단순차이, 일이점비교법, 삼점비교법, 순위법, 평점법 등이 있으며, 식품의 차이를 적당한 어휘로 묘사하는 텍스처 프로필 분석texture profile analysis, 향미 프로필 분석flavor profile analysis 등의 묘사분석법, 그리고 소비자의 기호나 선호도를 조사하는 소비자조사법 등이 있다.

3) 함량검사

검체시료의 함량이 정확히 들어 있는지를 검사하는 방법으로 부피나 무게가 표시된 제품은 메스실린더와 저울에 시료를 정량하여 정확한 부피와 무게가 나가는지를 검사한다. 소포장 제품은 20개 이하이면 전체를, 20개 이상이면 20개를 무작위 추출하여 측정한 후, 평균값을 구한 후 개수를 곱해 총량으로 계산한다.

5. 화학적 검사

1) 일반검사

식품의 화학성분 중 일반적인 성분은 식품의 순도와 규격, 영양가 등을 평가하기 위한 것으로 수분, 회분, 질소화합물, 당질, 지질을 검사한다. 수분은 건조감량법, 증류법, 칼-피셔Karl-Fisher법 등으로 분석하고, 회분은 550~600℃의 회화로에서 가열하는 회화법을 사용한다. 조단백은 킬달법Kjeldahl method을, 조지방은 속슬렛soxhlet법을 주로 이용한다.

2) 식품첨가물 시험법

식품을 장기간 보존하거나 향미와 맛, 색을 향상시키는 등의 목적으로 식품에는 다양한 형태와 양의 식품첨가물이 사용된다. 이들의 분석에는 주로 용매추출법solvent extraction, 가스크로마토그래피법gas chromatography, 박층크로마토그래피법thin layer chromatography, 고분해능액체크로마토그래피법high pressure liquid chromatography, 분광광도법spectrophotometry 등의 방법을 사용한다. 구체적인 방법은 「식품공전」의 내용을 참고하면 된다.

3) 잔류농약 측정법

농산물의 다수확이나 병충해 방제의 목적으로 다양한 농약이 사용되고 있다. 주로 유기염소계, 유기인계, 카바메이트계 등이 사용되는데 이들의 검사는 일반적인 방법으로 추출, 정제하여 가스크로마토그래피를 이용하여 분석한다.

상세한 내용은 「식품공전」을 참고하면 된다.

4) 유해금속 측정법

식품이나 식품을 담는 용기와 포장재, 조리기구 등에 존재하는 유해금속이나 중금속의 측정은 금속 개개별로 특정한 시험방법이 있으며 일반적인 방법도 있다. 일반적으로 아연, 카드뮴, 주석, 구리, 비소 등의 분석은 전처리 후 원자흡광광도법 또는 고주파 유도 플라스마 발광분광법inductively coupled plasma 등의 방법을 이용한다. 기타 상세한 방법은 「식품공전」을 참고하면 된다.

6. 미생물 검사

식품의 미생물 검사는 생균과 사균을 구별하여 검사한다. 이런 관점에서 생균과 사균을 모두 포함하는 총균수 검사와 생균만을 측정하는 생균수 검사가 있고, 분석기술에 따라 평판도말법, 막투과법, 최확수법과 기타 미생물의 신속한 검출방법 등이 있다. 표 3-4에는 식품의 미생물 검사 항목을 나타내었다.

표 3-4 | 식품·환경 검체의 미생물 검사항목

분류	병원체명	
보존식, 의심식품(식재료 포함), 도마, 식기류 등, 식수(음용수)	살모넬라 병원성 대장균 리스테리아 모노사이토제네스 캠필로박터 제주니 여시니아 엔테로콜리티카 노로 바이러스 기타	황색포도상구균 장염비브리오균 클로스트리듐 퍼프린젠스 바실러스 세레우스 시겔라 클로스트리디움 보툴리눔(식품) **총 26종**
음용수, 식품용수	일반 세균, 질산성 질소, 총대장균군, 분원성 대장균군(총대장균군 검출 경우)	
수족관수	일반 세균 장염비브리오균(장염비브리오균에 의한 유행이 의심될 때)	대장균군

1) 시료 채취방법

무균으로 채취된 시료 25g에 225mL 0.85% 멸균 NaCl 용액을 가한 후 스토마커를 이용하여 균질화하여 이 중 1mL를 시험 원액으로 사용한다. 액상 검체인 경우에는 강하게 흔들어 균질화한다.

미생물 분석과정

샘플 처리(균질화) → 종균 배양 → 선택 배양 → 확인시험(생육 특성, 유전자형 분석, 혈청형 분석, 독소 생성 확인) → 판정

(1) Swab법

이 방법은 식품이나 조리도구 등에서 검체를 채취할 때 사용한다. 0.85% 염화나트륨 용액에 적신 멸균 면봉으로 조리기구 및 용기, 작업대 표면을 $100cm^2$씩 닦아내서 이것을 염화나트륨 용액 10mL와 함께 멸균하여 냉각한 시험관에 넣고 세게 흔들어 부착균의 현탁액을 조제하여 이를 시험액으로 사용한다.

(2) Glove-juice법

이 방법은 고무장갑이나 손의 미생물 검사 시에 이용하여 0.85% 염화나트륨 용액 50~75mL를 넣은 멸균백에 직접 고무장갑을 낀 채 혹은 맨손을 넣은 후 강하게 1~2분 정도 흔들어 이를 시험용액으로 사용한다.

식품공전의 미생물 검사를 위한 검체 채취 요령

1. 검체를 채취·운송·보관할 때는 채취 당시 상태를 유지할 수 있도록 함
   - 밀폐되는 용기·포장 등을 사용
2. 미생물에 오염되지 않도록 단위포장 상태 그대로 수거
   - 검체를 소분 채취할 경우에는 멸균된 기구·용기 등을 사용 무균적 수행
3. 검체는 정상적인 방법으로 보관·유통 중에 있는 것을 채취
4. 검체는 관련정보 및 특별수거계획에 따른 경우와 식품접객업소의 조리식품 등을 제외하고는 완전 포장된 것에서 채취하여야 한다.

2) 총균수 검사

이 방법은 식품 중에 존재하는 균의 총수를 측정하여 오염도를 조사하는 방법이다.

(1) 세균(Breed법)

생우유의 세균 총균수를 측정하기 위해 일정량의 시료를 1cm²로 구획된 슬라이드상의 일정면적에 도말하고, 건조·염색·검경하여 염색된 세균의 수를 측정, 현미경 시야의 면적과의 관계에서 시료 중에 존재하는 세균수를 추정하는 방법이다.

(2) 효모와 곰팡이(Thoma의 혈구계수기측정법)

이 방법은 효모의 세포수나 곰팡이의 포자수를 알 수 있는 것으로, 먼저 혈구계수기의 중심부에 멸균 마이크로피펫을 사용하여 시료의 일정량을 떨어뜨리고 기포가 들어가지 않게 커버 글라스를 덮은 다음 300배의 배율로 검경한다.

(3) 곰팡이의 균사검사(Haward법)

곰팡이의 균사검사를 위해서는 시료를 하워드Haward이 균사 계산용 슬라이드 글라스 위에 떨어뜨려 약 90배의 배율로 최소한 50회 반복 검경하여 균사의 출현횟수를 백분율로 나타낸다.

3) 생균수 검사

이 방법은 살아있는, 즉 증식하는 미생물을 검사하는 방법이며 세균수를 측정할 때 중온조건에서 표준한천배지에 발육하는 균의 총수를 표준평판균수라고 한다.

4) 현미경 관찰법

식품에 오염되어 있는 미생물의 크기는 워낙 작기 때문에 군집을 형성하기 전에는 육안으로 확인할 수 없다. 따라서 소량 0.01mL의 식품시료를 슬라이드 위에 새겨진 1cm² 표면에 고르게 편 후 건조 및 염색 과정을 거쳐 기름유화액 렌즈로 관찰하면서 25곳의 다른 면에 존재하는 미생물의 수를 세어 환산함으로써 1mL에 존재하는 미생물의 수를 계산하는 방법이다. 이 방법은 매우 빠르지만 생균과 사균의 구별이 불가능하고, 시료수가 많을 때는 번거로우며 시험자에 따른 오차가 크고 민감도가 낮다.

5) 평판 도말법

평판 도말법plate count은 고체배지에 일정배수로 희석한 미생물을 도말하여 적정온도에서 일정시간에 배양한 후 형성된 콜로니의 수를 세어 시료에 오염된 미생물의 수를 측정하는 방법이다. 가장 흔하게 사용하는 평판 도말법은 표준평판도말법standard plate count, SPC이다 그림 3-1.

식품 희석액을 만들 때 순수한 물을 사용하면 세포를 파괴하거나 세균의 수를 인위적으로 감소시키므로 보통 0.15% 펩톤수, 인산염 완충 펩톤수, 1/4 농도의 링거액 등을 사용한다. 배지는 특정 미생물만을 선택적으로 배양하고 싶을 때는 선택적 배지를, 다른 미생물들과 구분되어 배양하려고 할 때는 차별적 배지를 사용한다. 원하는 미생물만을 선택적으로 얻고자 할 때는 미생물의 종류에 따라 배양온도, 시간 및 대기조성 등 배양조건을 달리해야 한다. 중온균은 37℃, 고온균은 50~55℃, 그리고 저온균은 18~25℃에서 배양한다.

(1) pour plate법

이 방법은 시료와 액체상태의 배지를 잘 섞어 굳힌 후 배양하는 방법이다. 이 방법은 45℃ 정도에서 배지가 굳기 전에 플레이트에 부어 시료와 함께 섞어 주므로 일부 저온

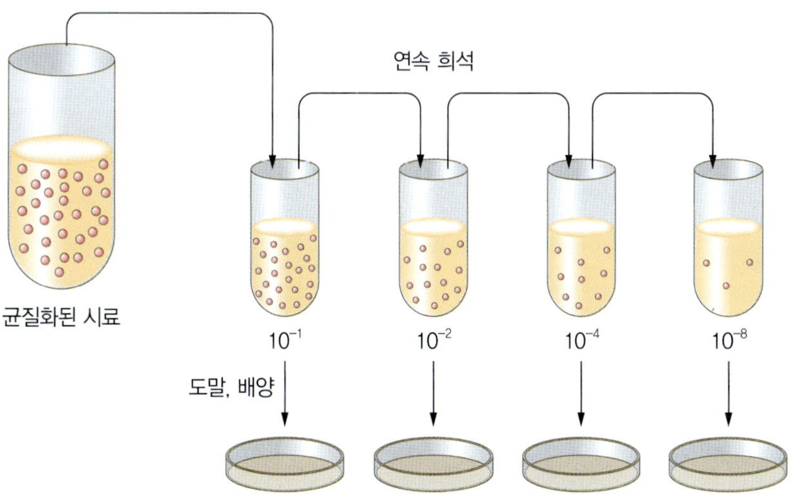

그림 3-1 | 식품시료의 희석과 평판 도말

균은 손상될 수 있다.

(2) spread plate법

이 방법은 이미 굳은 배지 표면에 시료를 고르게 편 뒤 배양하는 방법이다. 시료의 도말 시 고체배지 위에 시료를 도말함으로써 표면에 군집이 형성되어 쉽게 군집수를 셀 수 있다.

대장균군 시험방법

① 정성시험 : lactose broth 발효관배지를 이용하여 측정시험 → 확정시험 → 완전시험의 과정을 거쳐 확정한다.
② 정량시험 : 액체배지(LB발효관, BGLB발효관)와 고체배지(desoxycholate agar를 사용)를 사용하여 분석한다.

6) 막 투과법

막 투과법membrane filtration method은 바이러스를 제외한 대부분의 미생물들이 보통 0.5~1nm이므로 이보다 작은 구멍을 가진 막은 통과하지 못하는 원리를 이용한 것으로, 일정량의 액체 시료를 0.45nm 지름의 구멍을 가진 다공성 셀룰로스 아세테이트 막에 투과시켜 미생물을 거른 후 이들 미생물을 액체 또는 고체 배지 위에서 배양시켜 형성된 군집의 수를 세어 총 미생물 수를 결정하는 방법이다.

이 방법은 액체의 양은 많으나 미생물 오염도가 낮은 음용수의 대장균을 측정하기에

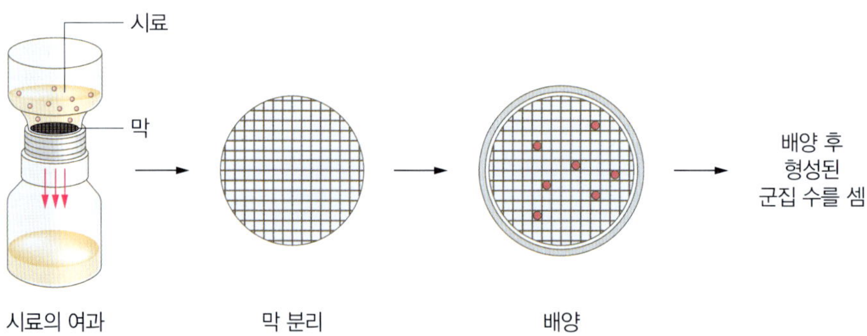

그림 3-2 막 투과법

는 농축하는 효과가 있어 좋다. 그러나 단점은 시료가 반드시 불투명하지 않은 액체여야 한다는 것이다. 그것은 액체 중에 잔유물이 많으면 배양 후 미생물군집 계측에 방해를 주기 때문이다.

7) 미생물의 간이신속검사법

기존의 미생물분석법은 미생물의 배양에 2~7일까지 시간이 많이 소요되어 결과를 빨리 알 수 없었다. 이런 불편함을 보완하여 신속한 검출법이 개발된 것이 간이신속검사법으로, 제조된 간편배지chromogenic media를 활용하는 방법이 많이 이용되고 있다. 현재까지 개발된 간이신속검사법은 기초적인 지식만 있으면 누구나 실시할 수 있다는 장점이 있으나, 소량의 균을 검출하기에는 어렵고 교차반응 등이 발생하므로 종래의 「식품공전」에 의한 표준배양법을 병행 실시할 필요가 있다.

간이신속검사법에 활용하는 간편배지를 크로모제닉배지 혹은 선택배지라고 한다. 각 종류의 미생물이 생성하는 효소반응을 색의 변화로 나타내는 배지로서 검사기간을 단축시킬 수 있을 뿐만 아니라 관련식중독의 판독이 용이하다. 현재 각 식중독에 대한 액상, 필름 형태의 배지와 표면 측정용 배지 등이 시판되고 있으며, 이 배지들을 활용하여 여러 종류의 미생물에 대한 정성·정량실험을 실시할 수 있다.

표 3-5는 집단급식에서 간단하게 사용하도록 HACCP용으로 시판되는 간이신속검사법의 장점이다.

표 3-5 | 간이신속검사법의 장점

구분	내용
간단	• 조제에 시간이 걸리지 않는다. • 조작이 간단하다. • 장기 보존이 가능하다. • 폐기물이 적고 처리가 쉽다. • 작은 공기에도 보관이 쉽다. • Swab실험도 간단하게 할 수 있다.
안심	• 분주 시 액이 밖으로 흐르지 않는다. • 휴대가 간편하다.
확실	• 표준분석법에 의거하여 실험한다

4

CHAPTER

세균성 식중독과 바이러스성 식중독

1. 세균성 식중독의 특징 | 2. 세균성 식중독의 분류 | 3. 감염형 식중독
4. 독소형 식중독 | 5. 중간형(감염독소형) 식중독 | 6. 바이러스성 식중독

학습목표

식중독을 일으키는 여러 가지 원인 중에 가장 많은 비율을 차지하는 것은 세균과 바이러스이다. 세균성 식중독은 그 발병 기전에 따라 감염형, 독소형, 중간형(감염독소형)으로 나뉜다. 바이러스성 식중독에는 로타, A형 간염, 노로 바이러스 식중독 등이 있다.

1. 세균성 식중독의 특징

식중독의 원인으로 밝혀진 것 중 약 80%가 세균에 의한 것일 정도로 세균이 차지하는 비중이 높다. 미생물에 의한 질병은 병원체의 독성과 감수성의 상호 관계에 따라 발생되며, 식중독은 독성이 약하지만 증식된 세균을 대량으로 한꺼번에 섭취하거나 생성된 독소에 의해 발생한다.

표 4-1 | 세균성 식중독의 특징과 증상

종류	특징	원인식품	잠복기	증상	예방
병원성 대장균	4가지형 존재	햄버거, 원유 등	형에 따라 다름	형에 따라 다름	개인위생, 환경위생 관리
살모넬라 식중독	감염병 원인균과 식중독균이 있으며, 식중독균은 쥐티푸스균과 돼지콜레라균이 있음	생고기, 달걀, 우유, 유제품	12~48시간	복부 통증, 두통, 고열, 설사, 혈변	• 육류 생식 금지 • 가열조리
장염비브리오 식중독	3~5% 해수에서 잘 증식하며, 병원성 호염균임	어패류와 그 가공품(생선회, 초밥 등)	8~24시간	상복부 통증, 구역질, 구토, 설사, 혈변	• 수산물 저온저장 • 가열조리
캄필로박터 식중독	5~15%의 산소분압이 필요하며, 가축의 유산 원인균임	생우유, 생고기, 닭고기	2~5일	설사, 복통, 두통, 발열, 탈수	• 식품오염 방지 • 가열조리
리스테리아증	고염식품과 5℃ 이하의 냉장 온도에서도 성장함	생고기, 생가금류, 우유제품, 핫도그, 수산물	1일~3주	메스꺼움, 구토, 두통, 고열, 한기	완전 가열조리
보툴리누스 식중독	혐기성 상태에서 잘 번식하며, 독소는 치사율이 높음	햄, 소시지, 통조림 식품	12~36시간	구토, 변비, 피로, 두통, 연하곤란, 복시, 동공 확대, 호흡마비	• 통조림 제조 시 충분히 가열 • 가열 철저
포도상구균 식중독	독소는 내열성이 있어 가열로 쉽게 파괴되지 않으나 고염용액에서는 생산되지 않음	김밥, 도시락, 떡, 빵	1~6시간	구토, 설사, 허탈, 의식장애	개인위생 철저
클로스트리디움 퍼프린젠스 식중독	클로스트리디움 퍼프린젠스는 소화된 세포가 콜로니를 만들어 인간의 장 속에 독소를 생성하는 독소매개 감염을 일으킴	육가공품, 어육, 튀김류, 면류	6~22시간	복부 통증, 설사, 약한 구토, 구역질	
세레우스 식중독	구토형과 설사형이 있음	• 구토형 : 쌀, 감자, 옥수수, 대두 • 설사형 : 육류, 우유, 채소	• 구토형 : 0.5~6시간 • 설사형 : 8~16시간	• 구토형 : 구토 • 설사형 : 복통, 설사	• 2차 오염 방지 • 보관온도 주의

감염형 식중독과 경구감염병의 차이는 독성의 차이로 콜레라균, 티푸스균은 독성이 강해 미량으로도 발병하지만, 식중독 세균은 독성이 약해 생균을 동시에 섭취하면 발병한다. 보통 감염형 식중독은 비교적 긴 잠복기 뒤에 두통, 구토, 복통, 설사 등의 증상이 일어나며, 주요 증상은 보통 2~3일 만에 잘 나타나고 1주일 이내에 회복된다. 독소형은 감염형에 비해 잠복기가 짧고 발열이 거의 없으며 다른 증상은 감염형과 거의 같다 표 4-1.

2. 세균성 식중독의 분류

1) 감염형 식중독

감염형 식중독은 오염된 식품에 증식한 다수의 식중독균이 식품과 함께 섭취되어 장관 내 점막에 침입함으로써 발병하는 것으로 살아있는 세균이 관여한다.

감염형 식중독에는 병원성 대장균, 살모넬라 식중독, 장염비브리오 식중독 등이 있다 표 4-2.

2) 독소형 식중독

독소형 식중독은 세균이 생산한 독소를 그 식품과 함께 섭취하여 장관에서 흡수되어 발병하는 것이다. 감염형 식중독과 달리 생균이 직접 관여하기보다 독소가 더 문제이다. 식중독균이 사멸되어도 독소가 남아 있으면 발병한다. 보툴리누스 식중독과 포도상구균 식중독이 대표적이다 표 4-2.

3) 중간형 식중독

중간형 식중독은 오염된 식품에 증식한 균이 음식의 섭취로 장 속에 들어오게 되고, 장관 내에 정착한 후에 독소를 생산하고 그 독소가 식중독을 일으킨다. 중간형 식중독은 웰치균 식중독, 병원성 대장균 중 장독소성 대장균 식중독, 세레우스 식중독이 대표적인 예이다 표 4-2.

표 4-2 | 세균성 식중독의 분류

분류	특성	식중독	원인균
감염형	생균의 경구적인 섭취에 의한 것	병원성 대장균	pathogenic *Escherichia coli*
		살모넬라	*Salmonella* spp.
		장염비브리오	*Vibrio parahemolyticus*
		캄필로박터	*Campylobacter jejuni*
			Campylobacter coli
		리스테리아	*Listeria monocytogenes*
		여시니아	*Yersinia enterocolitica*
독소형	세균이 생산한 독소에 의한 것	보툴리누스	*Clostridium botulinum*
		포도상구균	*Staphylococcus aureus*
중간형	세균이 생산한 독소에 의한 것	웰치균	*Clostridium perfringens*
		세레우스	*Bacillus cereus*

3. 감염형 식중독

1) 병원성 대장균 식중독

대장균은 사람이나 동물의 장관에서 정상적인 미생물상microflora을 구성하는 세균으로 자연계에도 널리 분포하며, 급성위장염을 일으키는 대장균 등이 알려져 있다.

(1) 특징

대장균은 장내세균과에 속하는 그람음성의 간균으로 편모가 있어서 운동성을 가지지만, 일부는 편모가 없어 운동성을 갖지 않는 것도 있다 그림 4-1.

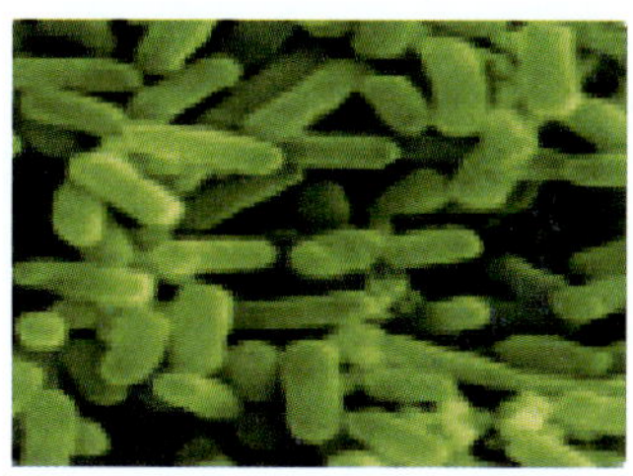

그림 4-1 | 병원성 대장균

자료: 식품의약품안전처

유당 또는 포도당을 분해하여 산과 가스를 생성하는 호기성 또는 통성혐기성균이며, 생육최적온도는 37℃이다. 보통의 대장균과 병원성 대장균은 형태와 생화학적 성상이 거의 같으나 혈청학적으로 균체항원(O항원), 협막항원(K항원), 편모항원(H항원)의 특이성에 따라 구별된다. 또 병원성 대장균은 그 발병 기전에 따라 장병원성 대장균, 장관조직침입성 대장균, 장독소성 대장균, 장출혈성 대장균의 네 가지로 구분하는데, 표 4-3은 병원성 대장균 식중독의 특징과 증상, 잠복기를 나타내었다.

(2) 원인식품과 증상

계절과 관계없이 발생하며 여름철에 약간 많은 편이다. 이 균은 가축, 애완동물, 건강인, 자연환경 등 광범위하게 분포되어 있다. 장관조직침입성 대장균EIEC은 이질균과 같이 사람이 고유숙주이며, 식육이나 동물에서는 볼 수 없고 때로는 식품의 매개로 일어날 수도 있다. 장관병원성 대장균EPEC과 장독소성 대장균ETEC은 식품을 통하여 감염되며, 신생아나 유아를 제외하고는 사람 대 사람의 감염은 볼 수 없다. 원인식품은 햄버거, 원유, 애플사이다, 그레이비 등이며 물을 매개로 한 발병사례도 있다. 특히 햄버거로 인한 발병은 갈은 쇠고기가 오염원이다. 식중독 환자나 보균자의 분변, 이들의 손을 통하여 조리된 식품이 오염되는 경우가 있다. 증상은 표 4-3과 같다.

(3) 예방

병원성 대장균은 우리의 생활 주변에 널리 분포하며 보균자 비율도 수%에 이르러 쉽게 오염되고 원인식품이 한정되어 있지 않다. 예방법은 식품과 음료수를 가열하고

표 4-3 | 병원성 대장균의 특징과 증상

종류	특징	원인식품	증상	잠복기
장관조직침입성 대장균 (enteroinvasive *Escherichia coli*, EIEC)	이질균처럼 대장점막 상피세포에 침입, 증식하여 이질과 유사한 장염을 일으킴	햄버거 원유 그레이비	이질형-설사 외에 복통, 발열, 구토	12~72시간
장관병원성 대장균 (enteropathogenic *E. Coli*, EPEC)	생물학적으로는 보통의 대장균과 비슷하나 O 및 K혈청을 가진 대장균이 설사의 원인이 됨		위장염형-설사, 복통, 발열, 구토	12~14시간
장독소성 대장균 (enterotoxigenic *E. Coli*, ETEC)	• 내열성(heat stable toxin) : 100℃에서 30분 가열에 견딤 • 이열성(heat labile toxin) : 가열에 불활성화됨		위장염형	EPEC와 비슷
장관출혈성 대장균 (enterohemorrhagic *E. Coli*, EHEC)	수양성 및 혈액성 설사를 동반한 출혈성 대장염을 일으키는 대장균. 이 중 O157:H7이 주목을 받고 있음		출혈성-혈변, 복통, 구토	

대장균의 영역

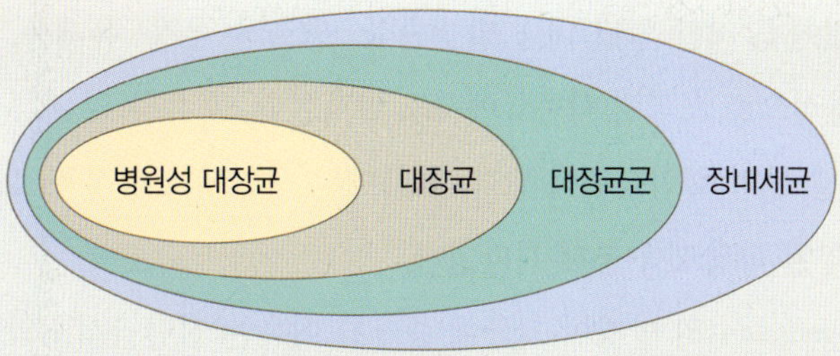

자료: 한국식품안전관리인증원(http://www.haccpkorea.or.kr/info/info_04_01.do)

집단생활에서 개인위생과 환경위생 관리를 철저히 하는 것이다.

2) 살모넬라 식중독

살모넬라 식중독은 살모넬라 균종*Salmonella* spp.이 오염, 증식된 식품을 섭취하여 일어나는 감염형 식중독으로 세계적으로 널리 발병한다.

(1) 특징

살모넬라는 그람음성, 비아포 형성 간균으로 크기는 0.5~0.8nm ×3~4nm이며, 편모가 있어 운동성이고, 호기성 또는 통성혐기성이다. 포도당을 발효하고 시토크롬 산화효소cytochrome oxidase 음성을 나타내는 장내세균이다.

그림 4-2 | 살모넬라균
자료: 식품의약품안전처

살모넬라 속은 혈청학적으로 세포 표층의 항원(O항원)과 편모의 항원 특이성(H 항원)에 따라 2,000여 종이 있고 병원성을 갖는 것은 수십 종이다. 이 중에서 장티푸스균과 파라티푸스균은 감염병의 원인균으로 식중독균 살모넬라와는 다르다. 살모넬라 중에서 식중독을 일으키는 것은 장염균*S. enteritidis*과 쥐티푸스균*S. typhimurium*, 돼지콜레라균*S. choleraesuis* 등이 있다. 이 균은 열에 비교적 약해 62~65℃에서 30분 정도 가열하면 사멸되지만 인간과 온혈동물의 장관에서 발견되며 대변의 오염으로 식품에 들어간다.

(2) 원인식품과 증상

발병은 6~9월에 많지만 일년 내내 발생한다. 생고기, 우유, 유제품, 초콜릿과 크림에 존재하며 2차적으로 오염된 식품류에서도 발생한다. 포유류 및 조류의 장관에 있으므로 날고기나 알 등이 원인식품이 된다. 식품에는 대변에서 생식품, 오염된 식품접촉면(예: 도마), 감염된 작업자를 통해 전파된다.

살모넬라증Salmonelosis의 발병이 최근에 증가한 이유는 집단급식소의 수가 증가하고 외식업체가 많아진 탓이다. 잠복기는 보통 12~48시간이고 평균 20시간 걸린다.

증상으로 복부 통증, 두통, 메스꺼움, 구토, 고열, 설사가 나타난다. 설사는 1일 수회, 수양성이고, 심하면 혈변이나 점혈변을 보인다. 발열은 38~40℃이지만 40℃ 이상의 고열도 나타날 수 있다.

(3) 예방

- 74℃ 이상 가열, 60℃에서 20분 가열 시 사멸한다.
- 음식을 다루기 전에, 조리하는 음식을 바꾸기 전에, 화장실 사용 후에는 반드시 따뜻한 물과 비누로 손을 깨끗이 씻는다.
- 모든 고기류, 특히 조류, 돼지고기, 달걀 등은 완전히 조리한다(생달걀은 먹지 않으며, 살균된 우유만 먹는다).
- 조리되지 않은 고기는 채소, 조리된 음식 그리고 곧 섭취할 음식과 분리하여 보관한다.
- 조리도구는 반드시 깨끗이 씻어야 한다. 사용한 후 조리대와 조리도구는 살균을 한다.
- 파충류(거북이 포함)는 살모넬라에 감염되기 쉬우므로 파충류를 만진 후에는 반드시 손을 씻는다. 애완용 초록빛 거북에 의한 살모넬라증은 미국에서 크게 보도되었다.

3) 장염비브리오 식중독

장염비브리오 식중독은 호염균인 장염비브리오균에 오염된 식품을 섭취하여 일어나는 식중독으로 병원성 호염성 식중독이라 부른다.

(1) 특징

식중독과 관계있는 비브리오 그룹은 비브리오 콜레라*Vibrio cholera*, 비브리오 파라헤몰리티쿠스*Vibrio parahaemolyticus*, 비브리오 벌니피커스*Vibrio vulnificus*인데 이 중 장염비브리오균은 비브리오 파라헤몰리티쿠스이다. 장염비브리오균은 해수 세균으로 3~5%의 식염농도에서 잘 발육하여 병원성 호염균이라고도 불린다. 10% 이상의 식염농도에서는 성장이 정지되며 그람음성, 통성혐기성, 비아포형성 간균으로 크기는 0.5~0.8nm×2.0~5.0nm이다. 이 균의 생육 최적온도는 37℃ 부근이며 10℃ 이하에서는 잘 발육하지 않고, 열에는 비교적 약하다. 증식속도가 빠르다.

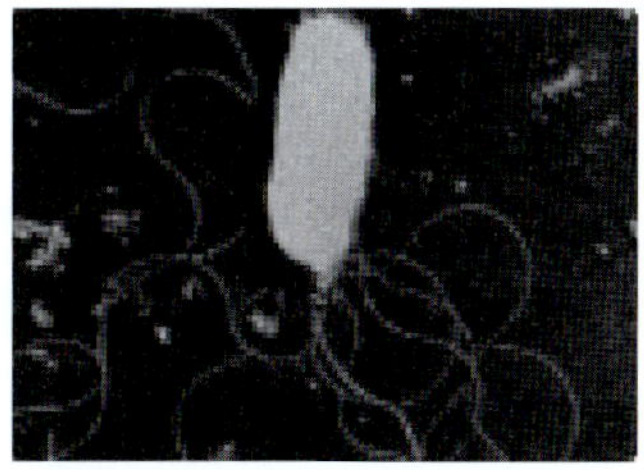

그림 4-3 | 장염비브리오균
자료: 식품의약품안전처

(2) 원인식품과 증상

이 식중독은 5~11월에 걸쳐 발생하고 기온이 30℃가 넘는 계절에 집중적으로 발생한다. 원인식품은 어패류와 그 가공품이 많은데 생선회나 초밥 등이 주 원인이며, 그 외에 도시락 등의 복합조리식품도 원인이다. 이는 오염된 어패류로부터 2차 오염된 것으로 보인다.

장염비브리오 식중독의 잠복기는 대개 8~24시간이며 증상은 대개 상복부의 심한 통증으로 시작하여 구역질, 구토, 설사가 일어나는데, 설사는 심한 쌀뜨물 같은 변이나 혈변을 보기도 하여 세균성 이질로 의심되기도 한다. 복통, 설사에 이어 37~39℃의 고열이 나타나며 발병 후 12시간 무렵부터 회복되어 24~36시간이면 마무리된다. 심한 경우 사망에 이를 수도 있다.

(3) 예방

장염비브리오는 여름철 해수 중에 많으며 어획 후에는 10℃ 이상에서 유통하면 균이 증식하므로 저온보관이 필수적이다. 예방법은 어패류를 취급할 때 조리기구와 손을 통한 2차 감염이 일어나지 않도록 한다. 0~2℃에 보관하면 부착세균이 1~2일 만에 사멸되므로 냉동식품도 안전한 편이며, 민물에서는 저항성이 약하므로 잘 세척하는 것이 도움이 된다.

장염비브리오균 식중독 예방

- 5℃ 이하의 냉장고에서 반드시 냉장 보관한다.
- 가능한 한 생식을 피하고, 가열한 후(60℃에서 5분, 55℃에서 10분) 섭취한다.
- 2차 오염을 막기 위하여 취급자의 손을 청결히 하고, 사용한 식기, 도마 등 조리기구는 세척, 열처리하여 전용기구를 사용한다.
- 2~4%의 염도가 있는 곳에서 잘 증식하는 균의 특성을 이용하여 염분이 없는 물로 세척하는 것도 방법이다.

자료: 식품의약품안전처

4) 캄필로박터 식중독

캄필로박터 식중독의 원인균은 캄필로박터 제주니*Campylobacter jejuni*와 캄필로박터 콜리*Campylobacter Coli*이다.

(1) 특징

이들은 그람음성 나선형의 무아포 간균으로 편모를 갖고 있고 미호기성이며 5~15%의 산소분압에서 발육한다. 증식을 위해 아주 엄격히 산소를 필요로 하는 미호기성 세균으로 3~6%의 산소에서만 자랄 수 있다. 캄필로박터는 가축의 유산, 태반염의 원인균이다.

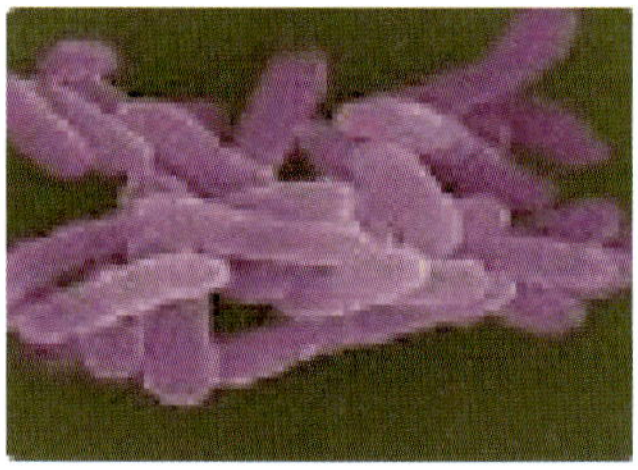

그림 4-4 | 캄필로박터 제주니

자료: 식품의약품안전처

(2) 원인식품과 증상

캄필로박터 제주니는 생고기, 생우유에서 식품 접촉면, 작업자의 손 등을 통해 다른 식품에 오염된다. 주 증상은 설사, 복통, 두통, 발열이고, 심한 혈액성 설사, 메스꺼움, 탈수도 나타난다. 사망하는 예는 거의 없다. 잠복기는 2~5일로 증상은 보통 2~7일 지속되어 다른 식중독에 비해 길다.

(3) 예방

캄필로박터균은 25℃ 이하에서는 증식하지 않아 다른 식중독과 달리 식품의 저온저장이 필요치 않다. 따라서 육류, 우유, 음료수 등의 오염을 방지하고 적절히 가열살균한다. 생고기를 익혀 먹고 생식품을 사용한 후 식품 접촉면(도마)과 손을 깨끗이 씻어야 한다.

5) 리스테리아증

(1) 특징

리스테리아증listeriosis을 일으키는 리스테리아 모노사이토제네스*Listeria monocytogenes*는 통성혐기성이며, 고염 식품에서도 생존가능하고 냉장온도(5℃ 이하)에서도 증식이 가능하다.

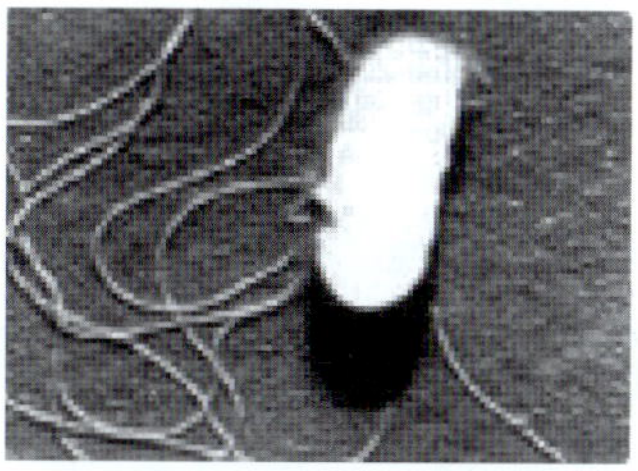

그림 4-5 | 리스테리아 모노사이토제네스균

자료: 식품의약품안전처

(2) 원인식품과 증상

이것은 생고기, 우유제품(치즈, 아이스크림, 생우유), 조리된 육류와 핫도그, 생채소, 수산물 등에서 흔히 발견된다. 식품으로의 오염은 교차감염이나 덜 익힌 식품에 존재한다. 리스테리아증은 건강한 성인에게 독감 같은 질병을 일으키는데, 증세는 메스꺼움, 구토, 두통, 고열, 한기가 나타난다. 패혈증, 수막염, 뇌염, 탄생장애 등의 합병증은 임신부나 어린이와 노인, 면역체계가 약한 사람의 생명을 위협한다. 잠복기는 1일~3주이고, 지속시간은 환자를 언제 치료하느냐에 따라 명확하지 않다.

(3) 예방

- 원유 및 살균되지 않은 우유의 섭취는 피한다.
- 조리하지 않는 채소는 섭취하기 전 음용에 적합한 흐르는 물로 충분히 헹군다.
- 식육은 72℃, 가금육은 83℃, 생선은 72℃까지 가열조리하여 완전히 익혀 섭취한다.
- 가열하지 않은 식품과 접촉한 손, 칼, 도마는 세제로 깨끗이 씻은 후 뜨거운 물로 살균, 건조한 후 사용한다.
- 가열을 요하는 식품은 60℃ 이상으로, 냉장온도에서도 증식이 가능하므로 냉장 보관온도는 5℃ 이하로 관리를 철저하게 해야 한다.
- 남은 음식을 냉장보관할 경우에는 냉장고의 냉기가 신속하고 고루 전해질 수 있도록 작고 깊지 않은 용기를 사용하여야 한다.
- 리스테리아 식중독에 취약한 임산부, 노약자, 면역력이 저하된 사람 등은 남은 음식 및 즉석식품은 충분한 온도에서 재가열한 후 섭취하여야 한다.

6) 여시니아 식중독

여시니아 식중독은 여시니아 엔테로코코리티카*Yersinia enterococolitica*에 의해 감염되는데 이 균은 그람음성의 간균으로 고양이와 개에 존재한다. 주로 생우유나 육류, 굴 및 생선이 감염원인데, 식품을 취급하는 사람의 개인위생을 철저히 하여 예방한다. 주요 증상은 발열과 구토, 설사 등이며 충수염과 유사한 증세를 나타내는데, 잠복기는 24~48시간이다.

4. 독소형 식중독

1) 보툴리누스 식중독(보툴리즘)

보툴리누스 식중독은 보툴리누스균이 식품을 오염시켜 혐기상태에서 증식할 때 생산하는 독소에 의해 일어나는 식중독이다.

(1) 특징

클로스트리디움 보툴리눔*Clostridium botulinum*은 혐기성이며 포자 형성, 그람양성 간균으로 편모가 여러 개 있어 운동성이다. 그리고 독소의 면역학적 특이성에 의해 A~G형으로 분류되며, 식중독을 일으키는 것은 주로 A, B, E, F형으로 A형이 가장 치명적이다. 이들이 생산하는 독소는 LL, L, M 독소가 있다. 이 독소는 pH 7.2 이상에서 독성과 무독성으로 해리되는데 해리된 독성분을 S독소라 한다. 보툴리누스 독소는 가장 치사율이 높은 신경독소로 열에 안정하지 않아 약 20분 정도 가열하면 파괴되고, 100℃에서 10분 정도 가열하면 무독화된다. 하지만 아포의 열저항성을 보면 단백질 분해성의 A형 아포는 100℃에서 360분 이상 또는 120℃에서 30분 이상 가열해야 한다. 그러나 E형 아포는 열저항성이 적은 편으로 80℃에서 6분 이상 가열하면 사멸된다.

보툴리누스 독소는 장관에서 흡수되어 콜린 작동성의 신경접합부에 작용하여 아세틸콜린의 유리를 저해하여 신경전달을 방해하고 신경지배를 받는 근육을 마비시킨다. 중증일 때는 호흡근 마비에 의해 질식사한다.

(2) 원인식품과 증상

원인식품은 햄, 소시지, 채소나 과일의 통·병조림이 많은데, 가열을 충분히 하지 않고 진공포장한 저산성식품과 위험온도 범위에 저장한 저산성식품들이 여기에 속한다. 보툴리즘의 초기 증상은 구토, 변비 등이며 권태감, 현기증이 이어진다. 신경계의 주증상은 복시double vision, 시력 저하, 동공 확대, 안검하수, 언어장애, 연하곤란, 호흡곤란이다. 잠복기는 12~36시간이며, 짧으면 2~4시간에도 신경증상이 나타나고, 늦으면 2~3일 후에 발병한다. 지속기간은 며칠에서 1년이다. 조기치료를 받지 않으면 사망률이 50%에 이른다.

(3) 예방

보툴리누스 식중독은 다음 세 가지 방법으로 예방이 가능하다.

① 먼저 120℃로 4분 가열하여 식품을 완전 살균한다. 그러나 이 조건은 보통의 식품에서는 불가능하다.

② 균의 증식을 저지하는 것인데 pH를 4.6 이하로 하든지, 수분활성을 0.94 이하로 하든지 4℃ 이하의 온도에 보존하거나 아질산나트륨 같은 항균제를 첨가한다.

③ 80℃에서 30분, 100℃에서 2~3분 가열하면 독소는 완전히 파괴된다.

2) 황색포도상구균 식중독

포도상구균 식중독은 황색포도상구균*Staphylococcus aureus*이 식품 중에 증식하여 생산한 장독소를 경구 섭취하여 일어나는 식중독이다.

(1) 특징

그림 4-6 | 황색포도상구균
자료: 식품의약품안전처

포도상구균은 자연계에 여러 종류가 있으나 식중독의 원인독소인 엔테로톡신enterotoxin을 생산하는 균종은 황색포도상구균에 한정된다. 포도상구균은 마이크로코커스과에 속하는 지름 0.7~0.9nm의 구균으로 그람양성이고 통성혐기성이며, 발육 최적온도는 30~37℃의 중온균이다. 이 세균은 다른 미생물이 있을 때는 잘 경쟁하지 못하지만 혼자이거나 다른 미생물과의 경쟁이 없을 때는 잘 자란다. 이 균의 독소인 엔테로톡신은 내열성이 있고 100℃에서 60분 동안 가열해도 파괴되지 않는다. 이 독소는 면역학적 특징에 따라 A~E형이 있는데 식중독의 90% 이상이 A형 독소가 원인이다. 특히 B형은 100℃ 30분의 가열에도 무독화되지 않으며, 완전히 파괴하는 데는 210℃ 이상에서 30분 가열이 요구된다. 독소 생산에 적합한 pH는 6.8~7.2이고, 10% 이상 소금용액에서는 독소 생산이 현저히 억제된다.

(2) 원인식품과 증상

이 식중독은 사계절 내내 발생하지만 5~9월에 집중 발생된다. 우리나라는 살모넬라, 장염비브리오와 더불어 발생빈도가 높다. 미국과 유럽에서는 우유와 가공품, 육제품, 알제품 등에 분포되어 있고, 우리나라는 김밥, 도시락, 떡, 빵 등 곡류와 그 가공품에 주로 분포되어 있다. 작업자의 손이나 기침, 재채기를 통해서도 전파되고, 숟가락이나 국자로 맛을 볼 때 입에서 식품으로 세균을 전파하기도 한다. 주 증상은 급성위장염으로 인한 구토, 설사이다. 설사는 1일 수차례 수양성이며, 설사가 심하면 쇠약, 허탈, 의식장애, 혈압강하를 보이다가 심해지면 피를 토하기도 한다. 잠복기는 1~6시간이며, 병은 1~2일 지속된다. 보통 증상이 가볍고 경과가 빨라서 1~3일이면 회복되며, 사망하는 경우는 드물다.

(3) 예방

식품취급자의 개인위생에 주의하고 화농성 환자와 인두염 환자는 조리에 참여하지 말아야 한다. 상처가 있는 사람은 상처를 잘 봉합하고 봉합 부위를 덮기 위해 플라스틱 장갑 같은 것을 사용하여 음식을 취급한다. 조리사가 맛보는 데 사용한 숟가락과 국자를 재사용하지 말고 음식의 보관온도를 주의하여야 한다.

5. 중간형(감염독소형) 식중독

1) 클로스트리디움 퍼프린젠스 식중독

클로스트리디움 퍼프린젠스*Clostridium perfringens*가 일으키는 식중독은 웰치균*Welchii*이 장관 내에 아포를 형성할 때 일종의 독소를 생산하는데 이것이 식중독의 원인이 된다.

(1) 특징

클로스트리디움 퍼프린젠스는 웰치균 또는 가스괴저균이라고도 하며 그람양성, 아포형성 간균으로 통성혐기성 혹은 약한 혐기성이다. 이 균은 15~50℃에서 발육하고 생육 최적온도는 43~47℃로 높으며, 분열시간이 약 10~12분으로 짧고 용혈과 치사작용을 나타내는 레시티나아제lecithinase를 생산한다. 웰치균이 생산하는 독소의 면역학적 특이성에 따라 A~F형으로 분류되는데 A형이 대표 원인균이다. A형 아포는 내열성으로 100℃에서 1~4시간 가열해도

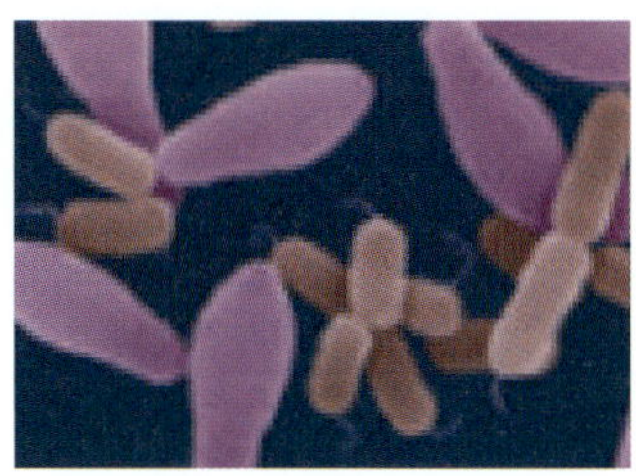

그림 4-7 | 클로스트리디움 퍼프린젠스

자료: 식품의약품안전처

사멸되지 않는다.

(2) 원인식품과 증상

클로스트리디움 퍼프린젠스 식중독은 일년 내내 발생하며 육가공품, 어육, 튀긴 음식, 면류 등이 원인식품으로, 가열조리 후 하루 이상 방치된 식품이 원인인 경우가 많다. 끓이거나 찌거나 삶거나 불충분하게 구운 후 서서히 식히고, 차게 또는 잘못 재가열되어 다음 날 제공되기 때문이다.

클로스트리디움 퍼프린젠스는 복부 통증과 설사를 일으키는데 발열은 대부분 나타나지 않는다. 잠복기는 6~22시간이며 평균 12시간이고, 병은 하루 이하로 지속된다.

환자는 일반적으로 가벼운 증세를 보이고 통상 1~2일에 회복되지만, 출혈성인 경우 치명률은 40%에 이른다.

(3) 예방

건강인에게서 A형 웰치균의 보균율은 비교적 높으며 식중독 발생도 많다. 식품에 웰치균이 오염되면 내열성 때문에 가열 사멸이 곤란하므로 일반 식중독과 다른 예방조치가 필요하다. 즉, 가열식품을 저온보존하여 아포의 발아, 증식을 억제하고 섭취 전 가열하여 균을 사멸시킨다. 조리한 음식은 즉시 섭취할 수 없을 경우 음식을 작은 용기에 나누어 담아 혐기적 상태가 되지 않도록 냉장하고, 63℃ 이상으로 가열한 뒤 섭취한다.

2) 세레우스 식중독

세레우스균에 의한 식중독은 엔테로톡신을 원인독소로 하는 설사형과 구토형이 있다.

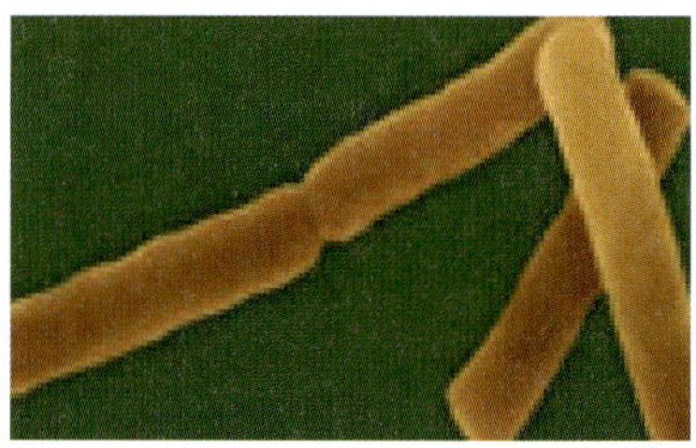

그림 4-8 | 바실러스 세레우스균

자료: 식품의약품안전처

(1) 특징

바실러스속은 예부터 식품의 부패세균으로 잘 알려져 왔다. 바실러스 세레우스*Bacillus cereus*는 산소 유무에 상관없이 살 수 있는 그람양성, 아포형성, 간균으로 편모가 있어 운동성이다. 증식온도는 10~48℃이며 생육 최적온도는 28~35℃이다.

(2) 원인식품과 증상

이 균은 토양과 먼지 등 자연계에 널리 분포하는데 구토형은 쌀, 감자, 파스타, 옥수수, 대두, 두부, 밀가루 같은 곡류에 존재하며, 설사형은 육류, 우유, 채소, 서류 같은 식품과 관계있다.

식품은 잘못 저장하면 포자가 영양세포로 되고, 영양세포는 질병을 일으키는 독소를 생성한다. 설사형의 주 증상은 복통 및 설사이며 구역질이나 구토는 볼 수 없다. 구토형은 메스꺼움과 구토가 있고 설사는 거의 없다. 구토형의 잠복기는 30분~6시간이며 하루 이하 정도로 지속된다. 설사형의 잠복기는 8~16시간이며 증상은 12~14시간까지 지속된다.

(3) 예방

바실러스 세레우스는 자연계에 널리 분포하지만 끓이면 아포를 사멸시킬 수 있다. 식재료의 2차오염을 조심하고, 냉장 및 냉동하여 증식을 억제한다. 가열 조리된 식품에도 잔존할 수 있으므로 주의를 요한다. 식품은 즉시 소비하지 않을 때는 가열한 후 57℃ 이상에서 보관한다. 또한 저장 전에 5℃ 이하로 재빨리 식혀야 한다.

6. 바이러스성 식중독

식중독을 일으키는 바이러스는 식중독 세균과는 여러 면에서 다르다. 또한 최근에는 바이러스성 위장염의 빈도가 증가하는 경향이다. 바이러스는 세균보다 크기가 훨씬 작고 그들이 자라고 번식할 수 있는 숙주(인간, 동물)를 필요로 한다.

바이러스는 보통 한 식품에서 다른 식품으로, 한 작업자에게서 식품으로, 오염된 물에서 식품으로 전파된다. 식품산업에서 아주 중요한 바이러스에는 로타 바이러스, A형 간염 바이러스, 노로 바이러스 등이 있다.

표 4-4 | 바이러스성 식중독

종류	특징	원인식품	잠복기	증상	예방
로타 바이러스	A형 혈청형이 특히 유아와 어린이에게서 위장염 유발	오염된 조리사가 다루는 음식, 비가열 식품(샐러드, 과일)	1~3일	구토, 설사, 열	• 익혀 섭취 • 개인위생 철저
A형 간염 바이러스	사람을 통한 전염과 2차 오염도 크게 작용	샐러드, 고기, 샌드위치, 빵	15~50일	고열, 메스꺼움, 구토, 복부 통증	• 생식 금지 • 가열조리 • 개인위생
노로 바이러스	식품에 쉽게 오염되고 적은 수로도 질병 유발	일반식품, 교차오염	24~48시간	구토, 설사, 탈수	• 항생제 치료가 안 되므로 개인위생 • 교차오염 예방
아데노 바이러스	어린이 설사증의 원인이 됨	분변이나 사람을 통해 전달되고 다양한 식품에 존재	7일	설사, 발열, 구토	• 해산물 생식 금지 • 가열조리

1) 로타 바이러스

(1) 특징

로타 바이러스는 내외 두층의 캡시드로 되어 있고, 지름이 약 70nm이며 엔벨롭은 없다. 즉, 11개의 이 중 RNA가 2개층의 단백질로 둘러싸인 구조이다. 이것은 항원성에 의해 A~G의 혈청형군으로 분류된다. 그중 사람의 설사에서 검출되는 것은 주로 A형이다. A형 로타 바이러스는 로타 바이러스 위장염을 유발하며, 유아와 어린이에게서 심한 설사의 원인이 될 수 있다.

(2) 원인식품과 증상

이것은 분변-경구로 전파되며 오염된 손에 의해 전파된다. 감염된 조리사가 다루는 음식, 그리고 샐러드와 과일처럼 비가열 식품을 오염시킨다. 가정에서 로타 바이러스가 전파되는 가장 흔한 통로가 오염된 손을 통한 사람 대 사람 사이의 전파이다. 로타 바이러스에 감염된 사람은 약한 증세부터 심한 증상까지 보일 수 있는데 10~100입자가 감염을 일으킨다. 젖먹이 어린이와 유아에게는 심한 설사를 일으킨다. 로타 바이러스 위장염의 일반적인 증상은 구토, 물 같은 설사, 낮은 열이다. 잠복기는 1~3일이며, 증상은 구토로 시작하여 4~8일의 설사가 따른다. 환자는 다수의 바이러스를 배설한다.

(3) 예방

로타 바이러스는 세균을 예방하는 환경이면 감염을 막을 수 있다. 식품을 잘 익혀 먹고 개인위생을 철저히 하는 것이 좋은 예방법이다.

2) A형 간염 바이러스

(1) 특징

A형 간염 바이러스는 단일 RNA 물질이 단백질에 둘러싸여 있고, 직경은 27nm이며, 감염성 간염이라 불리는 간질환을 일으킨다. 간염 바이러스는 조리사가 6개월 동안 증상을 나타 내지 않을 수도 있으므로 급식시설에서는 특히 위험하다. 증상이 나타나기 전 1주 동안, 그리고 병의 증상이 사라진 2주 동안 감염성이 있으므로 그 기간에 감염자는 식품과 다른 작업자를 오염시킬 수 있다. A형 간염 바이러스는 아주 강건하며, 적당한 환경에서 몇 시간 동안 생존할 수 있다.

(2) 원인식품과 증상

A형 간염 바이러스는 오염된 물에서 수확한 굴과 대합에 존재하며, 오염된 물로 세척한 날채소에서도 발견된다. A형 간염 바이러스에 감염된 조리사가 취급하는 대부분의 잠재적 위험식품은 이 바이러스를 운반할 수 있다. 이런 식품의 예는 샐러드, 고기, 샌드위치, 빵들이다. 증세는 고열, 메스꺼움, 구토, 복부 통증 그리고 피로이며, 다음으로 간의 팽대와 황달(피부의 황색화)이 나타난다. 잠복기는 오염된 음식을 먹은 후 15~50일인데, 간염이 약한 경우는 보통 몇 주 계속되고, 심한 경우 몇 달 계속될 수도 있다. 감염량은 10~100입자이다.

(3) 예방

식품을 조심하여 다루고 권장 온도로 요리하며 수산물을 생으로 섭취하지 않아야 한다. 조리사는 개인위생을 잘하고 식품을 다루기 전과 화장실을 다녀온 후 손과 손톱을 깨끗이 세척한다.

3) 노로 바이러스

(1) 특징

Norwalk-like virusesNLVs라고도 부르며, 미국 오하이오주 노워크Norwalk라는 지역에서 발병된 이후 이 지역의 이름을 따서 부르게 되었다. 소형, 원형의 바이러스로 급성 위장관염을 일으킨다 그림 4-9.

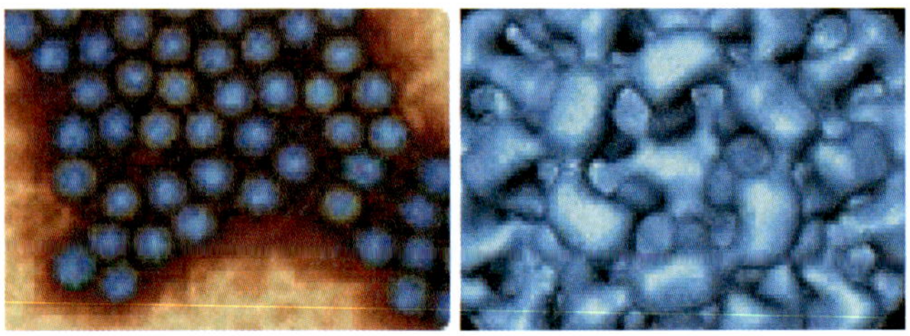

그림 4-9 | 노로 바이러스
자료: 식품의약품안전처

(2) 원인식품과 증상

겨울철에 주로 발생하고 있으나 최근에는 계절과 관계없이 발생한다. 크기가 작아 식품이나 음료수를 쉽게 오염시키고, 적은 수로도 사람에게 질병을 일으킬 수 있을 정도로 감염력이 강하며 환경에서 생존력이 높다. 사람 몸 밖에서는 증식을 할 수 없지만 식품이나 물을 통해 감염될 수 있다.

감염자의 구토물이나 체변에서 발견되며, 이것이 감염자의 손이나 장비 등에 묻었다가 식품에 접촉하면 식품이 오염된다. 주된 증상은 오심, 구토, 설사, 복통, 두통이다. 노로 바이러스에 의한 위장염은 심각한 건강상 위해는 없으며, 대부분의 경우 장시간의 합병증 없이 1~3일 후에는 완전히 회복된다. 어린이나 노인의 경우, 구토나 설사로 인해 손실된 수분을 충분히 보충해 주지 못해 탈수증세가 나타나는 경우에는 병원 치료가 필요하다. 바이러스에 감염된 이후 24~48시간 정도 지나 증상이 나타나기 시작하며, 증상을 느끼는 날부터 회복 후 최소 3일까지는 감염성을 가지고 있다. 일부는 회복 후 2주 정도까지 감염력을 갖기도 한다.

(3) 예방

바이러스의 일종이므로 항생제로 치료되지 않으며 현재 노로 바이러스에 대한 항바이러스제는 없다. 노로 바이러스에는 많은 종류가 있기 때문에 한번 감염된 이후에도 다른 종류의 노로 바이러스에 의해 재감염될 수 있으며, 이런 이유로 백신 개발이 힘들다. 유전적 특성에 따라 심한 증상으로 발전하는 사람도 있다.

식품의약품안전처의 식중독 예방 대국민 홍보사이트www.mfds.go.kr에 있는 노로 바이러스의 예방법은 다음과 같다.

- 오염된 해역에서 생산된 굴 등 패류 생식 자제
- 어패류는 가급적 가열 후 섭취(85℃, 1분 이상)
- 개인위생 관리 철저
- 채소류 전처리 시 수돗물 사용
- 지하수 사용 시설은 주변 오염원(화장실 등) 관리 철저

4) 아데노 바이러스

(1) 특징

이 바이러스는 지름 70~80nm이며 정이십면체 구조이다. 이들의 DNA 상동성에 의해 A~F의 아속으로 분류되며, 항원성에 따라 49개 혈청형이 있다.

(2) 원인식품과 증상

이 바이러스는 널리 분포하며 다양한 질환을 일으킨다. 주요 감염경로는 분변-경구 감염, 인간-인간 전파이다. 예로부터 알려진 어린이설사증을 일으키는 아데노 바이러스는 1, 2, 3, 5, 6, 31형이 원인이고, 최근에 장관아데노 바이러스(40, 41형)도 원인이라고 밝혀졌다.

장관아데노 바이러스는 설사가 주요 증상이며 발열, 구토를 수반한다. 잠복기는 7일 정도이며, 바이러스가 배출되는 기간은 10~14일이다.

(3) 예방

예방을 위해 식품은 지시대로 취급하고 조리해야 한다. 해산물은 생식하지 말아야 한다.

5

CHAPTER

자연독 식중독

1. 식물성 자연독 | 2. 동물성 자연독 | 3. 곰팡이독

학습목표

우리가 섭취하고 있는 식품 중에는 동물이나 식물의 성장과정에서 자연적으로 생성 또는 축적된 인체에 유해한 유독성분인 자연독이 존재하기도 한다. 자연독은 계절 또는 먹이연쇄의 변동에 따라 한시적으로 생성되거나 특정 환경 조건에서 저장할 때 생성되는 것뿐만 아니라, 독버섯의 유독성분과 같이 본래부터 식품에 함유된 것이 있다. 자연독은 제거 후 조리하거나 이를 제거할 수 있는 적절한 조리법을 이용하면 섭취를 피할 수 있으나 잘못하여 섭취하면 식중독을 일으키는데, 이를 자연독 식중독이라고 한다. 자연독 식중독의 원인이 되는 유독성분에는 식물성 식품과 동물성 식품에 존재하는 자연독 성분, 그리고 곰팡이가 생성하는 곰팡이독이 있다. 이 중 식물성 식품에 존재하는 자연독은 몇 종을 제외하고는 건강장애를 일으킬 정도로 다량 함유되어 있지 않으나 일상 식생활에서 반복적으로 섭취되기 쉬운 잠재적 독성물질이다.

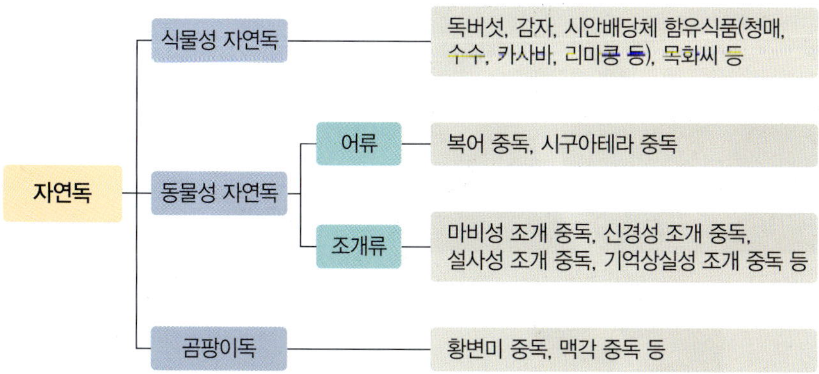

그림 5-1 | 자연독의 종류

1. 식물성 자연독

1) 독버섯

우리나라에서는 오래전부터 여러 종류의 버섯을 식용으로 하고 있지만, 버섯 중에는 독을 함유한 것이 많고 이를 쉽게 구별하기 어려워 야산에서 잘못 채취한 독버섯을 식용버섯으로 오인, 섭취하여 심한 중독을 일으킨다. 독버섯에 의한 식중독은 식물성 자연독에 의한 식중독의 대부분을 차지할 정도로 많이 발생한다. 독버섯에 의한 중독 증상은 버섯의 종류에 따라 다르며, 구토와 복통 등을 일으키는 위장장애형, 경련과 혼수·황달과 같은 증상을 보이는 콜레라형, 근육 경련과 같은 증상이 나타나는 뇌증상형으로 나누어진다.

(1) 독버섯의 종류

50여 종의 독버섯 중 20여 종이 맹독성으로 알려져 있다. 식중독을 일으키는 대표적 독버섯에는 알광대버섯, (독우산)광대버섯, 화경버섯, (굽은)외대버섯, 미치광이버섯, 독깔대기버섯, 냄새무당버섯, 땀버섯 등이 있다. 식용버섯과 유사한 모양의 독버섯을 그림 5-2에 나타내었다.

독우산광대버섯

개나리광대버섯

노란다발버섯

갈황색 미치광이버섯

붉은싸리버섯

파리버섯

삿갓외대버섯

솔땀버섯

그림 5-2 | 독버섯의 모양

자료: 식품의약품안전처

① 알광대버섯

알광대버섯*Amanita phalloides*은 가장 잘 알려진 맹독성 버섯으로 우리나라를 비롯해 일본, 중국, 북미, 유럽, 호주 등 전 세계적으로 분포한다. 늦은 여름~가을에 활엽수림에서 자라는 알광대버섯은 키가 10~20cm이고 갓 지름이 7~8cm인 큰 버섯이다. 갓 모양은 처음에는 난형이지만 자라면서 편평하게 변하고, 표면은 황록색이며 약간의 점성이 있다. 대는 흰색이며 위쪽에는 아래로 늘어지는 턱받이가 있고 아래 끝에 항아리 같은 대주머니가 있다. 알광대버섯은 맹독인 아마니타톡신을 함유하고 있어 섭취 후 6~24시간이 지나면 설사, 구토, 복통과 같은 증상이 일어나고, 간장·신장 조직의 괴사가 진행되며 결국 혼수상태에 빠져 사망한다. 알광대버섯과 모양, 유독성분, 중독 증상이 비슷한 버섯에는 흰알광대버섯, 독우산광대버섯 등이 있다.

② 광대버섯

광대버섯*Amanita muscaria*은 여름~가을에 침엽수림과 활엽수림 지대에서 자라며, 키가 12~20cm이고 갓 지름은 6~15cm이다. 갓은 호빵 모양이었다가 편평해지며, 표면에 흰색의 사마귀들이 있다. 이 버섯에는 무스카린, 무시몰, 이보텐산ibotenic acid 등과 같은 유독성분이 함유되어 있다. 중독되면 구토, 설사, 시력장애, 흥분, 정신착란, 환각 등의 증상이 나타나며, 의식불명이나 혼수상태에 빠지지만 거의 사망하지 않는다. 광대버섯은 건조 또는 염장하여 3주 정도 보관하면 독성이 없어지므로 이를 식품재료로 사용하기도 한다.

③ 화경버섯

화경버섯*Lampteromyces japonicus*은 반원형 내지 콩팥형 갓에 지름은 15~20cm 정도이다. 표면은 처음에는 엷은 황갈색이지만 자라면서 자갈색으로 변한다. 주름살은 희고 방사상으로 뻗어있으며 밤에는 청백색으로 발광하는데, 오래된 화경버섯에서는 이 현상이 나타나지 않는다. 이 버섯은 여름~가을에 주로 너도밤나무의 고목에 무더기로 겹쳐서 발생하며 유독성분인 람테롤을 함유하고 있다. 중독 증상은 구토, 설사, 복통 등과 같은 심한 위장장애가 일어나며 구토 증상이 오래 지속되는 것이 특징이고 거의 사망하지 않는다.

④ 미치광이버섯

미치광이버섯*Gymnopilus spectabilis*은 표면, 주름, 대, 살 모두 진한 황갈색을 띠는 예쁜 버섯이다. 갓은 처음에는 반구형이지만 자라면서 편평하게 변하고 지름은 5~15cm이다. 대의 길이는 15cm 정도이며 아래쪽은 굵고 위쪽에는 막과 같은 턱받이가 있지만 잘 보이지 않는 경우도 있다. 이 버섯은 여름~가을에 활엽수림의 땅 위에 큰 무리로 발생한다. 미치광이버섯에는 사일로시빈, 사일로신 등과 같은 환각작용을 일으키는 유독성분이 함유되어 있어 중독되면 환각을 동반하는 흥분작용이 일어나고 혼수상태에 빠지지만 그 다음날이면 회복된다.

⑤ 독깔때기버섯

독깔때기버섯*Clitocybe acromelalga*은 육질이 여린 버섯으로 갓 지름은 5~10cm 정도이다. 갓은 중앙이 오목한 호빵형에서 얇은 깔때기 모양으로 변하고 가장자리는 안쪽으로 감긴다. 갓의 표면은 끈기가 없고 매끈하며 등갈색~황적갈색을 띠고 둥근 무늬가 있는 것도 있다. 대는 짧은 편이며 사과와 비슷한 색을 낸다. 클리티딘, 아크로멜산 A, 아크로멜산 B 등과 같은 유독성분을 함유하고 있으며 섭취 시 4~8일이 되면 손끝과 발끝이 붓고 붉어지며 화상을 입은 것과 같은 심한 통증이 일어난다. 통증은 보통 1개월 정도 지속되지만 치명적이지는 않다.

⑥ 굽은외대버섯

굽은외대버섯*Rhodophyllus sinuatus*은 가을에 활엽수림 지대에서 발생하는 버섯이다. 갓은 원형으로 거의 편평하며 지름은 5~15cm이다. 표면은 담회갈색으로 다소 점성이 있으며, 육질은 흰색이고 흰색의 주름은 살색으로 변한다. 자루는 흰색을 띠며 약간의 광택이 있고 세로로 쪼개지기 쉽다. 외대버섯을 섭취하면 복통, 구토, 설사와 같은 급성위장장애가 나타난다.

(2) 독버섯의 유독성분

독버섯에 함유된 유독성분으로는 아마니타톡신, 무스카린을 포함해 약 12종이 잘 알려져 있다. 식용버섯과 독버섯을 정확하게 구별하기가 어렵기 때문에 식용버섯이라는

식용버섯과 유사한 독버섯 구별법은?

느타리버섯(식용버섯)과 삿갓외대버섯(독버섯)

삿갓외대버섯은 가을에 땅에서 발생하는 느타리로 불릴 정도로 느타리버섯과 갓의 표면 상태나 색깔이 비슷하여 중독사고가 많이 일어난다. 느타리버섯은 삿갓외대버섯과 달리 대가 측심형·편심형이고 주름살은 내린주름이다.

느타리버섯

싸리버섯(식용버섯)과 붉은싸리버섯(독버섯)

두 버섯은 모양이 비슷하여 구별하기 쉽지 않으나 색깔에 차이가 있다. 싸리버섯은 나뭇가지 모양의 버섯 끝부분이 담홍색 내지 담자색을 띠고, 붉은싸리버섯은 전체적으로 붉은색을 띤다.

싸리버섯

양송이버섯(식용버섯)과 독우산광대버섯(독버섯)

독우산광대버섯은 전체가 백색이며 갓, 주름살, 대, 턱받이, 대주머니로 이루어져 있고 갓이 편평하다. 양송이버섯은 갓과 대가 백색이고, 주름살은 어릴 때는 백색이나 성숙하면 분홍색을 띠다 암갈색으로 변한다.

양송이버섯

확증이 없으면 섭취하지 않는 것이 좋다.

① 아마니타톡신

아마니타톡신은 광대버섯, 알광대버섯, 독우산광대버섯 등에서 발견되는 세포 용해성 유독성분으로 간장과 신장에 치명적 손상을 가하는 치사율이 70%인 맹독이다. 중독되면 소화기에도 영향을 미쳐 구토, 복통, 설사, 콜레라와 비슷한 증상을 일으키고 혼수상태가 되어 사망하기도 한다.

② 무스카린과 무스카리딘

무스카린은 파리버섯, 마귀버섯, 땀버섯, 붉은광대버섯 등에서 발견되는 맹독성 알칼로이드로 치사율이 매우 높다. 중독되면 구토, 설사 등의 위장염 증상 외에 발한, 동공축소, 호흡곤란 등의 증상이 나타나며 심한 경우 사망하기도 한다.

무스카리딘은 광대버섯에서 발견되며 동공확대, 근육경직과 같은 뇌증상을 일으킨다.

③ 팔로톡신

팔로톡신은 알광대버섯, 독우산버섯에서 발견되는 유독성분으로 적혈구를 파괴하는 용혈작용이 강하지만 가열하면 파괴된다. 중독되면 구토와 심한 설사 등 콜레라와 비슷한 증상이 나타난다.

④ 사일로시빈과 사일로신

사일로시빈과 사일로신은 미치광이버섯, 목장말똥버섯에서 발견되며, 환각작용을 일으키는 향정신성 유독성분이다. 사일로시빈이 체내에서 가수분해되면 독성이 10배 강한 사일로신이 생성된다. 이들은 섭취 후 3~4시간 지나면 환각작용이 일어나고 기억력 감퇴, 지각능력 상실, 동공 확대 등의 증상이 나타난다.

⑤ 이보텐산과 무시몰

이보텐산과 무시몰은 광대버섯, 마귀광대버섯, 파리버섯 등에 존재하며 구토 증상과 함께 환각, 정신착란 등을 일으키는 향정신성 독성분이다. 이보텐산의 분해산물인 무시몰은 사람의 중추신경에 영향을 준다.

⑥ 부포테닌

부포테닌은 광대버섯, 마귀광대버섯, 땀버섯 등에 함유되어 있으며 정신착란, 환각, 혼수 등의 증상을 일으킨다.

2) 감자

감자에는 쓴맛을 내는 솔라닌solanine이 함유되어 있다. 신선한 감자의 솔라닌 함량은 2~10mg/100g 정도이지만, 감자가 빛을 받아 녹색을 띠거나 발아 또는 상처를 입으면 솔라닌의 함량이 10배 이상 증가되어 발아 부위에는 80~100mg/100g의 솔라닌이 존재하게 된다. 일반적으로 200~400mg 정도면 식중독을 일으키는 것으로 알려져 있다.

솔라닌은 솔라니딘이라는 스테로이드계 알칼로이드에 포도당, 갈락토스, 람노스가 결합된 배당체이다. 중추신경에 독성을 나타내는 솔라닌은 소화기장애, 신경전달 방해 등을 일으켜 복통, 설사, 구토, 발열, 두통, 언어장애, 현기증, 마비증과 같은 중독 증상을 나타낸다. 솔라닌은 물에 녹지 않고 열에 안정하여 보통의 가열 조리로는 쉽게 파괴되지 않으므로 조리 시 발아 부위나 녹색 부위를 제거하도록 하고, 감자는 통풍이 잘 되고 그늘진 곳에 보관하도록 한다.

3) 시안배당체 함유 식물

시안배당체cyanogenic glycoside는 청매(미숙한 매실), 복숭아, 살구, 수수, 쓴 아몬드bitter almond, 카사바 등에 함유되어 있다. 시안배당체는 인체에 무해하지만 효소에 의해 가수분해되어 생성된 하이드로시안산HCN은 독성을 나타낸다. HCN은 중추신경을 자극하는 동시에 어지러움을 일으키며 혈액 중의 산화·환원작용을 억제하여 사망에 이르게 한다. HCN의 치사량은 체중 1kg당 0.5~3.5mg이며, HCN에 중독되면 호흡효소인 시토크롬옥시다아제의 작용이 억제되어 질식성 경련이 일어나 사망하게 된다.

식물에는 20여 종 이상의 시안배당체가 존재하는 것으로 알려져 있는데 대표적 시안배당체에는 아미그달린, 듀린, 리나마린 등이 있다 표 5-1. 아미그달린은 청매, 쓴 아몬드, 살구씨, 복숭아씨 등에 존재하며, 듀린은 수수와 죽순에, 리나마린은 카사바와 리마콩, 아마씨에 함유되어 있다. 시안배당체는 식물조직이 파괴되면 효소작용에 의해 가수분해되므로 식품을 가열하여 가수분해효소를 불활성화시키거나 물에 담가서 시안배당체를 용출시키면 HCN의 생성을 억제할 수 있다.

표 5-1 | 시안배당체의 종류와 함유식품

종류	함유식물
아미그달린	청매, 쓴아몬드, 살구씨, 복숭아씨 등
듀린	수수
리나마린	카사바, 리마콩, 아마씨

4) 목화씨

목화씨

목화씨에는 노란색을 띠는 고시폴이라는 독성물질이 함유되어 있다. 폴리페놀화합물인 고시폴은 리신lysin과 결합하여 리신의 이용도를 감소시키고, 철과 불용성 염을 형성하여 흡수를 방해하며, 피로, 위장장애, 식욕감퇴, 현기증 등의 중독 증상을 일으킨다. 목화씨에는 기름이 많이 함유되어 있어 면실유 제조에 이용된다. 목화씨에서 착유할 때 혼입되는 상당량의 고시폴은 알칼리 처리 등의 정제과정에서 거의 제거되지만, 정제되지 않은 면실유와 면실유박에는 고시폴이 존재하므로 중독을 일으킬 수 있다. 면실유박은 60% 정도의 단백질이 함유된 우수한 단백질 공급원이지만 고시폴이 함유되어 있어 식품 원료나 사료로의 이용이 제한되어 왔다.

5) 콩류

대두, 강낭콩, 완두 등에는 단백질가수분해효소 저해제가 함유되어 있다. 단백질가수분해효소 저해제는 비교적 분자량이 작은 단백질로 효소와 쉽게 결합한다. 대표적 단백질가수분해효소 저해제는 대두에 존재하는 트립신 저해제로서 100℃에서 30분 정도 가열하면 거의 파괴된다. 단백질가수분해효소 저해제는 콩류 이외에 일부 곡류와 감자류에도 함유되어 있다.

6) 피마자씨

피마자유 제조에 사용되는 피마자씨에는 리신ricin과 리시닌ricinine이라는 유독성분이 함유되어 있다. 리신은 콩과 식물에도 존재하는 헤마글루티닌이라는 적혈구를 응집시키는 단백질이며, 피마자유 추출에 사용된 용매를 제거하는 과정에서 제거된다. 일반적으로 피마자유나 피마자유박에 의해 중독이 일어나며, 복통, 설사, 알레르기 등이 중독 증상으로 나타난다. 피마자씨에는 내열성이 큰 알레르기 유발물질인 알레르겐도 함유되어 있다.

피마자씨

7) 고사리

영국, 터키 등에서 방목하던 소가 생 고사리를 먹고 비뇨기와 장관 출혈로 사망한 중독 사고가 발생하면서 고사리의 유독성분이 밝혀지게 되었으며, 그 후 소, 쥐, 기니아피그 등에서 발암성이 확인되었다. 고사리의 발암원인 물질은 노시스퀴테르페노이드norsesquiterpenoid 배당체인 프타퀴로시드ptaquiloside로서 매우 불안정한 물질이다. 고사리의 떫고 쓴맛을 우려 내는 과정에서 이 유독성분이 분해되어 쉽게 발암성이 없어지므로 고사리의 떫고 쓴맛을 물로 충분히 우려 낸 후 조리하여 먹으면 안전하다. 고사리의 발암성은 지상부보다 뿌리 쪽이 강한 것으로 알려져 있다.

고사리

8) 소철

이 소철의 줄기와 열매에서 분리한 전분을 이용하는 괌 원주민에게서 근위축성 측색경화증이나 운동실조와 같은 중독 증상이 처음 확인되었다. 이것은 전분에 함유된 유독성분이 충분히 정제되지 않았기 때문이었다. 소철의 유독성분은 시캐신cycasin이라고 하는 배당체로서 동물실험을 통해 간, 신장, 소장 등에 종양을 일으킨다고 알려져 있다. 시캐신의 발암성은 장내세균의 β-글루코시다아제에 의해 분리된 아글리콘이 핵산과 단백질을 알킬화하기 때문에 나타나므로, β-글루코시다아제가 없는 동물조직에 비경구투여하면 아글리콘이 유리되지 않아 발암성을 보이지 않는다.

2. 동물성 자연독

1) 어류

(1) 복어 중독

복어독은 1909년에 복어의 난소에서 처음 분리되었으며 테트로도톡신tetrodotoxin이라고 명명하였는데 이는 복어의 과명科名인 테트로돈tetrodon에서 유래한 것이다. 테트로도톡신은 복어의 알, 난소, 간 등에 많으며 껍질과 근육조직에도 미량 존재한다. 복어는 우리나라와 일본에서 식용되고 있으며, 우리나라 근해에 분포하는 40여 종의 복어 중 10여 종이 식용으로 이용된다 표 5-2.

복어의 독성은 종류, 부위, 계절, 개체, 지역에 따라 차이가 있다. 여러 종류의 복어

표 5-2 ㅣ 우리나라에서 발견된 복어의 종류

종류		학명	가식 부위
맹독 복어	검복	*Takifugu porphyreus*	근육, 정소
	매리복	*Takifugu vermicularis*	근육, 정소
	복섬	*Takifugu niphobles*	근육
	졸복	*Takifugu phadalis*	근육
	황복	*Takifugu obscurus*	근육, 정소
강독 복어	까치복	*Takifugu xanthopterus*	근육, 껍질, 정소
	까칠복	*Takifugu stictonotus*	근육, 정소
	눈물개복	*Takifugu chrysops*	근육, 정소
	자주복	*Takifugu rubripes*	근육, 껍질, 정소
무독 복어	가시복	*Takifugu holocanthus*	근육, 껍질, 정소
	거북복	*Takifugu immaculatus*	근육, 정소
	은밀복	*Takifugu wheeleri*	근육, 껍질, 정소

그림 5-3 | 유독 복어

자료: 국립수산물품질관리원

중 검복, 매리복, 황복 등의 독성이 가장 강한데, 일반적으로 다갈색이나 암록색계의 독력이 강하다 그림 5-3. 난소와 간장에서 강한 독성이 나타나며 간장의 경우 수컷보다 암컷의 독성이 더 강하다. 계절별로는 난소의 무게가 가장 커지는 산란기 직전인 4~6월에 독성이 가장 강하다. 테트로도톡신은 매우 강력한 비단백성 독소이며, 무색·무미·무취의 약염기성 결정이다. 테트로도톡신은 산에 안정하고 물에 녹지 않으며, 열에 안정하여 가열에 의해 파괴되지 않지만 4% NaOH 용액에서는 20분 정도면 무독화한다.

복어 중독의 증상은 섭취 후 20분~3시간 이내에 나타난다. 먼저 입술, 혀끝, 손끝의 마비가 일어난 후 구토, 두통, 복통 증상이 보이며 계속해서 안면과 사지의 지각마비, 언어장애, 혈압강하, 호흡곤란, 청색증cyanosis이 나타나다 결국 의식을 잃고 호흡이 정지되어 사망한다. 복어 중독에 의한 치사율은 50% 이상으로 매우 높지만 독성분이 체외로 빨리 배설되는 특징이 있어 중독 초기에 신속한 응급조치가 필요하다. 복어 중독 예방을 위해 복어요리는 전문가가 조리하도록 해야 하고, 복어 조리에 사용한 기구는 철저히 세척하도록 해야 한다.

(2) 시구아테라 중독

시구아테라ciguatera 중독은 열대 및 아열대의 따뜻한 바다에 서식하는 유독 어류의 섭취에 의해 발생하는 식중독이다. 시구아테라는 원래 카리브해의 권패류인 터보피가 *Turbopica*(쿠바어로 'cigua'라고 함)의 섭취에 의해 발생한, 즉 시구아에 의한 식중독이라는 의미이다. 시구아테라 독을 갖는 어류는 태평양의 열대 또는 아열대 해역, 인도양, 카리브해 등에 400종 이상 분포하는 것으로 알려져 있다. 어류는 편모조류인 감비에르디스커스 톡시커스*Gambierdiscus toxicus*에 함유된 유독성분을 체내에 축적하여 유독화된다. 유독 어류를 섭취하면 마비와 같은 신경증상과 설사, 구토, 복통, 근육통, 혈압저하, 운동실조 등이 나타난다. 또한 입 주위나 손발의 온노감각에 이상이 나타나는 드라이아이스 감각dry ice sensation이라는 시구아테라 특유의 증상을 동반하며 치사율은 1% 이하이다.

시구아테라 중독의 원인물질에는 시구아톡신, 마이토톡신, 스카리토톡신, 팔리톡신 등이 있으며, 이 중 주 원인물질인 시구아톡신은 열에 안정하여 가열조리에 의해 파괴되지 않는다.

2) 조개류

자연독을 함유한 동물성 식품의 대부분은 어패류이다. 일부 조개류, 특히 홍합·굴·모시조개·바지락과 같이 껍데기가 2장인 이매패는 바다의 수온이 6~16℃가 되는 2~6월에 유독 플랑크톤을 섭취, 축적하여 독을 함유하게 되고, 이 유독 조개류의 섭취에 의해 식중독이 발생한다 **그림 5-4**. 조개류의 독성화는 계절에 따라 영향을 받으며 특정 지역에서 발생하고, 조개독 발생예보가 발표되면 이 시기에 수확된 조개류는 섭취하지 말아야 한다.

그림 5-4 | 마비성 조개독과 관련된 조개류
자료: 국립수산물품질관리원

(1) 마비성 조개 중독

마비성 조개 중독paralytic shellfish poisoning은 독화된 섭조개, 홍합, 모시조개와 같은 이매패 등을 섭취하여 발생한다. 조개류는 와편모조류에 속하는 유독 플랑크톤인 고니어럭스 타라렌시스*Gonyaulax tararensis*, 고니어럭스 칸테넬라*Gonyaulax cantenella*, 고니어럭스 아칸테넬라*Gonyaulax acatenella* 등이 생산한 독소를 섭취하여 중장선(조개의 간장)에 축적하여 독성을 갖게 된다. 마비성 조개독의 생성은 적조현상과 관계있다. 적조현상은 유독 플랑크톤의 농도가 20,000~50,000/mL일 때 나타나 2~3주 정도 지속된다. 조개류는 적조가 지속되는 동안 독성이 증가하지만 적조가 끝나면 3주 내에 독을 배설하거나 분해한다.

마비성 조개 중독의 원인물질은 삭시톡신saxitoxin, 고니어톡신gonyautoxin, 프로토고니어톡신protogonyautoxin 등 20여 종이 알려져 있다. 삭시톡신은 열에 안정하여 일반 가열조리에 의해 쉽게 파괴되지 않을 뿐만 아니라 수용성이므로 끓이는 과정에서 다른 조직으로 이동하거나 다른 식품 또는 음식물을 오염시킬 수 있으므로 주의가 필요하다.

이 조개 중독은 처음에는 섭조개 중독이라고 하였으나 주 중독 증상이 마비이기 때문에 현재 마비성 조개 중독이라고 부르고 있다. 이 조개독은 섭취한 지 30분 정도 지나면 입술을 시작으로 얼굴, 목, 혀, 손발 등에 마비가 시작되고 언어장애, 두통, 구토, 메스꺼움 등이 나타나며 심한 경우 호흡마비로 사망한다. 증세가 약한 경우는 1~2일 이내에 회복되지만 심하면 12시간 이내에 사망할 수 있으며 치사율은 10% 정도이다. 이 조개독의 독성은 5~9월, 특히 한여름철에 매우 강하다. 우리나라의 「식품공전」에 의한 허용기준은 패류 0.8mg/kg 이하, 피낭류(멍게, 미더덕, 오만둥이 등) 0.8mg/kg 이하이다.

(2) 신경성 조개 중독

신경성 조개 중독neurotoxic shellfish poisoning은 독화된 굴을 섭취하여 발생한다. 굴은 유독 플랑크톤인 프티크디스커스 브레비스*Ptychdiscus brevis*가 생산하는 독소인 브레베톡신brevetoxin을 체내에 축적하여 독화된다. 섭취한 지 수 시간 내에 구토, 설사 등이 나타나고 입 안이 싸뎟해지며 얼굴, 목 등이 감각이상, 운동실조, 동공 확대현상 등의 증상을 보이는데, 일반적으로 1일 이내에 회복된다.

(3) 설사성 조개 중독

설사성 조개 중독diarrhetic shellfish poisoning은 독화된 가리비, 모시조개, 바지락 등의 조개류 섭취에 의해 일어난다. 이 조개류는 유독 플랑크톤인 디노피시스 포르티*Dinophysis fortii*, 디노피시스 아쿠미나타*Dinophysis acuminata* 등을 섭취하여 이들이 생산한 독소를 체내(주로 중장선)에 축적하여 독화된다. 설사성 조개독에 의한 조개류의 독성화는 초여름에 많이 발생하며, 우리나라 남해안에서는 3~8월에 이 조개독이 검출된다. 설사성 조개 중독의 원인물질은 오카다산okadaic acid, 디노피시스톡신dinophysis toxin, 펙테노톡신pectenotoxin, 예시노톡신yessotoxin 등의 지용성 화합물이며 이들은 내열성이어서 가열 조리에 의해 파괴되지 않는다.

설사성 조개독을 섭취하면 수 시간 내에 중독 증상이 나타나고 설사, 구토, 복통 등과 같은 급성 위장염 증세를 보이나 보통 3일 이내에 회복된다. 설사성 조개독의 허용기준은 0.16mg/kg 이하(오카다산과 디노피시스톡신-1의 합)이다.

(4) 기억상실성 조개 중독

기억상실성 조개 중독amnestic shellfish poisoning은 유독 규조류인 슈도니쯔시아 멀티시리즈*Pseudonitzschia multiseries*, 슈도니쯔시아 오스트렐리스*Pseudonitzschia australis* 등을 섭취하여 독화된 홍합과 같은 조개류를 섭취하여 일어난다. 이 조개 중독의 원인물질인 돔산domic acid은 뇌신경계의 중요 전달물질인 신경흥분성 아미노산이다. 중독되면 구토, 복통, 설사 등과 같은 위장장애뿐만 아니라 건망증과 유사한 단기기억 상실, 방향감각 상실 등의 신경계이상 증세를 보인다. 중독되면 반드시 기억상실이 나타나는 유독성분은 아니므로 돔산 식중독domic acid poisoning이라고도 한다.

이 조개 중독은 1987년 캐나다에서 독화된 진주담치 섭취에 의해 4명이 사망하고 12명이 기억장애 후유증으로 고생한 식중독 사건에 의해 알려졌으며, 우리나라에서는 아직 발생한 예가 없다. 그러나 남해안에 원인 플랑크톤이 분포되어 있으며, 일부 지역에서 미량의 독소가 검출된 예가 있으므로 주의해야 한다.

(5) 베네루핀 중독

베네루핀 중독은 바지락, 굴, 모시조개와 같은 이매패 섭취에 의해 발생한다. 1940년대에 일본에서 바지락에 의한 식중독이 여러 차례 발생하였는데, 이 원인물질을 베네루핀이라고 명명하였다. 우리나라에서도 1960년대와 1970년대에 걸쳐 베네루핀 중독 사례가 보고된 예가 있다. 베네루핀은 1~2일 정도의 잠복기를 거쳐 변비, 구토, 두통, 권태 그리고 팔, 다리 등의 피하에 좁쌀 크기 정도의 암적색 출혈반점을 일으킨다. 이 독은 간장독의 일종으로 간장비대, 황달 등과 같은 간기능 저하 증상을 일으키고, 심하면 의식의 혼탁, 토혈, 혈변이 나타나고 호흡곤란으로 사망하게 된다. 보통 10시간~7일 이내에 사망하게 되며 치사율은 50%에 이른다.

베네루핀은 이매패의 중장선에 축적되며 독의 근원이나 구조는 아직 명확하지 않으며 pH 5~8에서는 열에 안정하여 100℃에서 1시간 이상 가열해도 파괴되지 않는다.

(6) 테트라민 중독

테트라민 중독은 한류성 심해에 서식하는 육식성 권패인 소라고둥, 조각매물고둥

그림 5-5 | 테트라민 중독 관련 육식성 권패

Neptunea intersculpta, 관절매물고둥*Neptunea arthritica* 등에 의해 발생하는 식중독이다 그림 5-5. 테트라민 중독을 일으키는 독성물질인 테트라민은 일종의 아민으로 육식성 권패류의 타액선에서 발견된다. 테트라민은 섭취 후 30분 정도 지나면 두통, 배멀미, 눈 밑의 통증, 두드러기 등의 증상이 나타나며 보통 2~3시간 후 회복된다.

3. 곰팡이독

곰팡이독mycotoxin은 곡류, 과일, 채소 등의 저장 또는 유통과정에서 곰팡이가 생성하는 유독물질로 사람이나 동물에게 급성 또는 만성적인 장애를 일으킨다. 곰팡이독에 의한 중독은 중세 유럽에서 발생했던 맥각ergot 중독에 의해 처음으로 알려졌으며, 1960년 영국에서 아플라톡신이 강력한 발암물질임이 알려지면 서 곰팡이독의 강한 독성이 밝혀졌다. 곰팡이독을 생산하는 곰팡이로는 아스페르길루스*Aspergillus*속, 페니실리움*Penicillium*속, 푸사리움Fusarium속 등이 알려져 있으며, 현재 100여 종의 곰팡이독이 보고되어 있다. 곡류, 콩류 및 그 가공식품 등과 같이 탄수화물이 풍부한 식품이 곰팡이독의 원인식품이다. 우리나라는 고온다습한 여름 기후로 곰팡이 번식에 알맞으며, 곡류를 주식으로 이용하고 있어 곰팡이독의 위험성이 높으므로 주의가 필요하다. 곰팡이독의 주요 원인균과 각 원인균이 생성하는 대표적인 곰팡이독 및 오염식품은 표 5-3에 나타내었다.

표 5-3 | 곰팡이독의 원인균 및 곰팡이독의 종류

원인균	곰팡이독	오염식품
*Aspergillus*속	aflatoxin	쌀, 보리, 땅콩, 수수, 면실 등
	ochratoxin A	쌀, 보리 등의 곡류, 콩류, 향신료 등
*Penicillium*속	patulin	사과주스 등
	citrinin	덜 건조된 저장 곡류, 밀, 호밀, 보리, 귀리, 옥수수, 쌀 등
*Fusarium*속	fumonisin	옥수수, 옥수수를 이용한 식품과 사료
	deoxyrevalenol	밀, 옥수수, 보리, 겨, 맥아 등
	zearalenone	옥수수, 보리, 귀리, 밀, 쌀, 사탕수수 등

자료: 식품의약품안전처

1) 아플라톡신

1960년 영국에서 10만 마리의 칠면조가 집단 폐사한 칠면조-X-질병turkey X-disease의 원인물질이 사료였던 브라질산 땅콩유박에 오염된 아스페르길루스 플라부스*Aspergillus flavus*가 생산한 대사산물임이 밝혀져 곰팡이의 이름을 따서 아플라톡신으로 명명하였다. 아플라톡신은 아스페르길루스 플라부스, 아스페르길루스 파라시티쿠스*A. parasiticus*와 같은 아스페르길루스속 곰팡이가 생산하는 대사산물이다.

아플라톡신의 최적 생성조건은 수분 16% 이상, 온도 25~30℃, 상대습도 80~85% 이상이다. 쌀, 보리, 옥수수와 같은 곡류가 주 오염원이며, 땅 속에서 서식하기 때문에 흙 속에서 결실하는 땅콩이 대표적 오염 농산물이다.

아플라톡신에는 자외선을 쪼이면 청색의 형광을 발하는 B_1, B_2와 녹색의 형광을 발하는 G_1, G_2 그리고 자색의 형광을 발하는 M_1, M_2를 포함하여 16종이 알려져 있으며, 이 중 B_1의 독성이 가장 강하다. 아플라톡신 B_1은 강력한 발암물질로 지용성이며, 강산이나 강알칼리에서는 독성이 낮은 유도체로 분해된다. 그러나 아플라톡신은 200~300℃의 고온에서나 분해될 정도로 열에 안정하여 일반 가열처리 및 조리에 의해서는 파괴되지 않는다.

아플라톡신은 발암성이 강하기 때문에 식품의약품안전처에서는 **표 5-4**와 같이 엄격히 규제하고 있다. 즉, 허용기준치는 아플라톡신(B_1, B_2, G_1, G_2의 합) 15μg/kg 이하, 아플라톡신 M_1 0.5μg/kg 이하(제조, 가공 직전의 원유 및 우유류)이다.

표 5-4 | 아플라톡신의 허용기준

종류	대상식품	허용기준
아플라톡신 (B_1, B_2, G_1, G_2의 합)	곡류, 콩류, 땅콩, 견과류 및 그 단순가공품(분쇄, 절단 등)	15μg/kg 이하 (단, B_1은 10μg/kg 이하)
	곡류가공품 및 콩류가공품(규격 외 일반가공식품)	
	장류(메주 제외) 및 고춧가루 및 카레분	
	육두구, 심황(강황), 건조고추, 건조파프리카 및 이를 함유한 천연향신료	
	밀가루	
	건조과실류	
	영아용 조제식, 성장기용 조제식, 영 · 유아용 곡류조제식, 기타 영 · 유아식	- (단, B_1은 10μg/kg 이하)
아플라톡신 M_1	제조, 가공 직전의 원유 및 우유류	0.5μg/kg 이하
	조제유류(조제분유, 조제우유, 성장기용 조제분유, 성장기용 조제우유, 기타조제분유, 기타조제우유), 특수용도식품(영아용 조제식, 성장기용 조제식, 영 · 유아용 곡류조제식, 기타 영 · 유아식, 영 · 아용 특수조제식품) 중 유성분 함유제품	0.025μg/kg 이하

자료: 식품공전

2) 황변미독

쌀을 고온다습한 곳에 장기간 보관하면 페니실리움속 곰팡이가 생육하여 쌀을 황색으로 변화시켜 황변미yellow rice로 만든다. 이때 쌀에 함유된 곰팡이의 유독성분을 황변미독이라고 한다. 표 5-5와 같이 황변미독을 생성하는 원인균이 다른 세 종류의 황변미가 알려져 있다.

표 5-5 | 황변미의 종류

종류	원인균	곰팡이독	중독 증상	오염식품
톡시카리움 황변미	*Penicillium citreoviride*	citreoviridin	호흡장애, 신경장애, 경련, 혈액순환장애 등	쌀
아이슬란디아 황변미	*Penicillium islandicum*	luteoskyrin, islanditoxin	간경화, 간종양, 간암 등	쌀, 보리, 밀, 수수
태국 황변미	*Penicillium citrinin*	citrinin	급 · 만성의 신장증	쌀, 옥수수, 보리

(1) 톡시카리움 황변미

1937년 타이완산 황변미에서 페니실리움 톡시카리움*Penicillium toxicarium*이라는 원인균이 분리되었는데, 이 원인균의 이름을 따서 톡시카리움 황변미로 명명하였다. 그 후 이 원인균은 분류상 페니실리움 시트레오비리드*Penicillium citreoviride*로 확인되었다. 페니실리움 시트레오비리드는 쌀에 황색 반점을 형성하고 자외선을 받으면 황색형광을 나타낸다. 이 균이 생성하는 시트레오비리딘citreoviridin이라고 하는 독성물질은 신경독으로 중독되면 호흡장애, 신경장애, 경련, 혈액순환장애 등을 일으키고 심하면 호흡마비가 일어나 사망하며, 만성중독 시 빈혈을 일으킨다. 이 곰팡이독의 독성은 자외선이나 2일 정도의 햇빛 조사에 의해 파괴된다.

(2) 아이슬란디아 황변미

페니실리움 아이슬란디쿰*Penicillium islandicum*은 1948년 이집트산 쌀에서 처음 분리되었지만 동남아시아산 쌀에도 많이 함유되어 있다. 이 곰팡이에 오염된 쌀은 회색에서 황색으로 다시 적갈색으로 변하여 톡시카리움 황변미보다 진한 갈색을 띤다. 페니실리움 아이슬란디쿰은 루테오스키린luteoskyrin과 아이슬란디톡신islanditoxin과 같은 독성물질을 생산한다. 루테오스키린은 황색의 지용성 물질로 지효성 독소이며, 아이슬란디톡신은 수용성의 속효성 독소이다. 이 곰팡이독은 간장독이면서 발암성 독으로 간경화, 간종양, 간암 등을 일으킨다.

(3) 태국 황변미

페니실리움 시트리눔*Penicillium citrinum*은 1951년 태국산 쌀에서 분리되었다. 이 곰팡이는 주로 백미에서 생육하며 쌀을 전체적으로 황색으로 변하게 하고 자외선을 쪼이면 강한 황색의 형광을 나타낸다. 페니실리움 시트리눔은 시트리닌citrinin이라는 곰팡이독을 생성한다. 시트리닌은 독성이 강한 신장독으로 사구체 장애를 유발하고, 신장비대로 인해 세뇨관의 물의 재흡수를 저하시켜 소변량을 증가시키며 급성 또는 만성의 신장증nephrosis을 일으킨다.

3) 맥각독

맥각 중독은 맥각균인 클라비셉스 푸에푸레아*Claviceps pueprea*가 보리, 호밀 등의 꽃에 기생하여 생성하는 흑자색의 균핵인 맥각이 혼입된 곡류를 섭취할 때 발생한다. 맥각 중독은 중세 유럽의 라이보리 생산지에서 많이 발생하였으며, 맥각균에 오염된 보리는 흑청색을 띠고 조직이 쉽게 부서진다. 맥각에는 에르고타민, 에르고톡신, 에르고메트린, 에르고신, 에르고크리스틴 등 5종의 유독 알칼로이드가 존재하며 각기 다른 증상을 유발한다. 곡류 중에 맥각이 0.5% 이상 혼입되면 만성중독을 일으키고, 7% 이상이면 치명적이다. 따라서 미국, 캐나다, 러시아 등에서는 곡류 중 맥각의 혼입 허용치를 각각 0.3%, 0.2%, 0.15%로 설정하고 있다.

맥각에 의한 급성중독 시 구토, 설사, 복통, 지각이상, 운동장애, 유산, 조산 등의 증상이 나타난다. 만성중독에는 경련발작을 일으키는 경련형과 말초혈관의 순환장애에 의해 사지의 괴저를 일으키는 괴저형이 있다. 맥각은 열에 상당히 안정한 알칼로이드이므로 일반 조리나 가공에 의해 파괴되지 않는다.

4) 식중독성 무백혈구증

식중독성 무백혈구증alimentary toxic aleukia은 1913년 동부 시베리아 지방에서 처음 발생하였으며, 1944년 구소련의 오렌버그 지방에서 발생한 중독 사고에서는 중증의 경우 백혈구가 정상인의 1/10~1/20으로 감소하여 패혈증으로 사망하기도 하였다. 이 식중독의 원인은 7℃ 정도의 저온에서 번식하는 푸사리움 포애*Fusarium poae*, 푸사리움 스포로트리키오데스*Fusarium sporotrichiodes*, 클라도스포리움 에피필루스*Cladosporium epiphyllus* 등에 오염된 수수, 보리, 밀 등이었다. 푸사리움 포애, 푸사리움 스포로트리키오데스, 클라도스포리움 에피필루스가 생성하는 독성물질은 각각 포애푸사리오제닌, 스포로푸사리오제닌, 에피클라도스포르산이다. 급성중독의 경우 구강 및 소화기의 이상과 경련, 그리고 구토, 오심, 위염, 심부전 등의 증상이 나타난다. 아급성 중독의 경우 3~8주간의 잠복기에 백혈구가 감소하고 림프구가 증가한다. 잠복기가 지나면 조혈기능이 현저히 저하되고 급격한 백혈구의 감소, 림프구의 증가, 혈액응고 지연 등의 증상이 나타나며, 경우에 따라 2차 감염을 일으키기도 한다.

5) 스테리그마토시스틴

스테리그마토시스틴sterigmatocystin은 아스페르길루스 베르시콜라*Aspergillus versicolor*, 아스페르길루스 니둘란스*Aspergillus nidulans*가 생산하는 곰팡이독으로 아플라톡신의 생합성 전 단계에서 합성되는 것으로 알려져 있다. 스테리그마토시스틴을 생산하는 곰팡이는 비교적 낮은 온도와 81% 정도의 습도에서도 생육할 수 있어 주로 곡류와 사료를 오염시킨다. 이 곰팡이독의 구조와 발현과정은 아플라톡신과 비슷하지만, 독성은 아플라톡신의 1/200 정도이고 발암성도 아플라톡신의 1/250로 매우 약하다. 아플라톡신에 비해 급성독성이 비교적 약한 것은 용해성이 낮기 때문이다.

6) 오크라톡신

오크라톡신ochratoxin은 온난다습한 곳에서 자라는 아스페르길루스 오크라세우스*Aspergillus ochraceus*와 온대기후에서 생육하는 페니실리움 베루코숨*Penicillium verrucosum* 등이 생산하는 곰팡이독이다. 오크라톡신의 주 생산균은 아스페르길루스 오크라세우이며 곡류와 그 가공품, 과일, 향신료 등과 같은 여러 식품에서 발견된다.

오크라톡신에는 A, B, C 세 종류가 있으며 이 중 오크라톡신 A의 독성이 가장 강하다. 오크라톡신은 동물에게서 기형을 일으키고 간과 신장에 치명적인 손상을 주며 발암성이 강한 것으로 알려져 있으나 인체에 대한 독성은 명확하게 밝혀지지 않았다. 식품의약품안전처의 허용기준치는 커피콩과 볶은 커피 5μg/kg 이하, 인스턴트커피 10μg/kg 이하, 메주 20μg/kg 이하이다 **표 5-6**.

7) 파툴린

1954년 일본에서 맥아 뿌리를 사료로 먹인 100만 마리 이상의 젖소가 집단 폐사한 중독사고가 발생하였는데, 그 원인물질은 맥아 뿌리를 오염시킨 페니실리움 파툴룸*Penicillium patulum*이 생성한 파툴린patulin으로 밝혀졌다. 파툴린은 페니실리움 파툴룸 외에 페니실리움 엑스판숨*Penicillium expansum*, 페니실리움 라피도숨*Penicillium lapidosum*, 페니실리움 멜리니*Penicillium melinii*, 아스페르길루스 클라바투스*Aspergillus clavatus*, 아스페

표 5-6 | 오크라톡신 A의 허용기준

대상식품	허용기준
곡류 및 그 단순가공품(분쇄, 절단 등)	5.0μg/kg 이하
커피콩, 볶은 커피	5.0μg/kg 이하
인스턴트 커피	10μg/kg 이하
메주	20μg/kg 이하
고춧가루	7.0μg/kg 이하
포도주스, 포도주스 농축액(원료용 포함, 농축배수로 환산하여), 포도주	2.0μg/kg 이하
건조과일류	10μg/kg 이하
영아용 조제식, 성장기용 조제식, 영 · 유아용 곡류조제식, 기타 영 · 유아식	0.5μg/kg 이하

자료: 식품공전

르길루스 자이잔티우스*Aspergillus gigantius* 등 여러 종류의 곰팡이에 의해 생성된다.

파튤린은 사과, 복숭아, 바나나와 같이 갈변을 일으키는 대부분의 과일에서 발견된다. 특히 상처가 나거나 부패된 사과에는 사과 부패균인 페니실리움 엑스판숨이 번식하여 파튤린을 생성하며, 파튤린은 산에 안정하여 각종 과일주스에서도 발견되어 문제를 일으키므로 과일주스의 수출·입 시에 반드시 검색하는 규제물질이며, 과일주스에서의 허용기준치는 50ppb 이하이다. 파튤린은 내열성이 강해서 통조림이나 병조림 식품을 오염시킬 수 있지만 알코올 발효에 의해 파괴되므로 알코올 음료에서는 검출되지 않는다. 파튤린은 신경독으로 출혈성 폐부종, 간장과 비장, 신장의 모세혈관 손상, 뇌와 중추신경에 출혈반이 생기며 피하종양을 일으키는 것으로 알려져 있다. 파튤린의 허용기준은 사과주스 및 사과주스 농축액 50μg/kg 이하, 영아용 조제식·성장기용 조제식 및 기타 영·유아식 10.0μg/kg 이하이다.

8) 루브라톡신

루브라톡신rubratoxin은 페니실리움 루브룸*Penicillium rubrum*이 생산하는 독성물질로 이 곰팡이에 오염된 옥수수 사료를 먹인 소와 면양의 중독사고에 의해 알려지게 되었다. 루브라톡신은 A와 B 두 종류가 있고 B가 더 많이 생성되며, 수용성의 내열성 독소이다. 이 곰팡이독은 간염과 간출혈을 유발하고 간과 비장에 세포 변성을 일으키는 만성

독성을 나타낸다. 치사량 이하에서도 정상적인 간 기능을 저해하며 신장과 폐에 대한 장애 증상도 발생한다.

9) 트리코테신

트리코테신tricothecene은 푸사리움속 곰팡이가 생산하는 독소이며, 150여 종의 독성물질이 분리되었으나 이 중 몇 종만이 사람과 가축에게 중독을 일으키는 원인물질로 알려져 있다. 트리코테신은 기온이 낮고 습도가 높은 기후에서 생장한 곡류에서 많이 발생하며, 주로 미국, 캐나다, 러시아, 독일 등에서 발견된다. 트리코테신에 속하는 대표적 독소는 표 5-7과 같이 푸사리움 트리신툼*Fusarium tricinctum*이 생산하는 T-2 톡신, 푸사리움 니발레*Fusarium nivale*가 생산하는 니발레놀과 푸사레온-X, 푸사리움 로세움*Fusarium roseum*이 생산하는 데옥시리발레놀과 보미톡신 등이다. 한편, 푸사리움 속 곰팡이가 아닌 트리코데르마 비리데*Tricoderma viride*와 트리코데르마 로세움*Tricoderma roseum*에서는 각각 트리코데르민, 트리코테신이 분리되었다. 트리코데르마 트리신툼*Tricoderma tircinctum*에서는 트리코테신과 화학구조가 다른 부테놀리드가 분리되었는데, 이 독성물질은 호주, 미국 등에서 푸사리움속 곰팡이에 오염된 목초를 먹고 중독된 소의 다리 저는 병fescue foot의 원인물질로 알려져 있다.

트레코테신의 중독 증상은 오염 정도에 따라 생성되는 독성물질에 차이가 있기 때문에 매우 복잡한 양상을 보이는데, 공통된 중독 증상에는 메스꺼움, 구토, 설사, 두통, 경련, 식욕 감퇴, 재생불량성 빈혈 등이 있다.

표 5-7 | 트리코테신에 속하는 곰팡이독과 원인균

원인균	곰팡이독
Fusarium tricinctum	T-2 toxin
Fusarium nivale	nivalenol, fusareone-X
Fusarium roseum	deoxynivalenol, vomitoxin, monoacetoxyscirpenol
Fusarium solani	neosolaniol
Tricoderma viride	trichodermin
Tricoderma roseum	trichothecin, trichothecolone

10) 제아랄레논

제아랄레논zearalenone은 푸사리움 그라미네아룸*Fusarium graminearum*이 생성한 독성물질이며, 제아랄레논은 F-2 톡신 또는 FESfermentation estrogenic substance라고도 하고 에스트로겐 활성을 나타낸다. 제아랄레논은 미국, 프랑스, 호주 등 여러 나라에서 오염된 옥수수, 보리 등을 섭취한 가축(특히 돼지)의 중독사고를 일으키는 원인물질이다. 이 곰팡이독은 24~27℃ 정도의 비교적 높은 온도와 12~14℃의 낮은 온도를 오가는 잦은 온도 변화에 의해 생성이 촉진된다. 제아랄레논은 푸사리움 로세움*Fusarium roseum*, 푸사리움 트리신툼*Fusarium tricinctum* 등에 의해서도 생성되며, 옥수수는 푸사리움 로세움이 오염되면 분홍빛을 띠므로 육안으로 쉽게 오염 여부를 판별할 수 있다. 제아랄레논에 오염된 옥수수, 보리 등을 사료로 생육한 가축은 생식기 및 유방 비대 등의 증상을 보이며 궁극적으로 남녀 모두에게 불임을 일으킨다. 제아렐레논의 허용기준은 표 5-8과 같다.

11) 푸모니신

푸모니신fumonisin은 푸사리움 모니리포르메*Fusarium moniliforme*와 푸사리움 프로리페라툼*Fusarium proliferatum*에 의해 생성되는 독소로 동물에게서 폐부종, 신장독성, 간암 등

표 5-8 | 제아렐레논과 푸모니신의 허용기준

종류	대상식품	허용기준
제아렐레논	곡류 및 그 단순가공품	200㎍/kg 이하
	과자	50㎍/kg 이하
	영아용 조제식, 성장기용 조제식, 영 · 유아용 곡류조제식, 기타 영 · 유아식	20㎍/kg 이하
	시리얼류	50㎍/kg 이하
푸모니신	옥수수	4mg/kg 이하
	옥수수 단순가공품(분쇄, 절단 등), 옥수수가루	2mg/kg 이하
	옥수수, 옥수수 단순가공품 또는 옥수수가루를 합하여 50% 이상 함유한 곡류가공품 및 시리얼류, 팝콘용 옥수수가공품	1mg/kg 이하

자료: 식품공전

의 증상을 일으킨다. 푸모니신은 1904년 미국에서 푸사리움 모니리포르메에 오염된 옥수수를 먹은 가축에게 심한 중독현상을 일으킨다는 것이 처음으로 보고되었나. 푸모니신은 수용성 독소로 B_1, B_2, B_3 등 여러 이성체가 존재하는데, 이 중 B_1이 가장 강한 독성과 가장 높은 오염도를 나타내는 것으로 알려져 있다. 푸모니신은 여러 동물에게서 독성을 나타낼 뿐만 아니라 사람의 간암, 식도암 발생과 상관관계가 있는 것으로 조사되어 인체 발암 가능성 물질로 분류되고 있다. 푸모니신의 허용기준은 **표 5-8**과 같다.

곰팡이가 생긴 식품을 데우거나 끓여먹으면 안전할까?

곰팡이가 생겼거나 의심나는 식품은 섭취하지 말아야 한다. 식품에 생긴 곰팡이 독소는 가열해도 파괴되지 않는 경우가 많고 대부분 식품에 오염된 곰팡이 독소를 완전히 제거하기는 힘들기 때문이다. 따라서 오염되지 않은 식품을 구입해야 한다.

CHAPTER 6

화학적 식중독

1. 외인성 화학적 식중독 | 2. 유인성 화학적 식중독

학습목표

화학적 식중독은 식품의 제조, 가공, 유통과정 중에 외부에서 유독 물질이 첨가되거나(외인성, exogenous) 식품성분에서 유도된 물질(유인성, inductive)을 섭취하여 발생되는 식중독으로, 계절에 무관하고 발생건수가 적지만 인체에 흡수되면 분해나 배설이 쉽지 않고 축적된다. 급성중독인 경우 일반적으로 구토, 설사, 복통, 경련이 나타나고 고열은 없다. 독성물질을 과다하게 섭취하면 사망할 수도 있고, 독성 정도에 따라 소량이라도 장기간 계속되면 만성중독으로 나타나며 대규모화되기도 한다. 가끔 미디어에 보도되는 폐광 지역 주민들의 음용수나 농·수·축산물 섭취로 인한 중독사고가 그 예이다.

화학적 식중독의 원인과 해당 독성물질은 표 6-1과 같다. 이 중에서 환경유해물질에 의한 환경 또는 수질오염은 7장에서 다룬다.

표 6-1 | 화학적 식중독의 영역과 독성물질

원인			독성물질
식품의 오염(외인성)	의도적 첨가	불허용 식품첨가물	유해물질(보존료, 착색료, 감미료, 표백제)
		기타 유독물질	메탄올, 니트로화합물 등
	우연에 의한 혼입	제조과정 중 혼입	PCB와 같은 열매체, 비소
		용기나 포장재 용출	각종 식기류(중금속),합성수지
		잔류농약	유기인제, 유기수은제, 유기염소제 등
		환경 또는 수질오염	중금속, 유해유기염소물, 농약
			방사성 동위원소 물질(핵분열물질)
			내분비계 교란물질(환경호르몬)
제조 · 유통 중 생성(유인성)	변이된 식품성분 섭취	가공 중 생성	니트로사민, 포름알데히드, 트랜스지방(산)
		조리 중 생성	벤조피렌(PAH), 아크릴아미드, 아크롤레인
		저장(발효, 유통) 중 생성	과산화물, 에틸카바메이트

1. 외인성 화학적 식중독

1) 의도적 첨가

(1) 불허용 식품첨가물

식품의 변질 억제, 품질 개량, 기호도 또는 영양 강화를 위해 「식품위생법」상 허용되지 않은 물질을 식품의 제조 및 가공 과정에서 사용하여 발생되는 식중독으로, 과거 일본에서 중독 사고가 여러 차례 보고되었다.

① 유해 보존료

유해 미생물의 발육을 억제하여 보존기간을 연장하기 위해 유해 보존료를 사용하는 경우가 대부분이고, 허용 보존료(방부제)를 과량 사용하여도 안전에 문제가 된다.

- 붕산 H_3BO_3, 붕사 $Na_2B_4O_7$: 정균작용을 나타내는 백색의 결정으로 어육연제품, 마가린, 버터 등에 사용하였으나 체내에 축적되면 소화불량, 체중감소, 구토, 설사, 홍반 등 독성 증상이 나타나 사용이 금지되었다. 결막염, 구내염, 비염 치료용 세척액으로 사용 가능하다.
- 포름알데히드formaldehyde, HCHO : 단백질 변성작용에 의한 강력한 살균과 방부효과(세균 억제 0.002%, 포자 억제 0.1%)를 나타내고, 특유한 냄새를 가진 무색의 기체이다. 그 수용액이 소독약이나 새집증후군의 원인물질로 알려진 포르말린이다. 붕산처럼 체내에 축적되면 소화작용 저해, 두통, 구토, 현기증, 식도나 위에 염증을 유발한다. 주류, 장류, 유제품, 육제품에 부정 사용되었다. 또한 열경화성 수지의 일종인 요소수지나 페놀수지는 포름알데히드가 용출되므로 안전성에 문제를 유발한다. 대구, 명태, 표고버섯 등 일부 식품에는 천연으로 존재한다.
- 유로트로핀urotropin, hexamine : 방부효과가 있는 포름알데히드와 암모니아가 반응하여 생성되는 수용성의 무색 결정이다. 예전에 쌀밥, 땅콩크림, 과일잼, 청주 등에 사용하였는데 그 결과 피부 발진, 단백뇨, 구토, 혈뇨 등 독성 증상이 나타나 식품에는 사용 금지되었다. 요도 살균제로 사용하고 있다.
- 말라카이트 그린malachite green : 섬유 염색과, 모기향 착색 또는 관상어류의 물곰팡이 증식 억제에 사용하는 수용성의 밝은 청록색 결정으로 아닐린그린, 벤즈알데히드그린, 빅토리아그린B, 차이나그린이라고도 한다. 쥐 실험 결과 말라카이트 그린이 체내에 축적되면 간암을 유발하는 것으로 밝혀져 1990년대 이후부터 한국, 미국, 일본, 유럽 등지에서 식용어류(활어, 양식어류 등)에 사용이 금지되었다. 2005년 7월 중국산 장어제품에서 말라카이트 그린이 검출된 후 식품의약품안전처와 국토해양부에서 수입산 또는 국내산 양식 어류에서 말라카이트 그린의 잔류 여부를 수시 조사하여 검출되면 전량 폐기조치하고 있다.
- 그 외 강력한 방부효과로 간장, 주류, 육류, 우유 및 유제품에 곰팡이 억제제로 허용했던 베타-나프톨β-naphthol과 로단초산에틸 에스테르는 단백뇨를, 염화물인 승홍 $HgCl_2$ 은 갈증과 수양성 설사를, 불소함유 화합물 등은 반상치 유발 등 심각한 증

세를 유발하므로 절대로 사용해서는 안 된다.

② 유해 착색료

식품에 색을 첨가하거나 복원하는 합성착색료에는 수용성의 식용타르색소 9종과 식용타르색소 알루미늄레이크 7종으로, 이제껏 중독 사고를 일으킨 색소는 주로 타르 색소이다. 이 색소는 저렴하고 소량으로 원하는 색을 나타낼 수 있어 인기가 좋으나 만성 중독 증세가 나타나 안전성에 문제를 일으킨다. 영국, EU, 중국에서 유해 색소의 사용 사례가 있어 수입식품의 유통에 주의를 기울여야 한다.

- 오우라민auramine : 황색의 염기성 타르색소로 우수한 섬유염색제이다. 1950년도 일본에서 과자, 국수, 카레가루, 단무지 등에 사용하였는데 섭취 20~30분 후 흑자색 반점, 두통, 구토, 맥박 감소, 심계항진이 나타났고, 심하면 의식불명까지 야기되어 사용이 금지되었다.
- 로다민rhodamine B : 공업용의 적색 염기성 타르색소로, 동물실험 결과 발암성 물질로 밝혀져 전 세계적으로 불허용 식품첨가물이다. 과거 일본에서 분홍색 어묵(가마보코), 일본식 매실장아찌(우메보시), 과자류에 사용하였고, 4세 여아가 과다 섭취 후 전신 착색, 핑크색 소변, 부종 등 중독 증상이 나타났다.
- 파라-니트로아닐린*p*-nitroaniline : 지용성의 황색색소로 섭취하면 혈액독 또는 신경독으로 작용한다. 과거 일본에서 이 색소를 첨가한 과자를 섭취한 후 안면홍조, 심계항진, 청색증, 황색 소변 등이 나타났다.
- 실크 스칼렛silk scarlet : 등적색의 산성 수용성 타르색소로 실크나 모毛에 사용하는 염료이다. 일본에서 이 색소가 함유된 대구알젓을 섭취한 후 두통, 구토, 복통, 오한, 마비 증세가 나타났다.
- 기타 불허용 타르색소에는 메틸 바이올렛methyl violet(팥앙금), 버터 옐로butter yellow 또는 스피릿 옐로spirit yellow(마가린), 수단 IIIsudan III(고춧가루), 오렌지 IIorange II, 메틸렌 블루methylene blue, 말라카이트 그린malachite green, 크리스탈 바이올렛crystal violet, 젠티안 바이올렛gentian violet, 비스마르크 브라운bismark brown 등이 있다. 만성 섭취 시 모두 장기에 발암(간, 신장 등) 또는 장애를 유발한다. 이 중 버터 옐로는

1940년까지 마가린에 사용되었던 황색색소로서 위나 간에 암을 유발하여 최초의 사용금지 착색제azo dye이다. 말라카이트 그린도 수입 또는 국내 양식어류에서 검출되었던 색소이다. 우리나라는 타르색소 사용 허용식품과 사용 금지식품이 「식품첨가물공전」에 정해져 있고, 특히 영유아식과 성장기용 조제식을 비롯하여 소비자의 눈을 속일 수 있는 식품과 다소비식품인 면류, 단무지, 김치, 천연식품, 소스류, 일부 조미품 및 가공식품 46개 품목에는 타르색소의 사용을 금하고 있다.

③ 유해 감미료

단순당의 과용에 따른 건강상 폐해를 줄이고자 인체에 해가 적은 인공감미료로 대체하고 있지만 일부 가공식품류에서 여전히 불허용 인공감미료가 검출되고 있다.

- 둘신dulcin : 백색 분말의 요소 유도체로 설탕의 200~250배 감미도를 가지므로 여러 식품에 사용하였으나, 동물실험을 통해 분해되면 혈액독인 파라-아미노페놀이 생성되어 중추신경을 자극하고 간 종양을 유발하여 1966년부터 사용이 금지되었다. 냉수보다 온수에서 쉽게 녹고 소화효소 작용을 억제한다.
- 사이클라메이트cyclamate : 백색 분말로 설탕의 40~60배 감미도를 나타내고, 열안정성과 청량감을 제공하여 pH 2~10 범위를 가진 여러 식품에 많이 사용하였다. 그러나 발암(방광암) 및 최기성(기형 유발)으로 1970년 4월부터 사용이 금지되었다.
- 파라-니트로-오르토-톨루이딘*p*-nitro-*o*-toluidine : 스칼렛 G base, 폭발당 또는 살인당으로 부르는 화약, 물감의 원료이다. 설탕의 200배 단맛을 갖고 있어 2차 세계대전 이후 일본에서 설탕 대용으로 사용하였던, 맹독성과 속효성 유해 감미료이다. 섭취 시 위통, 식욕부진, 권태감, 황달, 혼수(간장독) 및 사망에 이르는데, 유도체에 따라서는 설탕의 4,000배까지 단맛을 가진다.
- 에틸렌글리콜ethylene glycol : 약한 단맛을 가진 무색의 액체로 자동차 부동액으로 알려졌다. 섭취 후 수산이 유리되어 뇌나 콩팥 기능에 이상을 일으켜 호흡곤란, 구토, 신경장애를 거쳐 사망까지 이르게 한다.
- 페릴라틴perillatine : 자소당이라고도 하는데, 일년생 풀인 차조기(자소)씨에서 추출한 자소유에 부드러운 향을 제공하고, 설탕의 2,000배 단맛을 나타내 예로부터 나

> **사이클라메이트(cyclamate)란?**
>
> 식품의약품안전처의 발표(2007)에 따르면 우리나라에서 불허용 인공감미료인 사이클라메이트가 수입된 중국산 김치에서 대량으로 검출되어 반송 조치를 하였다고 한다. 사이클라메이트는 미국, 일본, 한국에서 사용금지 품목이지만 Codex(국제식품규격위원회), EU, 호주, 뉴질랜드, 중국 등 약 55개국에서는 사용을 허가하고 있다. WHO 산하 국제암연구소(IARC)는 사이클라메이트를 카페인, 콜레스테롤 등과 같은 Group 3(인체에 대해 발암성이 있다고 분류할 수 없음)으로 분류하고 있다. 2007년 7월 식품안전평가위원회에서는 김치에서 검출된 사이클라메이트는 위해 발생 우려는 없다고 발표하였다.

물, 김치, 우메보시 또는 한방에 널리 사용하고 있다. 그러나 불용성이며 타액과 열에 의해 알데히드로 분해된 후 흡수되면 콩팥에 염증을 유발할 수도 있다고 알려져 있으나 이제껏 중독 사례는 보고되지 않았다.

④ 유해 표백제

강력한 산화·환원작용을 이용하여 색을 밝게 하는 표백제는 허용물질이라도 그 용량을 반드시 지켜야 한다.

- 롱가리트rongalite : 소듐 포름알데히드 비설피트와 소듐 포름알데히드 설폭시레이트의 혼합물로 환원성 표백작용을 가진 섬유발염제이다. 물엿, 우엉, 연근의 표백제로 사용하였으나 유해한 아황산과 포름알데히드가 남아서 사용해서는 안 된다.
- 삼염화질소nitrogen trichloride : 황색의 휘발성 액체로 과거에 밀가루 표백과 숙성에 사용하였으나 이것이 함유된 밀가루 음식을 먹은 개가 히스테리 증상을 보여 사용이 금지되었다.
- 과산화수소H_2O_2 : 「식품첨가물공전」에 따르면 허용된 산화성 식품 표백제이지만, 반드시 사용기준을 지키고 최종제품에 잔존해서는 안 된다. 일본에서 표백살균제로 과산화수소 500ppm을 처리한 국수를 먹은 다수의 중학생이 인후통과 메스꺼움을 호소하였다.
- 아황산염sulfite : 과산화수소와 마찬가지로 허용된 환원성 식품 표백제이다. 아황산나트륨Na_2SO_3 등 여러 아황산염을 과실가공품, 건조채소류, 설탕, 곤약분 등 다양한

식품에 사용하는데 초과 사용하면 중독 증상(구토, 설사, 발열)이 나타나므로 「식품첨가물공전」에 그 사용기준이 정해져 있다.

⑤ 유해 증량제

「식품첨가물공전」에 따르면 산성백토, 벤토나이트, 규조토, kaolin(백도토, 함수규산알루미늄) 등은 전분, 향신료 등 분말식품의 증량제로 허용된 식품첨가물이지만 식품제조가공상 꼭 필요한 경우에만 첨가하되, 첨가물 단독 또는 합계된 잔존량이 0.5% 이하이어야 한다. 과량 섭취 시 전형적인 위장염 증상인 소화불량, 구토, 복통, 설사 증세가 나타나므로 그 외의 용도로 사용해서는 안 된다.

(2) 기타 유독물질

불허용 첨가물인 메탄올(메틸알코올), 니트로화합물(니트로벤젠, 헥소겐) 등에 의한 피해 사례가 보고되었는데 이러한 물질들은 매우 유독하므로 사용해서는 안 된다.

① 메탄올

알코올 음료(주류)의 에탄올 함량은 3~5%(맥주)에서 44~46%(고량주)까지 광범위하나, 메탄올 CH_3OH 허용량은 주류는 0.5mg/mL 이하, 과실주는 1.0mg/mL 이하로 규정되어 있다. 과실주 내 메탄올은 발효 중 과일성분인 펙틴에서도 생성되므로 허용량이 일반 주류보다 높다. 중독량은 5~10mL, 치사량은 30~100mL이다. 에탄올 대용이나 위조 주류를 마시면 많은 중독 사고가 일어나는데, 두통, 현기증, 복통, 설사, 시신경이상, 실명 등의 증상이 나타난다. 메탄올은 분해되면 포름알데히드를 거쳐 포름산으로 되는데 유독한 포름알데히드와 포름산에 의해 실명 증세와 산독증이 나타난다. 중증인 경우 환각, 호흡장애, 정신이상 및 사망할 수도 있고, 만성 섭취로 인한 중독 증상은 두통, 신경통, 흉통 등이다.

② 니트로 화합물류

아닐린 염료의 성분인 니트로벤젠은 수용액이 단맛을 제공한다. 가끔 수입산 고춧가루에서 발암성의 니트로벤젠이 함유된 수단 1호, 4호 적색 색소가 검출되어 우리 건강을 위협하고 있다. 또한 폭약 원료나 살서제인 헥소겐hexogen, RDX도 니트로기로 치환된 물질로, 백색의 분말이므로 밀가루로 오인하여 잘못 섭취하면 메스꺼움, 구토, 경련, 간질, 의식장애, 허탈 등 중추신경계 이상을 일으키기도 한다.

2) 우연에 의한 혼입

(1) 제조과정 중 혼입

① PCB

폴리염화비페닐polychlorinated biphenyl, PCB는 내열성, 불용성, 전기절연성으로 변압기나 콘덴서에 우수한 가열매체로 사용되었다. 1968년 3월 일본에서 미강유 제조 중 부식된 열 파이프를 통해 PCB가 혼입된 미강유를 사용한 섭취한 환자들은 체중 1kg당 매일 67ng의 PCB를 섭취하였고, 5개월 후 약 14,000명의 만성중독환자가 발생하여 51명은 사망하였고 1,068명은 심각한 증세를 보였다. 또 미강유 함유 사료를 먹은 100만 마리의 닭 중 약 70만 마리가 폐사하였다. 대만에서도 PCB에 오염된 식용유를 섭취한 산모가 낳은 아이들에게 성장 지연, 미약한 주의력결핍과잉행동장애ADHD, 성기왜소증(사춘기)이 나타났다.

PCB는 인체의 지방조직에 축적되고 매우 느리게 피지선으로 배설된다. 중독되면 여드름과 같은 발진, 눈 부위의 지방 증가(안지 분비 과다), 다리 부종, 성장 지연, 내분비 장애, 말초신경 장애, 간질환, 입술과 손톱의 착색, 손발 저림, 무력감, 관절통, 면역기능 저하를 유발한다.

PCB는 자연계에 방출되면 분해되지 않고, 생물체 내에 농축되면 매우 유독한 물질로, 우리나라도 1983년부터 변압기나 전기제품에 PCB 사용을 금지하였다. 환경호르몬이기도 한 PCB는 7장의 '내분비계 장애물질'에서도 다룬다.

② 톨루엔

톨루엔은 천연적으로 일부 초목에서 생성되고 대부분 석유정제, 페인트, 잉크, 시너 등의 생산공장에서 생성되어 대기로 배출되므로 주로 호흡이나 피부를 통해 인체에 노출된다. 따라서 작업장에서 톨루엔을 고농도로 접촉할 기회는 많지만 음식을 통한 기회는 적다. 휘발성이 강한 톨루엔은 포장재를 통해 식품에 남으면 이취가 나고, 체내에 들어와도 소변을 통해 배설되므로 축적효과는 적고 독성이 약하다. 미국 환경청은 인체에 대한 톨루엔의 발암 가능성은 희박하다고 하였다.

상당량의 포장재를 인쇄한 후에는 잉크 용매인 톨루엔을 재빨리 건조시켜 제거해야 한다. 1995년 우리나라에서 처음으로 라면 봉지와 과자 봉지에서 톨루엔이 검출되었다. 「식품용 기구 및 용기포장 공전」(2014)에서는 톨루엔 잔류기준치(합성수지 포장재의 경우 2mg/m^2 이하)를 규정하고 포장재 제조 시 톨루엔 저감화 노력을 하고 있다(식품의약품안전처).

③ 비소

비소는 3가(As_2O_3, 삼산화이비소)와 5가(As_2O_5, 오산화이비소)의 원자가를 가지는 중금속(비중 5.73)으로 전자가 후자보다 독성이 강하다. 비소는 수화물인 아비산(As_2O_3의 수화물)과 비산(As_2O_5의 수화물) 및 비산납(비소와 납의 화합물) 형태로 존재한다. 체내 구성성분인 비소는 어패류 같은 일부 식품에도 존재한다. 예로부터 의약용으로 사용되었고 오염된 지하수, 잔류농약 함유 과실주, 살충제, 농약, 방부제, 살서제, 도료, 담배 성분, 산업폐기물, 방부 처리된 목재로 설치한 놀이터 등 토양, 지하수, 환경에 널리 분포되어 인체는 쉽게 비소에 노출되어 있다. 특히 머리카락, 손톱, 발톱 등에 축적되기 쉬워 머리카락이나 요 분석을 통해 중독 여부를 알아낼 수 있다.

간장, 분유, 맥주의 제조과정 중 불순물로 비소가 혼입된 식품을 섭취하여 비소 중독이 여러 차례 보고되었고(일본, 중국, 대만 등), 우리나라에서도 방치된 몇몇 폐광 근처의 강이나 하천 유역에 비소 오염 사건이 보도되었다. 비소에 대해서는 '(2) 기구, 용기·포장재 용출'과 '(3) 잔류농약'에서 자세히 다룬다.

④ 농약과 살충제

과거에는 많이 사용하였지만 지금은 사용금지된 대표적 살충제인 DDT(디클로로디페닐트리클로로에탄)를 밀가루나 식소다로 오인하였고, 파라티온과 엔드린은 식용유로 혼돈하여 튀김용으로 오용되는 사고가 발생하였다. 또한 잔류농약을 충분히 제거하지 않은 과일이나 채소를 섭취하여 중독 증상이 나타나기도 한다. 이러한 이유로 우리나라는 「농약관리법」 제15조, 동법 시행규칙 제13조제1항에 농약 표시(농약명, 품목명, 유효성분 함유량, 적용병해충명 등)를 구체적으로 규정하고 있다. 1999년 8월부터는 농약 중독과 오용사고 방지를 위해 분제, 액제 농약에 색소를 첨가하여 밀가루 등과 구별하고, 겉포장지 이면에 붉은색으로 '농약' 표시를 크게 하고 은박제로 포장하여 세품의 생산 및 판매에 주의를 기울이고 있다. 아울러 노인층 대상 농민교육을 강화하여 이러한 조치가 제대로 이행되도록 하고 있다. 농약에 의한 급·만성중독은 '(3) 잔류농약'에서 자세히 다룬다.

(2) 기구·용기·포장에 의한 용출

'기구'는 음식을 먹을 때나 식품 또는 식품첨가물에 채취, 제조, 가공, 저장, 소분, 운반, 진열 등 직접 닿는 기계·기구, 그 밖의 물건을 말하고, '용기·포장'은 식품 또는 식품첨가물을 넣거나 싸는 물품으로서 식품이나 식품첨가물을 주고받을 때 함께 건네는 물품으로 정의한다(「식품위생법」 제2조제4항, 제2조제5항). 동법 제9조에서는 기구나 용기·포장의 제조방법에 대한 기준과 기구·용기·포장 및 원 재료에 관한 규격을 식품의약품안전처장에 의해 고시하고 그 기준과 규격에 맞지 아니하는 기구 및 용기·포장을 판매하거나 판매 목적으로 제조·수입·저장·운반·진열하거나 기타 영업상 사용하지 못한다고 정하고 있다. 「식품용 기구 및 용기포장 공전」(2014)의 기구, 용기, 포장의 기준 규격에서는 합성수지제(41종), 셀로판제, 고무제, 종이제 또는 가공지제, 금속제, 목재류, 유리, 도자기, 법랑 및 옹기류, 전분제 등 8종으로 구분하여 각 재질에 따라 최종제품(식품용 기구 및 용기포장)의 원료 성분에서 유래될 수 있는 물질에 대한 개별적인 재질 규격 및 용출 규격과 공통제조 기준도 설정 관리하고 있다(식품의약품안전처).

여기서는 주로 문제를 야기하는 합성수지제, 금속제, 고무제의 위해성에 대해 설명하기로 한다.

식품용 기구 및 용기·포장의 재질은 여러 조건을 가진다. 즉 위생, 내구성, 차단성(산소, 빛, 습기, 열, 냄새 등), 내약품성, 내한성, 내유성, 간편성, 경제성, 포장작업성(성형성, 열수축성, 열접착성 등) 및 상품성 등이다. 아울러 포장재 성분과 식품의 상호작용(전이, 용출, 침투, 흡착)이 발생해서는 안 되고, 식기나 용기에 규정량 이상 잔류된 중금속, 환경호르몬, 첨가제 등 독성 물질에 의한 오염도 주의해야 한다.

① 합성수지제

합성수지제는 공통적으로 경제성, 가공성, 유연성, 비부식성, 진기절연성, 위생면 등 장점을 가지고 있고, 또한 재질별로 방습성, 내수성, 가스차단성, 무미, 무취 등의 특성을 나타내므로 다양한 용도에 사용할 수 있지만 비부식성 및 비분해성으로 오히려 환경을 오염시킬 수 있다.

합성수지제는 열 반응성을 기준으로 열경화성 수지와 열가소성 수지로 구분하고, 각각에 따라 무해하거나 또는 유해한 성분이 용출된다. 열경화성 수지는 주로 포름알데히드에 의해서 독성이 나타나고, 열가소성 수지는 수지 재질의 물성 개량 및 변질 방지를 위해 첨가하는 가소제나 열안정제와 같은 첨가제의 잔류나 용출에 의해 유해할 수 있다. 인체에 대한 위해 측면에서는 PS<PVDC<PVC 수지 순으로 독성이 있다.

㉮ 열경화성 수지

열경화성 수지는 초기 유동성을 가지나 가열하면 유동성을 상실하면서 딱딱하게 되고, 식어도 부느러워지지 않는 내열성 수지로 식품포장재로 거의 사용하지 않는다. 이에는 페놀수지, 요소(우레아)수지, 멜라민수지 등이 있는데 포름알데히드(포르말린)의 용출이 문제된다.

- 페놀(PF) 수지 : 페놀과 포름알데히드의 축합으로 생성되고 두 물질의 용출이 문제된다. 특히 유독성의 페놀은 부식성도 나타낸다. 주로 접시, 컵, 찬합, 식판 등의 제조에 사용하고 있다.
- 요소urea(UF) 수지 : 요소와 포름알데히드의 축합으로 생성되고 포름알데히드의 용출이 문제된다. 수분과 열에 약하고 오래 사용하면 변질되므로 식기에는 부적합하고 화장품 용기, 전화기, 쟁반 등의 제조에 사용한다.
- 멜라민(MF) 수지 : 내열성과 내구성을 가진 멜라민과 포름알데히드의 축합으로 포름알데히드의 용출이 문제된다. 집단급식용 식기, 젓가락, 쟁반 등의 제조에 사용한다.

㉯ 열가소성 수지

열경화성 수지와는 반대로, 가열하면 부드러워지고 식으면 딱딱해지는 가소성을 가

식품용 기구 및 용기 포장의 올바른 사용법

식품의약품안전처는 계층별(어린이, 청소년, 주부)로 쉽게 이해하고 올바른 사용을 위해 교육용 소책자 및 동영상 '올바르게 사용해요! 식품용 기구 및 용기 포장'을 배포하였다(2014. 2). 연구 용역조사(2012) 자료에 따르면 국내 유통용 가공식품의 용기, 포장 재질별 실태 조사에서 합성 수지제(84.7%) > 금속제 > 유리제 > 종이제 > 고무제 순으로 사용하고 있고, 합성수지제 중에서는 PE(46.3%) > PP(35.1%) > PET(15.4%) > PS(1.4%) 순으로 사용하고 있다. 또한 8종으로 분류된 식품용 기구, 용기 포장재질의 특성과 용도, 비스페놀 A와 같은 환경호르몬의 안전성, 실생활에서의 사례별 올바른 사용법 및 사용가능한 전자레인지용 재질 등이 설명되어 있다. 예를 들어 컵라면용 발포성 폴리스티렌PS 수지와 멜라민 수지는 전자레인지용에는 부적합하고 PET병은 미생물 오염 가능성이 높아 재사용하지 말 것 등 다양한 정보를 제공하고 있다.

자료: 식품의약품안전처, 2014

진다. 열에 약하고 화학 변화가 거의 일어나지 않아 다양한 용도로 응용되고 있다. 이 수지는 동일한 단상체monomer를 반복시키고 여기에 첨가제(열안정제와 가소제)를 가해 중합체polymer로 만드는데 이때 잔류하는 단량체 및 첨가제의 용출로 독성을 나타낸다. 포름알데히드는 용출되지 않는다.

열안정제는 성형 시 열분해를 억제하고자 주로 금속지방산염이나 유기주석화합물을 사용한다. 가소제는 중합체 성분의 응집 억제로 유연성을 제공하여 가공성을 향상시키는데 주로 프탈산 에스테르류나 인산 에스테르류를 첨가하였다. 이 중 프탈산 에스테르류는 가소제 외에도 인쇄용 잉크, 래커, 염료, 살충제 등에도 많이 사용되어 인체를 비롯한 동식물, 토양, 수질, 대기 등에 광범위하게 분포되어 있다. 특히 디에틸헥실 프탈레이트(DEHP 또는 DOP)와 디부틸프탈레이트(DBP)가 가장 유독하여 이 가소제가 첨가된 PVC제제 수혈세트를 사용한 환자에게 폐 쇼크나 간 장해 등 증상을 유발하는 것으로 추측하였고, 실험동물은 최기성, 발암성, 생식이상을 보였다. 따라서 제2의 PCB로 오인될 정도로 안전성이 의심되어 WHO에서는 ADI(1일 섭취허용량)를 1~2ppm으로 제한하였고, 우리나라도 규정상 식품용 기구, 용기 및 포장재로 DOP의 사용을 금하고 있다(식품의약품안전처, 2014).

- 폴리에틸렌(PE) 수지 : 에틸렌ethylene 중합체로 이루어진 수지로 용도별로 LDPE(내한성, 일회용 장갑, 케첩용 용기 등)와 HDPE(내열성, 우유 용기, 레토르트용)로 분류하고 재활용한다.
- 폴리에틸렌테레프탈레이트(PET) 수지 : 테레프탈산 또는 테레프탈산디메틸에스테르와 에틸렌글리콜의 중합물질을 50% 이상 함유하는 중합체로, 페트병으로 알려져 있고 재활용한다. 안전성이 높아 100여 개국에서 허용된 식품포장재이다. 투명하고 가스투과력이 낮아 생수나 탄산수병으로 가장 많이 사용하고 내열성으로 레토르트식품 포장재 바깥 면에 사용한다.
- 폴리프로필렌(PP) 수지 : 프로필렌propylene 중합체로 구성된 수지로 단량체는 약간의 자극성을 가지나 중합체는 무독하여 재활용한다. 내열성(밀폐용기나 전자레인지용 용기)와 투명성(과자나 빵 포장용 필름)을 나타낸다.
- 폴리스티렌(PS) 수지 : 경미한 독성을 가진 스티렌의 중합체로 폴리스티롤polystyrole 또는 스티롤styrole이라고도 한다. 우수한 성형성을 가지고 용도에 따라 일반성 PS(일회용 용기나 숟가락), 내충격성 PS(유백색의 유산균음료 용기), 발포 PS(컵라면 용기)로 구분하는데 일부는 고온처리 시 내분비계 교란물실이므로 취급 시 주의해야 한다.
- 폴리카보네이트(PC) 수지 : 비스페놀 A와 카르보닐클로라이드의 중합물이 50% 이상인 합성수지제이다. 투명성, 내구성, 무독성, 내산성, 내열 · 내한성(-30~130℃), 보온성, 보냉성을 나타내고 식기세척기에도 변색되지 않으며, 음식 냄새나 색이 배지 않아 집단급식용 식기, 유아용 젖병, 생수통 등 식품용 기구류에 주로 사용하여 왔으나, 비스페놀 A가 내분비계 장애물질로 알려지면서 「식품용 기구 및 용기포장 공전」(2014)에서는 용출규격(mg/L)으로 비스페놀 A(페놀, 비스페놀 A 및 *p*-터셔리부틸페놀의 합계)는 2.5 이하(다만 비스페놀 A는 0.6 이하)로 규정짓고 있다.
- 염화비닐(PVC) 수지 : 발암성의 염화비닐(단량체) 중합체인 PVC는 가장 맹독성 수지이다. 가소제와 안정제의 유해성이 논란이 되는데 「식품용 기구 및 용기포장 공전」에서 잔류 규격(mg/kg)으로 크레졸인산에스테르(가소제)는 1000 이하, 디부틸주석화합물(열안정제)는 50 이하로 규정하고 있다. PVC는 병이나 식육제품의 플라스틱 랩 필름에 이용하고 있다.

• 폴리염화비닐리덴(PVDC) 수지 : 단량체인 염화비닐(발암성)과 염화비닐리덴(간장해)의 중합체로 PVC 다음으로 맹독성이다. 역시 가소제와 안정제의 유해성이 논란이 되며 소시지, 햄 등 식육제품의 랩 필름으로 많이 사용하고 있다.

㉰ 테프론

미국 듀폰사가 1950년 개발한 테프론teflon은 내열성(260℃까지 안정), 내수성, 내유성, 산·알칼리 저항성, 비점착성, 우수한 절연성으로 산업용·가정용 조리도구(프라이팬, 오븐용 조리기구 바닥의 피복재), 우주항공부품, 반도체 등에 널리 사용하고 있다. 수지 자체는 무독성이나 테프론 제조 시 사용되는 특수 코팅제인 PFOAperfluorooctanoic acid의 위해성이 문제된다. PFOA는 체내에 축적되는 매우 안정한 물질로, 반감기는 4~9년이다. 2003년 3월, 미국 환경청EPA이 행한 쥐 실험에서 PFOA로 인한 간과 생식기의 손상 결과를 바탕으로 PFOA가 가임부 여성의 혈액에 축적되면 발암 가능성이 높다고 발표하였다. 또한 테프론 코팅 조리기구를 370℃에서 3~5분 정도 가열하면 발암성 물질인 헥사플루오로에탄이나 옥타플루오로이소뷰틸렌 등 약 15종의 유독물질로 분해되어 미국 FDA에서도 발암이나 최기형 관련 연구가 진행 중이다.

② 금속제

「식품용 기구 및 용기포장 공전」(2014)에 따르면, 금속제란 금속으로 구성되어 있는 것을 말하고, 식품용 기구나 용기 재질은 스테인리스제, 알루미늄, 청동, 구리, 무쇠(철)의 총 다섯 가지로 구분한다. 이 재질은 (강)철, 니켈, 크롬, 알루미늄, 구리, 주석, 아연 등 금속이 단독 또는 합금 형태로 만들어져 식기, 기구, 통조림 용기에 사용되는 것으로, 비중이 4.0 이상이면 중금속, 4.0 이하이면 경금속으로 분류한다.

용기 내 식품성분(산성 또는 소금기)에 의한 용출, 용기 제조 시 오염(주로 납, 카드뮴, 비소), 용기 내 안료 성분(납, 카드뮴, 구리, 크롬, 안티몬), 농약, 각종 첨가물, 환경오염 등 여러 요인에 의해 인체 내로 중금속이 이행되고 오염이 발생한다. 이로 인해 중금속이 체내에 축적되어 독성을 나타내므로 전 세계적으로 카드뮴, 납, 비소, 수은, 아연, 주석, 안티몬, 구리 등을 대상으로 독성연구가 활발하다. 보고된 바로는 카드뮴, 수은, 납은 만성독으로, 비소, 크롬은 발암성으로 알려져 있다.

「식품용 기구 및 용기포장 공전」(2014)에 따르면, 용기에 사용되는 금속제는 재질에 따라 납, 카드뮴, 니켈, 6가 크롬, 비소, 아연, 비스페놀 A 등의 용출규격(mg/L)을 제한하고 있다. 「식품공전」(2014)에서도 식품 내 기준이 정해진 중금속으로 농산물·축산물의 경우 납과 카드뮴을, 수산물의 경우 납, 카드뮴, 수은, 메틸수은을, 가공식품의 경우 납과 비소로 규정짓고 있다. 여기서는 식품용기, 기구, 포장재의 성분으로 사용되거나 불순물로 용출되어 독성을 나타내는 중금속(유해금속)에 대해 설명하기로 한다.

㉮ 구리

한국인영양섭취기준(2010)에 따르면, 구리Cu 자체는 성인에게 하루 800μg이 필요한 중요한 미량무기질이지만 과량 섭취 시 독성이 있어 하루 0.01mg 상한선도 정해져 있다. 구리는 동클로로필린나트륨sodium copper chlorophyllin 형태로 녹색채소 가공품이나 녹색 껌의 발색제로 허용첨가물이지만 기준량 이상 첨가하거나 구리제 용기가 약산성에 의해 부식되어 생성되는 녹청(수산화구리나 탄산구리 등 염기성 구리)이 식품으로 혼입되어 중독될 수 있다. 증상은 다량의 타액 분비, 메스꺼움, 구토, 현기증, 효소작용억제, 인후작열감, 간세포 괴사 및 색소 침착으로 심하면 사망한다. 중독량은 3~10g이나.

㉯ 아연

아연Zn도 인체에서 중요한 무기질이지만 과량인 경우는 치명적일 수 있다. 중독 사고는 아연으로 도금된 양동이에 있던 유산균음료의 산에 의해 아연이 용출되어 발생하였고, 증상은 구토, 오심, 혈성설사, 복통, 홍수, 허탈 증세로 심하면 사망한다. 치사량은 황산아연($ZnSO_4$) 3~5g, 염화아연($ZnCl_2$) 1~2g이다.

㉰ 알루미늄

알루미늄Al은 물 속(약 0.1ppm), 식수(약 0.4~1ppm), 공기 중에 널리 분포되어 있어 지구상에서 가장 많은 금속으로 비분해성이며 토양이나 생물 간 이동이 자유롭다.

용기 재질로서 알루미늄은 가볍고 내부식성, 전연성으로 압연이 가능하여 깡통, 금속관, 은박지에 사용하고 종이나 플라스틱 필름과 라미네이트도 용이하다. 얇고 가벼우며 반짝거리는 은박지는 식품을 비교적 오랜 기간 저장하고 산소와 빛 차단성이 있어 포장재로 매우 유용하다. 다만 알루미늄 재질의 양은냄비나 은박지는 산, 알칼리에 의해 부식되기 쉬워 산성식품(김치, 식초, 토마토, 양파, 과일)을 담거나 저장 · 포장하여 알루미늄에 과다하게 노출되지 않도록 권고하고 있다. 또한 알루미늄이 함유된 약물(제산제) 복용자는 알루미늄 섭취량이 비복용자의 10~100배 수준으로 높아질 수 있으므로 주의를 당부하고 있다(식품의약품안전처). 여러 연구에서 알츠하이머치매 환자의 뇌세포에서 정상인보다 10배 이상의 알루미늄이 발견되고 과다한 경우 신경장애 가능성이 보고되었지만 알루미늄과 알츠하이머 질환과의 연관성에 대해 아직 확실치 않다.

㉣ 주석

통조림 용기는 얇은 강철에 주석Sn, tin을 도금한 양철통(깡통)으로 밀봉성, 내열성, 방습성이 우수하다. 그러나 깡통은 산성식품의 산에 의해 부식되거나 산화제(산소나 질산이온), 트리메틸아민옥시드TMAO, 구리이온(Cu^{2+}) 등에 의해 주석이온(Sn^{2+}, Sn^{4+})으로 생성 · 용출되어 식품으로 전이되고 섭취하면 중독된다. 깡통의 부식을 막기 위해 에나멜로 코팅한 내부 도장관이나 용기 뚜껑(김, 차류 등)으로 tin-free can도 사용하고 있다.

용도에 따라 유기물 형태의 주석도 사용한다. 용기 안료나 열가소성 수지(PVC)의 열안정제로 디부틸주석화합물을 사용하고, 선박, 해양구조물, 어망 등에 패류가 달라붙지 못하도록 선박 부착 방해제로 TBTtributyl tin를 선박페인트에 사용했다. 그러나 TBT는 매우 유독하여 굴, 홍합 등 양식 패류의 성장을 억제하고 대수리, 소라 등 고둥류 암컷이 수컷으로 변하는 성전환imposex을 유발하는 환경호르몬으로 판명되어 선진국을 시작으로 우리나라도 1999년부터 사용을 규제하고 있다. TBT에 관해서는 7장의 '내분비계 장애물질'에서 자세히 다룬다.

주석은 비교적 독성이 약하지만 중독량(100~300mg) 섭취 후 1시간이 지나면 위장염과 메스꺼움, 구토, 복통, 설사 등이 나타난다. 「식품공전」(2014)이 정한 기준(mg/kg)은 알루미늄 캔을 제외한 액상 캔제품(다류/커피/각종 음료류) 150 이하, 통조림 · 병조림 · 장기보존식품 150 이하, 산성 통조림식품 200 이하이다. 치사량은 1,000mg/kg이다.

㉤ 납

인체에 축적성이 높아 만성독인 납Pb은 토양 등 자연환경 및 일부 상용식품(오징어 등 해산물, 육상 동식물)에 2ppm까지 분포되어 있다. 식품의약품안전처 조사(2011)에 의하면 극피·척색류(멍게, 미더덕)>버섯류>패류 순으로 함유되어 있다. 또한 납은 산성 캔 식품에서 용출되거나 양철통의 땜납, 도자기·법랑의 유약성분, 농약(비산납), 안료·도료 성분, 자동차 배기가스에 존재하므로 인체 및 자연환경에 대해 폐해가 심각하다. 납은 장기 저장 및 고온 저장일수록 용출량은 증가한다. 「식품공전」(2014)에서는 성상별 모든 식품에서 납 기준치(mg/kg 이하)를 정하고 있다(괄호안은 기준치). 농산물(0.1~0.3), 축산물(0.1~0.5), 우유 및 유제품(0.02), 어패류(0.5~2.0), 유지류, 영유아용 조제식(0.1), 당류(0.5~1.0), 다류(여러 형태)(0.3~5.0), 커피(액상 캔)(2.0), 각종 음료류 (0.3), 포도주(0.2), 김치류(0.3), 식염류(2.0), 찐 쌀(0.2)이다. 「식품용 기구 및 용기포장 공전」(2014)에서는 식품과 접촉 부위의 도금용 주석이나 금속은 납을 0.1% 이상 함유하면 안되고, 재질별 용출규격(mg/L)으로 금속제는 0.4, 유리제·도자기류·옹기류·법랑은 조건에 따라 0.5~8, 그 외 재질은 1 이하로 규정하고 있다.

㉳ 수은

수은Hg도 무기수은(소독제인 승홍, 감홍)과 유기수은(알킬수은)으로 나뉜다. 생태계에서 적절한 조건이 되면 무기수은이 유기수은으로 전환되는 사례가 일본의 미나마타水俣만의 수은 중독 사건이다. 무기수은에 의한 만성중독증은 장의 작열감, 구역질, 구

무기납과 유기납이 인체에 미치는 위해성

납은 무기납과 유기납으로 존재한다. 무기납 형태로 식품이나 용기에서 인체로 이행되면 대부분 답즙과 함께 배설되고 일부는 뼈 등 경조직에 침착되거나 골수에서 독성을 나타낸다. 체내에서 무기납은 숙시날 CoA와 글리신에서 생성되는 혈색소heme 합성효소의 저해제로 적혈구 생성을 억제하므로, 중간 생성물인 델타-ALAδ-aminolevulinic acid와 코프로포피린coproporphyrin의 농도가 증가한다. 따라서 농도 증가와 혈액 내 납 농도로서 납중독 여부를 확인한다. 납은 체내와 뼈(표적기관)에서 반감기가 각각 1,460일과 3,650일로 매우 길어 미량이라도 만성중독이 되면 여러 장애를 유발하므로 어떤 경로로든 납이 인체로 이행되지 않도록 해야 한다. 간혹 구토, 현기증, 구역질, 인사불성, 사지마비 등 급성중독이 나타날 수 있다. 만성중독으로는 빈혈이 나타나고 심해지면 권태감, 식욕부진, 두통, 피로, 창백, 변비, 납연lead line(잇몸 가장자리에 황화납에 의해 나타나는 흑녹색의 띠) 및 연산통(납통증, 복부 주위의 발작적 복통)으로 진행된다. 중추신경계 장해를 유발하는 유기납은 상온에서 액체 형태로, 대기오염의 주범인 자동차 폭연방지제(antiknocking제)를 취급하는 작업장에 흔히 노출되어 있지만, 연소하면 무기납으로 전환하여 대기 중으로 방출되므로 인체에 미치는 영향은 크지 않다.

> **미나마타만 수질오염사건으로 알려진 수은 중독**
>
> 1953년부터 미나미타만에서 어획한 어패류와 주변 서식 농작물을 8년간 섭취한 주민에게서 111명의 환자가 발생하고, 그중 41명이 사망한 사건이 일어났다. 원인은 만 상류에 있던 아세트알데히드 공장에서 방출한 폐수에 함유되어 있던 승홍이 갯벌 속(혐기 조건, 높은 pH)에서 지용성의 메틸수은으로 전환된 후 물 속으로 이행되어 아가미 등을 통해 어류 내에 축적되었다. 이 수은이 단백질(어패류)과 결합하면서 물속에서 100만 배까지 농축되었다(생물농축). 공장 주변에서는 약 2,000ppm이, 패류에서 10~40ppm의 수은이 검출되었다. 오염 초기에는 약한 마비증상(사지말단부, 입 주위, 입술, 혀 등), 현기증, 보행이상 등이 나타났고, 심해지면 지각이상, 시야협착(구심성), 난청, 언어장해, 떨림 등 중추신경계이상이 생기며 일부 주민은 6개월 전후로 사망하거나 살아나도 완전 회복은 어려웠다.

토, 권태, 신기능장해, 무뇨증, 단백뇨, 혈뇨 등으로 증세가 심각하다.

농약이나 방부제 성분인 수은을 식품첨가물로 오·남용하게 되면 인체에 축적되어 독성을 나타낸다. 한때 부패 억제를 위해 배양 중 수은을 소독제로 사용한 콩나물에서 상당량 수은이 검출된 적이 있었다. 「식품공전」(2014)의 총 수은 기준치(mg/kg 이하)는 심해어, 참치류, 세치류를 제외한 어류나 어패류는 0.5(심해어, 참치류, 세치류는 메틸수은으로 1.0), 식염은 0.1이다. 수은은 모발 및 소변검사로 쉽게 중독 여부를 확인할 수 있다.

㉳ 카드뮴

카드뮴Cd은 천연적으로 아연과 공존(150~500ppb)하여 광산폐수, 공장폐수(건전지 공장이나 아연 등 제련공장의 도금)에 섞여 있거나 각종 식기의 도금 성분 또는 법랑/도자기의 유약성분이다. 이때 아연이 같이 녹아나오면 위해성은 증가한다. 산성식품에서 쉽게 용출되므로 식품 특성에 따라 해당 식기에 대해 도금이나 유약성분의 사용이 결정된다. 카드뮴은 폐수 배출지역 주변에서 경작한 농작물을 장기간 섭취한 주민들에게 나타나는 만성독으로, 심각한 질병 및 사회적 문제를 야기한다.

중독 증상은 잘 알려진 이타이이타이병イタイイタイ이지만 드물게 급성중독(구토, 설사, 복통)도 나타난다. 우리나라에서도 1985년 온산공단 주변 농민들이 카드뮴에 오염된 쌀을 섭취한 후 비슷한 증세를 호소하여 알려지게 되었다. 또한 전국 폐광 인근 지역 44곳의 농작물과 토양·수질 중금속 오염 실태를 조사한 결과 조사대상 농산물 상당수가 국제식품규격위원회Codex에서 정한 납과 카드뮴의 허용치를 초과하였다. 이를 근거

카드뮴과 이타이이타이병

만성독인 카드뮴의 위해성은 1940년대 도야마현 진츠우강(일본) 주변 주민들에게 공해성 질환인 이타이이타이Itai Itai병이라는 특이한 증상이 나타나면서 전 세계적으로 알려지기 시작했다. 공장 폐수에 있던 카드뮴이 주변 토양과 논을 오염시켰고 이곳에서 경작된 쌀에는 정상보다 5~7배 더 많았다. 다출산 경험(평균 6회 이상)을 가진 중년기 여성(45세 전후)이 주로 중독되었고 일부 30대와 70대에서도 발병하였다. 증세는 등이나 허리 통증을 시작으로 동요성 보행(뒤뚱걸음waddling gait)으로 진행한 후 걷지도 못하게 되었고 웃거나 기침할 때도 심한 통증이 나타났다. 다수의 임신과 수유, 고령의 조건은 칼슘 필요량을 증가시켰지만, 카드뮴에 의한 칼슘과 인의 손실은 골연화증, 다발성 골절, 뼈의 변곡 및 기형을 유발하였고, 신장의 세뇨관 기능 장해로 단백뇨도 배출되었다. 즉 저영양상태(저단백, 저칼슘, 고카드뮴식)가 환자의 증세를 악화시킨 것이다.

단백질(특히 시스테인의 황화수소기, -SH)은 체내 금속(Cd, Hg, Zn, Ag, Cu, Au) 성분과 결합하여 복합체를 형성하므로 고단백식 섭취는 중금속에 의한 독성을 줄일 수 있다.

로 식품의약품안전처에서는 국민 다소비 농산물(현미를 제외한 쌀 포함)의 납과 카드뮴의 잔류허용기준 등 중금속 기준을 신설하여 안전한 먹거리를 제공하고 있다(「식품위생법」 제7조제1항).

㉵ 비소

인체 구성 무기질 중 12번째 해당되는 비소As는 독성이 적은 유기비소의 형태로 해조류>갑각류>연체류>극피·척색류의 순으로 분포되어 있고 그 함유량은 Codex 기준(0.5~50mg/kg) 이하로 조사되었다(식품의약품안전처, 2011). 「식품공전」(2014)의 비소 기준(mg/kg)은 아비산 형태로 식용유지류 0.1 이하, 캡슐류 1.5 이하, 식염 0.5 이하로 규정하고 있다.

앞서 언급한 대로 비소는 과거 간장이나 맥주 제조 중 일부 성분의 불순물로 혼입된 경우 외에도 자연환경에 널리 분포되어 있어 쉽게 노출된다. 중독 상태는 머리카락·요 검사를 통해 쉽게 판별할 수 있다. 비소로 인한 급성, 아급성, 만성중독 증상은 다르다. 다량을 경구투여하여 급성중독되면 소화기계(구강과 인두의 작열감, 연하곤란, 오심, 구토, 수양변, 혈변, 복통, 설사), 구갈증(수분실조), 심혈관계(저혈압, 청색증), 중추신경계[두통, 섬망(헛소리), 혼수, 강직성 경련, 기립불능], 신장계(단백뇨, 혈뇨, 무뇨), 용혈현상, 피부(홍반, 습진, 발진, 착색, 사지부종), 간(비대 및 혈관육종), 쇼크, 허탈을 일으키고 심지어 사망한다. 아급성 중독은 침울, 무감각, 식욕감퇴, 운동실조, 강직보행, 반추 감소, 연수현상을 유발한다. 만성인 경우 소화기계(식욕부진, 위장염, 궤양) 통증(근육통, 극심한 두통, 빈혈), 신경장애(말초신경염, 손떨림, 발작, 건반사 소실, 근신경 마비 및 감각이상, 중추신경이상, 다발성신경염), 피부(흑피증, 습진, 피부 반점, 손톱의 횡초백선Mee's line, 피부 각질화, 결막염, 탈모), 무력감, 쇠약, 피로, 및 발암(피부암, 간암, 폐암) 증상이 있다. 비소는 미량으로 장기간 노출되면 내성이 생겨 중독량이 상당히 증가한다. 아비산 형태로 중독량은 50mg/kg 이상, 치사량은 100~300mg/kg이다.

③ 고무제

「식품공전」(2014)에 따르면 고무제는 천연이나 합성고무, 이들의 라텍스 또는 열가소성 엘라스토머 함유비가 50% 이상이어야 한다. 잔류규격(mg/kg)의 경우 납과 카드뮴 모두 고무젖꼭지는 10 이하, 그 외 고무제는 100 이하이고, 납의 용출 규격(mg/kg)은 1 이하이다. 그동안 재활용 고무분말(스틸렌-부타디엔고무SBR 함유 분말)을 이용하여 설치하였던 초·중·고 학교 운동장 인조잔디 일부에서 PAH(벤조피렌, 벤조안트라센, 크라센, 벤조플루오란텐 등)가 최대 기준치의 14배까지 검출되어 유해성 논란이 되었다. 이 물질들은 유두종, 피부암, 태아 기형, 돌연변이 유발물질로 학교 수업이나 지역 주민의 이용에 건강상 심각성을 야기할 수 있다.

(3) 잔류농약

식생활 위협요소 중에서 식품 중의 잔류농약을 우리 국민들은 첫 번째 위험요인으로 꼽는 데 비해, 미국 FDA는 다섯 번째로 간주한다. 실제로 농약 잔류량은 농경법에 의해 영향을 받는데 우리 국민들은 먹거리에 잔존하는 잔류농약에 대해 무척 예민하다. 이에 국립농산물품질관리원은 소비자에게 국내산 농·수·축산물의 생산이력정보traceability system를 제공하고 있고 친환경·유기농 제품의 수요는 계속 증가하고 있다.

농약은 사용목적에 따라 살충제, 살균제, 제초제 등으로 구분하며, 대표적인 농약으로는 유기인제, 유기염소제, 카바메이트제, 유기수은제, 유기비소제, 유기불소제 등이 있다. 여기서는 많이 사용되는 농약이나 금지 농약의 종류 및 독성을 설명하기로 한다.

잔류농약의 폐해

잔류농약의 폐해는 농작물에 고농도로 사용된 종자살균제, 살충제, 제초제가 잔류된 경우와 환경(수질 및 토양)으로 방출되었던 농약이 동식물 체내로 재유입되어 농축 또는 오염되는 경우다. 두 경우 모두 농약이 인체에 축적되면 분해 속도가 매우 느려 심각한 영향을 미친다. 『침묵의 봄』(레이첼 카슨 저)을 통해 무분별한 살충제 사용에 인한 폐해가 최초로 보고되면서 전 세계적으로 농약 등 화학물질의 유해성에 경종을 울리게 되었고 일부 농약(DDT 등)의 사용이 금지되는 계기가 되었다.

① 유기인제

1939년 독일의 바이에르Bayer에 의해 개발된 유기인제는 한때 전쟁용 살상가스로도 사용하였다. 분해가 용이하고 식물의 병·해충 방제에 효과적인 유기인제는 현재 유기 농약 중 종류가 가장 많다. 파라티온은 포유동물과 수생동물에게 매우 위해하여 사용 금지되었고, 마라티온(상품명: 말라톤), 디아지논(상품명: 다수진), 수미티온이 저독성 유기인제로 허용되어 볍씨 소독, 진딧물 방제, 과일수의 병충해 방제에 광범위하게 쓰이지만 잔류 독성으로 인해 오히려 급성중독의 주범이다. 증상은 복통, 설사, 구토이고, 심하면 중추신경이상, 호흡곤란 및 사망하는 수도 있다. 파라티온의 반감기는 43시간으로 가장 길고 DDVP가 1.35시간으로 가장 짧다.

② 카바메이트제

카바메이트제는 카르밤산NH_2COOH의 메틸유도체로 질소를 함유하고, 살충제나 제초제로 사용된다. 유기염소제의 대체물이지만 반응 기전이나 생체 내 중독 증상이 유기인제와 매우 유사하여 콜린에스테라아제의 작용을 억제하지만 독성과 증상은 약하다. 일부 최기성을 유발하기도 한다.

유기인제의 작용 기전과 위해성

유기인제의 작용 기전은 콜린에스테라아제cholinesterase의 활성 저하이다. 그 결과, 신경 전달 직후 일어나야 할 아세틸콜린의 순간적인 분해를 억제하므로 아세틸콜린이 체내에 과량 축적되고, 교감·부교감신경, 중추신경을 자극하여 이상현상(발한, 청색증, 구토, 빈맥, 혈압 상승, 두통, 발열, 혼수 증세)과 니코틴 증상(전신경련, 근력감퇴)을 일으킨다. 심해지면 축동(동공 축소), 호흡근 마비 및 정지로 사망한다.

③ 유기염소제

DDT가 뮐러P.H. Müller에 의해 해충 박멸효과로 알려진 후 c-BHC(영국), 느린제(미국) 등 유기염소제가 등장하였다. 저렴한 가격이지만 강력한 살충력과 낮은 독성으로 급성중독 발생이 적어 전 세계적으로 살충제, 제초제로 인기를 끌었으나 긴 반감기, 비분해성, 잔류성 및 지용성으로 인해 생체 내 지방조직과 신경조직에 축적되면 만성중독으로 진행된다. 더욱이 사용량 증가로 환경오염이 문제되면서 우리나라를 비롯한 여러 나라에서 안전사용기준이 설정되었고 사용을 엄격하게 제한하고 있다.

살충제로는 DDT, DDD, c-BHC, 메톡시클로르, 클로르덴, 헵타클로르, 드린제aldrin, endrin, dieldrin 등이고 살균제로는 프탈라마이드제(캡탄, 캡탈폴, 폴펫), 제초제로는 PCP, 2,4-D, 2,4,5-T 등이 있는데, DDT와 c-BHC는 현재 사용이 금지되었다.

한때 모기 매개의 말라리아나 이 매개의 티푸스 퇴치에 탁월한 살충제였던 DDT는 오랜 기간 노출된 환경에 잔류한다(2~15년의 반감기). 또한 생물농축으로 식물체에서 인간이나 동물 체내로 유입되고 최종적으로 DDD나 DDE로 된 후 여러 조직에 잔류되어 축적된다. DDT는 내분비계 교란물질(환경호르몬)로도 작용하며, 중독되면 중추신경 흥분, 간질, 식욕 부진, 구토, 복통, 현기증, 감각이상, 수족마비, 경련 및 심하면 사망한다. c-BHC는 급성중독되면 경련, 호흡곤란, 청색증, 요의빈수尿意頻數, 허탈 및 사망을 유발하고 만성적으로는 신경과민과 체중이 감소된다. 90% 이상의 사망률을 가진 맹독성 농약인 드린제는 급성중독인 경우 두통, 현기증, 구토, 흥분, 경련발작, 의식불명, 산동(동공 확대), 연수(타액 과다 분비) 및 수 시간 내 사망한다. 만성중독이 되면 정신병 증상이 나타난다. 각종 채소 재배지의 토양살충제로 사용하는 엔도설판도 잔류되어 축적되고 경피흡수로 중추신경과 소뇌에 이상을 유발한다.

④ 유기수은제

유기수은제는 콩나물 재배, 볍씨 등 종자소독, 살충(도열병 방제) 목적으로 농약에 응용되어 사용되었지만 독성 때문에 현재 사용이 금지되었다.

유기수은은 알릴수은화합물과 알킬수은화합물로 분류된다. 아세트산페닐수은은 알릴계이고 염화메톡시에틸수은은 알킬계이다. 무기수은(금속수은으로 이온형과 아말감 형태)과 알릴수은화합물은 체외로 배설되므로 심각한 중독을 야기하지 않으나 알킬수은

화합물은 중증 중독증으로 신경계에 심각한 피해를 유발한다. 미나마타만 중독을 유발한 메틸수은은 알킬계이다. 그 외 메틸요오드화 수은, 메틸염화수은, 인산에틸수은 등도 사용되었다.

유기수은은 일정량 이상 뇌, 신장, 간 등에 체내 축적되면 주로 만성중독을 유발하며, 그 증상은 중추신경계를 공격하여 시력, 언어, 보행, 사지감각의 이상 및 정신착란을 유발한다.

⑤ 유기비소제

유기비소제도 벼의 병 · 해충방제용의 침투성 농약으로 동식물, 인체 및 생태계에 축적되는 금속농약이다. 이에는 무기비소[비산납, 비산석회(칼슘), 아비산, 비산]가 함유된 살충제와 유기비소[아소진, 네오 아소진, 우르바지드]를 함유한 살균제가 있다. 또한 금속농약으로 비소 외에 구리, 납 등이 함유되어 체내에 흡수되면 생체 단백질의 황화수소(−SH)기와 결합하여 단백질 변성을 유도하고 효소를 불활성화시켜 기능 마비와 독성이 나타난다.

유기비소제에 의한 급성, 아급성, 만성중독 증상은 '(2) 기구 · 용기 · 포장에 의한 용출'의 금속제 부분에 나와 있다.

⑥ 유기불소제

유기불소제는 급성살서제로 주로 사용되는데, 우리나라에서는 살서제를 농약에 포함하지 않고 보건약제로 구분하고 있다. 이에는 살서제인 프라톨fratol, 진딧물 방제제인 푸솔, 니솔 및 모노플루오로아세트아미드가 포함되는데 모두 맹독성이다. 작용기전은 체내 아코니타아제aconitase의 작용을 저해하여 TCA 회로에서 구연산의 분해를 억제하고 축적시켜 독 증상을 나타낸다. 섭취 2시간 정도 되면 초기에는 위화감, 두통, 현기증, 구토 및 위통이 나타나고, 심하면 보행불능, 언어장해 및 간질 비슷한 강직성 경련을 보이다가 의식혼탁, 청색증, 심부전을 거쳐 사망한다.

(4) 환경오염

환경오염에 의한 중독은 환경유해물질에 의한 화학적 식중독으로 7장에서 다룬다.

2. 유인성 화학적 식중독

식품의 제소, 가공, 조리, 유통 및 저장 중 성분 변화로 생긴 독성분의 섭취는 여러 질병을 유발할 수 있다. 영양소 성분을 고온에서 장시간 처리하면 다양한 유인성 독성물질로 전환되므로 저장조건이나 유통기한 등에 주의해야 한다.

1) 가공과정 중 생성

(1) *N*-니트로소화합물

아민류(아미노산, 펩티드, 단백질)가 산성조건에서 아질산염과 반응하면 산화되어 *N*-니트로소화합물(니트로사민, 니트로사미드)이 생성되는데 아질산염의 안전성과 *N*-니트로소화합물의 발암성이 문제가 된다. 니트로사민은 2급 아민(디알킬아민, 디아릴아민), 3급 아민(TMA, TMAO), 4급 암모늄염이 반응하여 생성되고, 니트로사미드는 *N*-알킬요소, *N*-알킬아미드, *N*-알킬구아니딘 등이 관여한다. 「식품위생법」상 허용 식육가공품의 발색제로 아질산나트륨, 질산나트륨, 질산칼륨이 있다. 아질산염류는 식육, 알 제품 및 그 가공품과 어육가공품의 발색제(분홍색인 산화질소미오글로빈) 및 *Cl. botulinum* 번식 억제용 식품첨가물이다. 그러나 아질산염 과다 섭취 시 일부 신생아에서 헤모글로빈 기능 저하 사례가 보고되었고, 더욱이 2급 또는 3급 아민과 체내 반응하면 발암성의 니트로사민 생성 가능성이 높아져 장기 복용 시 건강상 해로울 것으로 우려된다. 2급 아민은 곡류, 어류, 차류에 분포되고, 특히 어류 알에는 300ppm까지 분포된다. 근육에는 3급 아민, 크레아틴, 프롤린, 알기닌, 피페리딘이 풍부하여 가열하면 니트로사민으로 전환된다. 일부 채소에 함유된 질산염은 산성 조건에서 구강 세균에 의해 체내 아질산염 농도를 증가시켜 니트로소화합물이 많이 생성되고, 위장 내 산도가 높을수록 *N*-니트로소화합물이 쉽게 형성된다.

여러 연구에서 *N*-니트로소화합물의 약 70%가 암을 유발하는 것으로 보고되었다. 니트로사민류는 주로 간암, 식도암, 방광암이, 니트로사미드류는 위암(상부, 위선), 신장암, 폐암, 백혈병을 유발하는 것으로 알려졌다. 환원제(아스코르브산, 폴리페놀류, 토코페롤 등)를 사용하면 니트로사민 생성이 억제되므로 육가공과정 중 아스코르브산을 첨가하여 제조하고 있다. 식품의약품안전처는 성인에 비해 상대적으로 아질산염을 많이 섭취할 가능성이 높은 청소년에 대한 안전섭취량(상한선)은 하루 2.7g 이하/kg 체중으로 정하고, 이를 기준으로 학교급식의 가이드라인을 제시하였으며(2007) 현재 제품 규격은 아질산이온(g/kg)으로 식육가공품은 0.07 이하, 어육가공품은 0.05 이하로 정해져 있다(2014).

(2) 포름알데히드

식품의 일부 성분과 식품 처리용 침지액 또는 식품첨가물이 반응하면 유해한 포름알데히드가 생성된다. 예를 들어, 냉동저장 중인 어류의 TMAO와 흑변 방지용 침지액(산성아황산나트륨 $NaHSO_3$)이 반응하거나, 허용첨가물인 과산화수소와 글리신이 반응하면 유독한 포름알데히드(포르말린)가 형성되어 체내 축적 시 소화기관 내 염증 유발, 구토, 현기증이 나타난다. 따라서 포름알데히드가 최소로 생성되도록 침지조건(침지액 농도, 침지시간 등), 식품첨가물 농도를 제한해야 한다.

(3) 트랜스지방(산)

천연에 존재하는 시스*cis*형의 불포화지방산은 무해하나 고온다습한 환경에 저장하면 해로운 트랜스*trans*형으로 전환된다. 또한 식물성 기름(액체)를 수소 첨가하여 가공하면 트랜스형을 가진 포화지방산(고체)으로 전환되기 쉽고 이러한 지방산을 가진 지방을 트랜스지방이라 하는데 마가린과 쇼트닝이 대표적인 트랜스지방 식품이다. 따라서 이에는 패스트푸드, 파이, 냉동용 피자, 도넛, 케이크, 빵류, 쿠키, 크래커, 전자레인지용 팝콘, 수프, 일부 가공 유제품 및 어육제품 등이 포함된다.

트랜스지방은 나쁜 콜레스테롤(LDL) 농도를 높여 혈관벽에 축적시키고 좋은 콜레스테롤(HDL)을 억제시켜 각종 순환계 질병(심장병, 동맥경화증, 고혈압, 복부지방, 심근 세포의 칼슘 축적으로 인한 부정맥 유발), 당뇨병, 기억력 감퇴, 면역력 감소 및 발암가능성 등 심각한 위험성을 줄 수 있어 섭취를 제한해야 한다. 미국, 유럽 등 선진국에서는 트랜스지방 함유식품의 유통과 판매에 대해 엄격한 규제를 하고 있고, WHO도 1% 이하의 섭취기준을 권고하고 있다. 우리나라도 조사를 통해 트랜스지방 추정섭취량 수치가

패스트푸드점의 트랜스지방 함량 실태 조사

패스트푸드에 함유된 트랜스지방은 100g당 햄버거에 0.4g, 감자튀김에 2.0g, 프라이드치킨에 0.9g이 각각 검출됐다(식품의약품안전처, 2006). 큰 크기의 햄버거(219g)와 감자튀김(114g)을 먹으면 WHO 하루 권고량의 4배 정도 초과 섭취한다. 흔히 패스트푸드점에서는 감자튀김을 두 번에 걸쳐 튀기므로 트랜스지방 함유량이 높아지는데다 어린이들도 감자튀김을 좋아하므로 일찍부터 트랜스지방에 노출될 확률이 높다는 점은 심각하다.

선진국에 비해 아직 위험 수준은 아니지만 식품의약품안전처가 주관하여 지속적인 모니터링과 교육을 통해 국내 가공업체에 대해 트랜스지방 저감화를 권고하였고, 해당 식품에 트랜스지방 함유량 의무표시제를 도입하여 시행하고 있다.

(4) 3-MCPD와 1, 3-DCP

콩, 옥수수, 밀 등을 화학공정으로 분해한 식물성 단백질 가수분해물(HVP)로부터 수프, 소스, 양념, 구운 빵 등을 만들면 유독한 3-MCPD와 1, 3-DCP가 생성된다고 보고되었고(1980년대), 조미료인 산분해간장(또는 혼합간장)에서도 검출되었다(1990년대). 독성 정도는 3-MCPD < 2-MCPD < 1,3-DCP < 2,3-DCP 순이다.

FAO/WHO합동 식품첨가물전문가위원회JECFA의 식품첨가물 및 오염물질분과 위원회CCFAC에서 3-MCPD가 초기(1993)에는 불임 유발가능 물질로 평가되었으나, 이후(2001년)에 유전독성이 없다고 밝혀져 1일 잠정 최대허용섭취량(PMTDI)을 2μg/kg (ppb)으로 설정하였다. 유럽(2002)에서는 HVP와 간장(건조물 40% 함유 액상가공품)에 함유된 3-MCPD의 최대량(ML)을 0.2ppm으로, Codex(2006)에서는 산-HVP를 포함한 액체조미료(천연발효간장 제외)는 0.4ppm으로 설정하여 위해성에 대한 경각심과 건강관리를 위해 섭취량 감소에 기여할 수 있도록 하였다. 더욱이 간독성 등 종양을 유발하여 유전독성(*in vivo*)을 나타내는 1,3-DCP는 3-MCPD가 고농도일 때 공존하므로 간장에 함유된 3-MCPD의 농도를 규제해야 한다. 그 외에도 동물실험에서 1,3-DCP는 생식기에 이상을 일으켜 정자수와 정자의 운동성 감소를 보여 주었다.

2) 조리과정 중 생성

식품을 고온에서 장시간 가열 조리하였을 때 탄수화물은 아크릴아미드, 튀김유는 아크롤레인, 단백질은 벤조피렌과 같은 다환 방향족 화합물이 생성된다. 이런 물질들의 공통점은 인체에 매우 유해한 돌연변이 물질로, 인체에는 이것을 가수분해할 수 있는 효소가 없다는 점이다.

(1) 다환 방향족 탄화수소

석탄, 종이, 목재, 석유의 불완전 연소로 생성되는 다환 방향족 탄화수소polycyclic aromatic hydrocarbon, PAH는 주로 콜타르, 자동차 배기가스(디젤), 담배 연기처럼 공기나 토양으로 배출된 환경오염물질에 많다. 일단 환경에 노출되어 대기나 토양 등 환경으로 확산되면 PAH는 회수가 안되므로 생성량을 줄여야 한다.

구조상 벤젠고리 수나 결합방식에 따라 약 100여 종이 있는데 그중 일부가 소량으로도 돌연변이나 발암 가능성을 나타낸다. 특히 WHO 산하 국제암연구소IARC에서는 강력한 발암성과 잔류성으로 알려진 벤조피렌(BaP, benzo(α)pyrene, 3,4-benzopyrene)을 '확인된 인체발암물질(그룹 1)'로 구분하고 있다. 벤조피렌에 의한 급성독성 증상은 용혈현상(빈혈) 및 면역계 저하이고 만성독성 증상은 생식·발달이상과 암을 유발한다.

벤조피렌은 과도한 직화구이 생선, 햄버거, 훈제 육류, 공장지대에서 수확한 채소류, 콩류, 곡류, 어패류 등 생식품이나 열처리식품, 이로부터 추출한 식물성 기름에도 상당량 함유되어 있고 일부 미생물에서도 생합성된다. 태우거나 훈제방식은 벤조피렌의 양을 증가시킨다. 우리 식생활에서 PAH 노출로 인한 발암 위해도는 천만 명당 1.26명 정도로 우려되는 수준은 아니지만(국립독성연구원, 2005), 식품의약품안전처(2007)는 식용유 등 일부 식품에 대한 기준치를 2.0μg/kg(ppb) 이하로 권장하고 있다.

벤조피렌 저감화를 위한 평소 식습관으로는 첫째, 직화구이 요리(김, 생선, 베이컨구이, 햄버거), 튀김 또는 지나친 고온 조리의 횟수를 최대한 줄이고 탄 부분은 반드시 제거한다. 둘째, 훈연식품, 바비큐나 프라이팬 요리도 최대한 제한한다. 셋째, 비열非熱처리 식용유(콩기름, 엑스트라버진 올리브유)로 가급적 조리하고 열처리 식용유(깨, 들깨, 정

우리나라 간장파동 사건과 3-MCPD 저감화 노력

자연발효 방식으로 숙성하는 재래간장(양조간장)과는 달리, 산분해간장(화학간장, 아미노산 간장)은 단기간(최대 일주일)에 탈지 대두단백질을 염산으로 가수분해시켜 만든다. 혼합간장은 양조간장과 산분해간장을 적당하게 섞은 것이다. 재래간장이나 양조간장은 발효·숙성 중 발암가능성 물질인 에틸카바메이트가 일부 생성되고, 산분해간장(또는 혼합간장)은 제조 중 3-MCPD(1,3-DCP도 함께 생성)가 생성된다고 보고되었다. 두 번의 간장파동 사건(1985. 8월, 1996. 2월)으로 간장을 다소비하는 우리나라는 사회적 이슈가 되어 저감화를 노력하였고, 산분해간장과 혼합간장은 0.3ppm, HVP(건조물)는 1.0ppm으로 허용기준을 설정하였다(2002). 우리나라는 조리법에서 간장 이용도가 높아 산분해간장의 허용 기준을 반드시 지켜 안전성을 제고하고, 양조간장(재래간장)의 섭취율을 증가해야 한다.

제올리브유(포마스), 옥수수유)는 최소 사용한다. 넷째, 고속도로 주변 등지와 같은 매연이 심한 장소에서 재배한 채소로 만든 샐러드나 이로부터 추출한 기름을 이용한 식품의 섭취도 제한한다. 다섯째, 흡연을 피한다. 담배 한 개비 연기에서 나오는 벤조피렌의 양은 콩기름을 사용해 5분간 튀김요리를 한 경우와 거의 같다.

(2) 헤테로고리 아민류

헤테로고리 아민류heterocyclic amines, HCA는 조직(우유, 달걀, 두부, 간 등)보다는 고온조리하는 근육(고기나 생선 등) 부위에 있는 아미노산과 크레아틴이 반응하여 생성되는 신종 유해물질로 현재까지 PhIP, IQ 등 17종이 확인되었다. 국제암연구소에 따르면 1종(IQ)은 '발암유력물질(그룹 2A)'에, 7종(MeIQ, MeIQX, PhiP, Glu-P-1, Glu-P-2, A-a-C, MeA-a-C)은 '발암가능물질(그룹 2B)'에 속한다.

HCA 생성 정도는 조리법과 조리조건에 따라 다르다. ① 구이(오븐, 팬)보다 튀김, 브로일링, 바비큐 요리인 경우, ② 조리시간이 길수록, ③ 고온일수록 HAC가 더 많이 생성되고, 100℃ 이하에서 조리(찜, 가열, 수란)하면 생성량이 거의 없다. 따라서 생성량을 줄이기 위해서는 중간 가열 정도로 조리하고, 전자레인지로 2분간 데워 생성된 육즙을 버리고 조리하면 HAC 양이 90%까지 감소한다.

(3) 아크릴아미드

백색 결정의 아크릴아미드는 음용수 및 폐수 처리 시 입자나 불순물의 제거 또는 화

표 6-2 각종 생식품 및 조리식품의 총 PAH 함량(ng/g, ppb)

식품명	PAH 양	식품명	PAH 양	식품명	PAH 양
애호박	1.34	대합	1.01	시리얼	6.1
오이	0.35	굴	0.54	포테이토칩	2.25
콩나물	0.32	홍합	0.45	국수	2.8
시금치	0.25	베이컨	1.07	라면	1.98
마늘, 상추	0.13~0.17	소시지	0.34	햄버거	1.81
깻잎, 무, 파	0.02~0.06	훈제 햄	0.38	코코넛기름	13.45
양배추, 배추, 당근	0	햄	0.11	고추기름	8.69
배	0.26	생고기	0.00	옥수수기름	5.78
바나나	0.17	숯불석쇠구이(돼지고기)	10.18	참기름	5.03
사과, 감	0.12~0.15	숯불석쇠구이(소고기)	0.78	대두유	4.00
귤	0.004	숯불오븐구이(돼지고기)	0.06	올리브유	2.04
오징어(통)	0.61	숯불오븐구이(소고기)	0.03	미강유	3.13
멸치(건)	0.72	가스오븐구이(소, 돼지)	0.03	마가린	2.17
참치	0.57	숯불바비큐(닭고기)	9.50	쇼트닝	1.49
꽁치	0.76	나무바비큐(닭고기)	1.89		

자료: 식품의약품안전처

장품이나 종이 제조에 사용하는 폴리아크릴아미드 원료물질이다. 실온에서 안정하나 열이나 자외선에 대해 민감하다. 국제암연구소에 의하면 아크릴아미드는 동물실험에서 유전자 변형으로 인한 위암 유발물질로 확인되어 '발암유력물질(그룹 2A)'로 알려져 있지만 아직 사람에게 발암 가능성에 대한 결정적 증거는 찾지 못하였다.

2002년 스웨덴에서 최초로 고온 조리 식품(튀김, 구이)에 아크릴아미드가 존재한다고 보고한 이래 미국 및 일부 유럽 국가에서도 고온 처리한 음식에서 확인하였다.

전분 급원식품(감자, 곡류, 시리얼 등)을 고온(120℃ 이상)에서 튀기거나 구우면 식품 성분인 아스파라긴과 당의 갈변반응으로 아크릴아미드가 생성되고 가열시간에 비례하여 생성량이 증가한다. 프렌치프라이, 포테이토칩, 감자스낵류, 시리얼, 빵류, 건빵, 비스킷, 누룽지 등에서 발견되었지만 120℃ 이하에서 습열조리 시 생성되지 않는다.

WHO에서는 음용수 기준으로 아크릴아미드 함량을 0.5μg/L (ppb) 이하로 규정하고, 우리나라는 식품 중 아크릴아미드 안전성 평가와 식품업계의 실현 가능성 기술을 토

> **우리나라 식품의 아크릴아미드 함량과 저감화 노력**
>
> 식품의약품안전처에서 조사한 아크릴아미드 양은 기존 외국 발표 함량과 거의 비슷하다. 즉 감자칩류 598~1,709ppb, 프렌치프라이 341~1,896ppb, 건빵류 854~1,081ppb이고, 비스킷, 시리얼, 커피, 빵류, 초콜릿 등에서는 소량이, 생감자와 밥에서는 검출되지 않았다. 식품의약품안전처에서 제시한 조리나 가공 시 아크릴아미드 저감화방법은 다음과 같다.
>
> 생감자는 환원당 증가를 억제하도록 냉장 저장을 피하고 8℃ 이상의 냉암소에서 보관하며, 감자 조리 전에는 박피한 후 15~20분간 침수 및 건조시켜 사용한다. 감자를 함유한 식육 가공품은 식중독 유발 미생물을 사멸시키도록 충분히 가열하되 고온에서 장시간 조리는 피한다. 또한 가정에서는 튀기거나 기름진 식품의 섭취를 줄이고 습열조리(찌거나 삶는 것) 식품을 섭취하며, 감자는 갈색으로 변하지 않도록 조리한다(튀김온도는 160℃ 이하, 가정용 오븐은 200℃ 이하).

대로 1ppm 이하를 안전목표치로 설정하고 있다. 조리나 가공조건에 따라 생성량이 다르므로 특정 식품의 섭취량 권고가 어렵지만 제조공정과 원료의 저장온도를 개선함으로써 계속적으로 아크릴아미드 저감화(1ppm 이하)를 위한 노력을 하고 있다.

(4) 아크롤레인

아크롤레인(아크릴알데히드, 알릴알데히드, 프로펜알)은 무색의 액체인 불포화알데히드로 공기 중에서도 쉽게 산화하여 아크릴산으로 되며, 장기 보존하면 중합하여 수지상樹脂狀 물질로 변한다. 이 물질은 DNA 변이 초래, 세포의 수복능력 감소, 종양억제 유전자와의 결합으로 발암성을 제공하는 '인체발암물질(그룹 1)'로, PAH보다 10,000배 더 강력하다.

폐암 발병의 강력한 인자 중 하나인 아크롤레인은 담배나 가솔린이 연소하여 생성되는 매연에 많다. 또한 발연점 이상의 식용유 증기에도 존재하는데, 이는 튀김음식을 다소비하는 중국의 비흡연 여성에게 비흡연성 폐암이 많고 기름요리를 많이 먹지 않는 인도나 방글라데시 여성에게는 발병이 적은 이유를 설명한다. 고온에서 가열한 식용유를 반복 사용하면 탄 연기가 나는데, 이는 열처리에 의해 지질 성분이 다량의 글리세롤로 가수분해된 후 물 두 분자가 탈수되면서 발연점이 낮아지고 코와 호흡기에 매우 자극적인 냄새와 맛을 가진 아크롤레인이 생성된다. 또한 기름을 다량 흡수한 음식을 공기 중에 오랫동안 노출시켜도 아크롤레인이 생성된다. 따라서 식용유는 되도록 건냉암소에 보관하고 기름 산패를 억제하기 위해 소량의 환원제(폴리페놀류 등 항산화제)를 첨가한 신선한 기름을 사용하며 튀긴 음식은 바로 먹는 것이 좋다.

(5) 벤젠

원유의 성분으로 휘발성 탄화수소인 벤젠은 '인체발암물질(그룹 1)'로 분류되는 신종 유해물질이다(국제암연구소). 벤젠은 가정 내 여러 유류 제품, 자동차, 산업현장, 연료나 기름의 저장, 폐기물에서 발생하여 대기 중으로 퍼지거나 수계水界로 방출되어 지하수나 하천을 오염시키는데, 대부분 호흡을 통하여 인체 내로 흡입되고 식품에 의한 흡수는 드물다. '웰빙' 트렌드에 따라 소비가 증가되는 비타민 C 음료는 보존제로 안식향산나트륨(벤조산나트륨)을 첨가하여 저장기간을 연장한다. 이때 비타민 C가 식품 속에 미량 함유된 철, 구리 등과 함께 존재하면 안식향산나트륨의 구조가 벤젠으로 전환되고, 보관상태, 안식향산나트륨, 비타민 C 함량에 따라 벤젠 생성량이 달라진다(미 FDA, 2006). 생성된 벤젠은 뚜껑 등으로 밀봉되어 휘발하지 못하고 음료에 잔류하여 체내로 이행된다. 식품의약품안전처에서 여러 비타민 C 음료(과실채소, 인삼홍삼, 탄산 및 혼합음료)를 수거하여 벤젠 함량 실태를 조사한 결과 대부분의 제품에서 WHO 및 우리나라 음용수 기준인 10ppb 이하인 안전한 수준이었고, 그 이상인 경우 폐기처분하도록 생산업자들을 관리하고 있다.

3) 저장(유통)과정 중 생성

(1) 과산화물

유지 산패는 ① 리파아제에 의한 가수분해적 산패, ② 공기 중 산소에 의한 산화적 산패, ③ 고온에 의한 가열산화 산패의 세 가지로 나뉜다. 그중 산화적 산패가 가장 유해한 산패로, 식품 저장이나 유통 중 일정기간 유도기가 경과되면 지질이 열, 빛에너지, 금속 등에 의해 과산화물 라디칼을 거쳐 과산화물로 변한다. 과산화물은 불안정하여 저분자량을 가진 카르보닐화합물(알코올, 알데히드, 케톤)로 분해하여 불쾌한 맛과 냄새물질을 유발하거나 서로 결합하여 중합체를 형성하여 지질의 점도를 증가시킨다. 이 반응은 이중결합을 가진 불포화지방산에서 더 활발하고, 상온과 저 농도의 산소만 있어도 연쇄적으로 진행된다(자동산화과정).

생성된 과산화물은 생체 내 각종 단백질이나 효소 활성 저해, 생체막 이상 초래 및 DNA 간 가교결합에 의한 리포푸신(노화물질로 알려진 지방분해산물) 형성으로 동맥경화 유발, 발암의 성장적 단계에서 활성인자 기능 및 식중독을 유발한다. 과거 일본에서 변질된 라면의 섭취 후 메스꺼움, 구토, 설사 등 식중독이 빈번하게 발생했다.

식품에 생성된 과산화물은 산가AV, 과산화물가POV, TBA가를 이용하여 측정한다.

(2) 에틸카바메이트

장수식품으로 알려진 발효식품(미소, 낫토, 치즈, 요구르트, 김치, 간장)과 주류(와인, 청주, 위스키)의 발효과정 중 생성된 에탄올이 식품 내 전구체 성분과 반응하면 자연적으로 에틸카바메이트가 생성된다. 이것이 계속해서 비닐 카바메이트 에폭시드 형태로 전환되어 발암성을 나타내는데 씨가 있는 과일(자두, 복숭아, 체리 등)을 이용한 식품에서 많이 발생한다. 식품 중 아르기닌(아미노산)이 미생물(*Lactobacillus hilgardii*)과 여러 효소(arginine deaminase, ornithine transcarbamylase, carbamate kinase)작용에 의해 시트룰린, 카바밀 포스페이트 또는 요소 등의 전구체 물질로 전환된다. 에틸카바메이트는 1970년대 처음 발견된 후 국제암연구소에서 '발암가능물질(그룹 2B)'로 분류하였다. 생체가 에틸카바메이트에 일정 농도 이상 단기간이라도 노출되면 구토, 의식불명, 출혈, 신장과 간 손상을 유발한다.

발효식품이나 주류 소비가 많으면 에틸카바메이트에 대한 노출 기회가 많아진다.

에틸카바메이트 섭취량과 위해성

식품의약품안전처(2005)에서 에틸카바메이트 섭취량과 발암성과의 상관관계를 조사하기 위해 김치류 5종(배추김치, 깍두기, 총각김치, 동치미, 나박김치), 주류 7종(맥주, 소주, 위스키, 막걸리, 매실주, 와인, 청주), 장류 5종(된장, 고추장, 재래식간장, 일식간장, 쌈장), 발효유 제품(호상·액상 요구르트, 치즈) 3종 등 총 20종의 식품류를 모니터링한 결과 김치 1종(배추김치), 장류 2종(된장, 일식간장), 주류 7종(매실주, 맥주, 소주, 막걸리, 청주, 위스키, 와인)에서 안전한 수준(3.0×10^{-7}g/day)의 에틸카바메이트가 검출되었다. 이 조사에서 한국인은 3.11~5.63μg/kg/day(전국평균 4.50μg/kg/day)의 에틸카바메이트를 섭취하고 있었고 배추김치와 일식 간장에 의한 영향이 가장 컸지만, 김치는 숙성되는 동안 생성된 에틸카바메이트가 자연적으로 소멸되는 것으로 밝혀졌다.

따라서 기호식품으로 점차 소비가 늘어나는 일부 저알코올성 발효식품(와인 등)에서 에틸카바메이트의 저감화 노력은 반드시 필요하다. 식품의약품안전처가 정한 규격은 다른 과일이 포함되지 않은 순수 포도주(15% 미만의 알코올 도수)의 에틸카바메이트 함량은 30㎍/kg 이하이다(2008).

(3) 바이오제닉아민

어류, 육류, 콩류 등 단백질 함유식품은 발효, 숙성 또는 부패되는 과정에서 단백질 분해효소에 의해 바이오제닉아민이 생성되는데, 일부는 유독하므로 부패 정도를 설명하는 지표로도 사용된다(식품의약품안전처, 2008). 유해 정도는 알레르기 유발, 혈관 수축, 신경계 자극, 대사과정이상, 발암 가능성으로 나타난다. 1960년대 치즈 섭취자 중 일부에서 갑작스러운 편두통, 혈압 상승, 혈관 수축으로 설명되는 치즈반응cheese reaction 증상이 보고된 이후 연구를 통해 타이로신(아미노산)이 탈탄산 반응하여 티라민(아민)으로 전환되었음을 밝혔다. 그 외 히스타민(히스티딘), 트립타민(트립토판)도 아미노산이 탈탄산반응하여 생성된 알레르기 유발물질이다(괄호 안은 원료 아미노산). 이러한 현상은 치즈 외에도 부패한 동물 조직, 맥각, 초콜릿, 맥주, 와인, 요구르트 등에서도 발생한다(식품첨가물용어집).

우리나라 전통 장류도 누룩곰팡이가 메주를 이용해 단백질을 만드는데 발효과정 중 다양한 잡균의 번식으로 유해한 히스타민을 생성하므로 안전성 문제가 대두된다. 재래식 된장이 개량식 된장보다 히스타민 함량이 훨씬 높다고 보고되었다. 현재 우리나라에서는 장류식품의 히스타민 규격을 500ppm 이하로 규정하고 있다(식품의약품안전처). 따라서 유해 바이오제닉아민 저감화를 위해서는 우수한 원료물질의 선별 및 살균, 발효나 숙성 조건(시간, 온도, pH, 공정) 관리, 최소의 효소반응을 갖는 스타터starter 사용, 청결한 환경 유지 및 위생관리 등을 운영하여 안전한 식품 제조에 노력해야 한다.

7

CHAPTER

환경유해물질

1. 방사성 동위원소 물질 | 2. 내분비계 장애물질

학습목표

환경오염(공해)이란 인간의 삶과 연관된 활동에 의해 자연환경과 생활환경이 오염 또는 손상되어 생태계를 파괴하고 궁극적으로 인간 생활 전반에 해로운 영향을 미치는 현상을 말한다. 자연계는 손상 정도가 적으면 자정작용으로 대두분 복구되지만, 인위적이고 무분별한 개발로 생활폐수나 오염물질이 배출되고 생태계가 파괴되는 엄청난 손상을 입히고 있어 결과적으로 우리 생활에 심각한 피해를 주고 있다.

본 장에서는 외인성 오염원에 의한 화학적 식중독 중 환경 및 수질오염에 의한 식중독을 설명한다. 이에는 유해 유기화합물, 방사성 동위원소 및 내분비계 장애물질에 의한 오염이 포함되는데 일부 유해 유기화합물(다이옥신, PCB, DDT, 프탈레이트)은 내분비계 장애물질로도 포함되어 본 장에서도 다룬다.

표 7-1 | 환경 및 수질오염의 영역

환경유해물질의 영역	구분	원인 물질
유해 유기화합물	유기금속(중금속)	Hg, Cd, As, Pb 등
	유기염소물	PCB, 다이옥신
	농약	유기염소, 유기수은, 유기인제
방사성 동위원소 물질	핵분열물질	Sr-90, Cs-137, I-131 등
내분비계 장애(교란)물질	환경호르몬	다이옥신, 비스페놀 A, DDT, PCB, TBT 등

1. 방사성 동위원소 물질

1) 인체에 미치는 방사성 핵종

원폭실험의 방사성 낙진이나 핵연료 처리에 의한 폐기물에는 방사성 물질이 함유되어 환경오염의 위험성을 제공한다. 이 사실은 1954년 태평양 비키니섬 핵폭발실험, 1979년 미국 스리마일섬 원자로 2호기 용융사고, 1986년 소련 체르노빌 원자로 방사능 누출(세계 최대 참사 사건), 2011년 일본 후쿠시마 원전 사고로 확인되었다. 누출된 방사능은 대기에 머무르다가 식수나 농·수·축산물 경로를 통해 인체의 각종 표적 장기에 전리방사선을 가진 방사성 동위원소를 축적한다.

핵분열 실험을 통해 인체에 가장 위험하고 빈번한 핵분열을 하는 물질은 Cs-137과 Sr-90으로, 물리적 반감기는 상당히 길어 각각 30.17년과 29.1년이다. Sr-89와 I-131은 반감기가 짧아 각각 50.52일과 8.04일이지만 피폭 초기에 생성량이 많아 표적 장기에 축적되면 전리방사선을 방출하므로 인체에 해롭다.

오염된 방사성 동위원소(핵종)에 따른 전리방사선의 종류와 인체의 표적 장기는 표 7-2와 같다. 방사성 핵종의 인체에 대한 위험성은 핵종 자체의 물리적 반감기 외에도 생물학적 반감기까지 고려한 유효반감기로 설명한다. 인체에 가장 위험한 Sr-90은 물리적·생물학적 반감기를 모두 고려하여 인체는 35년, 뼈는 50년의 유효반감기를 가지는데 그 기간 인체 내에서 칼슘처럼 뼈에 침착·축적되므로 배출이 안 되고, β선 방출에 의한 골수세포 파괴와 조혈기능 저하로 백혈병이나 골수암을 유발한다. Cs-137은

전리방사선의 종류

전리방사선의 종류는 α입자, β선, γ선이 있다. 헬륨He의 원자핵인 α입자는 전리작용이 약하여 종이도 뚫지 못하고, 고속전자선인 β선은 α입자보다 전리작용이 강하지만 알루미늄판을 투과하지 못해 부피가 작은 식품이나 식품 표면을 처리할 때 사용한다. 식품조사에서는 주로 γ선을 사용한다. 원자로 안에서 코발트(Co-59)에 중성자를 충돌시키면 동위원소인 Co-60(반감기 5.3년)이 생성되고 이로부터 γ선이 발생한다. X선처럼 γ선은 투과력이 매우 좋아 0.9cm 두께의 납 덩어리나 10.3cm의 수분층을 투과할 수 있다. 전리방사선의 투과력이 클수록 장기간 방사선에 노출되는 식품이나 인체에 대한 손상도도 상승하므로 주의하여야 한다.

핵폭발보다는 주로 핵연료 재처리 시 발생하는 폐수에 많은데, 물리적 반감기기 길어 장시간 저장하면 Sr-90과 더불어 방사능 오염을 유발하는 위험한 핵종이다. 인체의 표적 장기는 근육 외에도 체세포와 생식세포도 해당된다.

표 7-2 | 방사성 동위원소별 전리방사선의 종류 및 인체의 표적 장기

방사성 동위원소	전리 방사선	인체 표적 장기	방사성 동위원소	전리 방사선	인체 표적 장기
코발트(Co-60)	β, γ	췌장	스트론튬(Sr-89)	β	뼈
지르코늄(Zr-95)	β, γ	소화관	스트론튬(Sr-90)	β	뼈(골수암)
요오드(I-131)	β, γ	갑상샘	철(Fe-55, Fe-59)	β	혈액
세슘(Cs-137)	β, γ	근육	황(S-35)	β	피부
루테늄(Ru-106)	β	소화관, 신장	라돈(Ra-226)	α	뼈
세륨(Ce-144)	β	뼈	플루토늄(Pu-239)	α	뼈

2) 식품의 방사능 오염

핵분열이나 핵연료 처리로 공중으로 분산된 방사능 핵종은 대기로부터 강우(비), 먼지, 공기를 통해 지표면으로 강하하여 식수나 식품으로 이동된 후 인체로 유입된다.

식수는 강우나 먼지 속의 방사능 핵종으로 오염되는데 오랜 가뭄 후 내리는 강우에는 방사능 핵종의 농도가 높아 식수로 부적합하다. 강우는 모아 두면 일부 방사능이 가라앉아 농도가 줄어드는데 Cs-137이 Sr-90보다 많이 감소된다. 상수도는 처리과정 중 정화되어 상당량의 핵종이 제거되지만, 우물물은 반드시 뚜껑을 덮어 방사능 물질이

접촉하지 못하도록 한다.

곡물, 과일, 채소류와 같은 농작물은 방사능물질이 직접 식물의 표면에 접촉하거나 토양을 통해 뿌리로도 흡수된다. 따라서 수확한 농작물은 충분히 세척하여 방사성 핵종을 제거한다. 관계되는 핵종은 Cs-137과 Sr-90으로 전자는 주로 식물 표면에 흡수되어 이동되고, 후자는 주로 뿌리 쪽으로 흡수되므로 체내 이동이 덜 되는 편이다.

축산물은 가축이 먹은 식수나 사료에서 오염되는데, 관계되는 방사성 핵종은 I-131이다. 핵폭발 직후 오염된 사료를 섭취한 젖소에서 짜낸 우유를 마신 사람의 체내에서 I-131가 발견되기도 한다. 다행히 이 우유를 가공한 분유는 소비 전까지 시간이 경과되고 반감기는 짧아 핵종이 발견될 가능성이 희박하다. 그 외 해당 방사능 핵종은 Sr-89, Sr-90, Cs-137이 있다.

수생동식물은 방사성 낙하물 외에도 원자력 시설에서 핵처리 후 방출하는 방류수에 의해서도 영향을 받는다. 관계되는 핵종은 Fe-55, Fe-59, Co-60, Zn-65, Zn-68, Zr-95, Ru-106 등이다. 방사능물질이 아가미나 어류 표면에 흡착하거나 먹이사슬에 의해 오염된 플랑크톤을 어류가 섭취하면 생물 농축과정을 통해 인체를 오염시킨다. 담수어가 해수어에 비해 방사능 오염 정도가 훨씬 더 심하고 일부 어류(다랑어)는 내장기관이 가식부인 육질보다 더 농축되어 있다고 보고되었다.

2. 내분비계 장애물질

(생체) 호르몬이란 다양한 세포로 구성된 생체의 내분비기관에서 수용체로 분비되고 신호나 정보를 전달하여 생체가 항상성homeostasis을 유지하도록 생리활성을 조절하는 물질이다. 이에 비해 환경호르몬은 모방이나 봉쇄 등의 작용기전으로 생체 호르몬이 수용체와 결합하지 못하도록 하거나 신호전달을 방해하여 생체 내 내분비계를 교란시키고 비정상적인 생체반응을 유도하는 내분비계 장애(교란)물질endocrine disruptor(ED), endocrine disrupting chemicals(EDC)이다.

환경호르몬은 무분별한 산업활동으로 환경에 방출된 유해물질 중의 하나이다. 극소량으로도 생체 호르몬 분비를 교란시켜 생식 및 성장 장애, 기형과 발암의 위험성을 증대시키는 외인성 물질로, 대부분 지용성이므로 생체의 지방조직에 축적된다. 여기에는 DDT 등 농약류, 비스페놀 A 및 다이옥신류(다이옥신계, 퓨란계, PCB), 프탈레이트, TBT, 스티렌 이성체 등이 포함된다. 현재까지 세계야생동물보호기금WWF에서는 67종, 일본 후생성은 143종, 미국 환경청EPA은 73종, 미국 질병통제센터CDC는 48종의 화학물질을 환경호르몬으로 규정하며, 우리나라는 WWF의 분류를 따른다.

환경호르몬의 종류

환경호르몬ED은 약물성, 자연성, 환경성으로 분류한다. 유산 방지용 합성 호르몬 제제인 DES는 대표적인 약물성 ED이고, 콩류, 사과, 딸기, 클로버 등에 함유된 식물에스트로겐은 자연성 ED이다. 생체 호르몬과 유사한 구조를 가진 환경성 ED는 정상적인 생체 호르몬 기능을 교란시키므로 위해도가 가장 높고, 주로 산업 활동 결과물질로 다이옥신, 비스페놀 A, DDT, PCB, DEHA, 농약, TBT 등이 여기에 속한다.

1) 다이옥신(류)

동물실험에서 기형이나 암을 유발하므로 국제암연구소에서 '인체발암물질(그룹 1)'로 분류하고 있는 다이옥신은 고엽제를 사용한 베트남전 참전병사들이 호소한 고통과 건강이상으로부터 사회적 주목을 받게 되었다. 다이옥신은 시안산(청산가리)의 1만 배 이상 독성을 나타내고, 1g으로 성인(체중 60kg 기준) 2만 명을 죽일 수 있는 인류가 만든 최악의 유독물질이다.

흔히 자연환경에 노출된 다이옥신은 비슷한 특성과 독성을 가진 모든 다이옥신류와 다이옥신 유사화합물을 총칭한다. 다이옥신류는 세 개의 고리와 1~8개의 염소chlorine가 있는 방향족 화합물로, 가운데 고리에 산소원자가 두 개인 다이옥신계 화합물(PCDD 또는 CDD)과 산소원자가 하나인 퓨란계 화합물(PCDF 또는 CDF)이 있는데, PCDD계의 이성질체는 75개, PCDF계는 135개의 이성질체를 가지므로 이론적으로 총 210개의 이성질체가 존재한다.

다이옥신류와 분자구조가 유사하지만 염소 대신 브롬(Br)이 결합된 다이옥신 유사물질은 폴리염화비페닐(PCB), 가운데 고리에 산소 원자가 두 개인 PBDD 또는 BDD, 산소원자가 하나인 퓨란계 PBDF 또는 BDF 등이 있다. 다이옥신류와 마찬가지로 PBDD

는 75개의 이성질체가, PBDF는 135개의 이성질체가 있다. 이러한 모든 물질을 합쳐 다이옥신이라고 부르는데, 그중 염소가 네 개 있는 TCDD가 가장 맹독성으로 여러 물질과의 혼합물로 존재한다.

다이옥신류가 환경으로 배출되는 경로는 화학제품의 열분해, 산업현장의 부산물(PCB를 함유한 전기제품, 생활폐기물, 산업폐기물(유해 폐기물), 병원 배출물, 하수 슬러지)의 소각(또는 화재), 금속처리 공정, 펄프나 제지공장의 배출수, 자동차 배기가스 에서 주로 생성되고, 산불, 번개, 화산폭발과 같은 자연현상에 의해서도 일부 생성된다. 다이옥신의 폐해를 줄이기 위해서는 생성량을 억제하는 것이 무엇보다도 중요하다. 산업현장에서 다이옥신 배출량을 줄이고 특히 주 발생원으로 알려진 소각장에서 피복전선이나 페인트를 태울 때 다이옥신의 배출이 많아지므로 배출량 외에도 태우는 물질의 성분을 점검해야 한다.

환경이나 배출원에서 생성되어 연기에 함유된 다이옥신은 대기로 확산되어 토양으로 가라앉거나 폐수나 유출수로 배출되어 용존상태로 퇴적물에 흡착된다. 또한 고온(700℃), 미생물, 산·알칼리에 대해서 매우 안정하고, 먼지·재·토양 등과 흡착이 잘되어 난분리성이고, 난분해성으로 인해 잔류가 잘된다. 더욱이 지용성으로 인해 생물 농축되어 어패류나 육류의 지방조직에 많이 함유되고 먹이사슬(식품)로 인체에 들어오면 배설되지 않고 축적되어 약 7년의 생체반감기를 갖는다. 다이옥신은 맹독성의 지속성 유기(염소)오염물질persistent organic pollutants, POP로 소량이라도 장기간 연속적으로 인체에 유입되면 질병을 유발한다. 그러나 다이옥신은 강산화제와 310nm의 자외선에 의해 급속하게 분해된다.

다이옥신에 의한 수산물 내분비계 오염 실태조사

해양수산부(2007)가 발표한 '수산물 내분비계 오염 실태조사'에 따르면 다소비 수산물 35종의 다이옥신류 오염도(잔류 농도)는 갈치 1g당 4.625pg, 다랑어(참치) 4.214pg, 갯장어 4.130pg이었고 간이나 내장에 더 많았다. 이로써 개인별 차이가 있으나 수산물을 선호하는 소비자들은 그렇지 않은 소비자들에 비해 훨씬 더 많은 다이옥신류를 섭취할 것으로 예상된다. 예를 들어 체중 60kg의 성인이 식사 중 갈치 또는 참치 한 토막(50g, 내장 포함)만 먹어도 다이옥신류 허용량을 섭취하게 되고 이때 여러 종류의 수산물이면 허용량을 쉽게 초과하여 섭취하게 된다.

2) 폴리염화비페닐

다이옥신유사화합물인 폴리염화비페닐polychlorinated biphenyl, PCB도 유해 유기염소화합물이다. PCB는 209개의 이성질체가 있는데, 그중 12개가 다이옥신류와 비슷한 독성을 나타낸다. 일찍부터 화장품, 도료, 비카본 복사용지, 살충제 등의 코팅제나 우수한 전기절연성으로 변압기나 전기제품 등 다양한 분야에 널리 사용되어 왔으나, PCB의 카네미 미강유 혼입(1968, 일본)과 가축사료오염(1999, 벨기에, 36조 원 피해) 사건 등으로 그 폐해가 널리 알려졌다. 카네미 미강유의 PCB 혼입은 PCB 외에도 유독한 PCDD와 PCD가 같이 작용하여 상당한 위해를 나타내었다. 그 후 생식기관이나 내분비계의 장애, 면역기능 저하 등을 일으키는 원인물질로 알려져 1970년대 후반부터 많은 나라에서 사용이 금지되었고, 잔류성 유기오염물질의 관리에 관한 스톡홀름협약(2004. 5)을 통해 각 국가로 하여금 2025년까지 PCB를 함유한 각종 장치를 확인하고 제거하도록 하여 우리나라를 포함한 151개국이 서명하였다.

PCB는 환경을 오염시키는 환경성 내분비계 장애물질이다. 작용기전은 에스트로겐 수용체가 PCB를 에스트로겐으로 인식하여(모방 기전) PCB와 결합한다. 따라서 PCB가 많을수록 활성화되어 세포에 과도하게 작용하므로 생체에 유해하다.

PCB는 수질오염(폐수, 방류수, 강우), 대기오염(소각 및 각종 배기가스), 오염된 식품 및 식품의 포장·용기 등에서 먹이사슬을 통해 생체나 인체로 유입된다. 수질오염을 통해 하류 개체에서 잔류한 PCB가 먹이사슬을 거쳐 어패류와 같은 상위개체로 이행되면서 생물체(조류, 수생동물)에 축적되어 고농도로 발견되므로 어패류의 PCB 농축은 매우 중요한 의미를 갖는다. 「식품공전」(2014)에서는 어류의 PCB 농도는 0.3mg/kg 이하, 「환

PCB의 환경오염 및 생태계 교란 사례

PCB가 생태계에 미친 영향은 주로 생식과 발육에 관련된 행동이상이나 선천성 기형을 유발하는 것으로 많이 보고되었다. 예를 들어, PCB에 오염된 갈매기(미국의 5대호, 우리나라의 낙동강 주변)에서 수컷의 난관 발달, 생식능력의 변화, 부화율 감소, 면역능력 감소, 갑상샘 비대 및 부리의 기형이 나타났다. 포유류인 바다표범은 생식이상 및 갑상샘 기능 저하, 돌고래는 개체 수 감소 및 면역능력 저하, 미국산 표범에서는 발육과 수컷 생식기의 암컷화 등 생식 관련 사례가 많았다.

> **우리나라 PCB 관리**
>
> 우리나라는 PCB의 여러 장점(불용성, 우수한 절연성 및 불연성 등)으로 인해 과거 전량 수입하여 변압기의 절연유나 각종 전기제품에 많이 사용해 왔으나, 환경오염의 위험성 때문에 1983년부터 수입을 금지하였다. 현행 「유해 화학물질관리법」에는 50ppm 이상 PCB를 함유한 물질의 제조·수입·사용을 금지하고 있으나, 국내에서는 아직까지 PCB가 함유된 절연유를 이용한 변압기가 남아 있는 실정이다. 따라서 환경부, 보건복지부, 산업통상자원부 등 관계 부처, 16개 시·도, 한국전기안전공사 등 관계 기관과 합동으로 전국을 대상으로 변압기 내 PCB 함유 여부 및 농도에 대한 국가목록을 구축(2005. 6~2007)하였고, 관리실태 등 정확한 현황을 파악하여 50ppm 이상 PCB를 함유한 변압기에 인식표를 부착하는 등 2015년까지 완전히 폐기함으로써 PCB를 국내에서 근절할 계획이다.

경보존법」에서는 폐수나 방류수의 PCB 농도는 0.003ppm(mg/L) 이하로 규제하고 있다. 때론 재생지를 이용한 식품용기나 포장재인 경우 폐지 중 잉크로부터 또는 포장기계나 설비에서 PCB가 식품으로 이행되기도 한다.

3) 비스페놀 A

1891년 러시아의 디아닌A. P. Dianin에 의해 처음 합성된 대칭형 구조의 비스페놀 A[2, 2-bis(4-hydroxyphenyl)propane, $(C_6H_5OH)_2C(CH_3)_2$]는 폴리카보네이트PC 수지나 에폭시 수지의 원료로 사용되는 등 경이로운 플라스틱으로 알려져 왔다.

비스페놀 A가 내분비계 장애물질임을 최초로 보여 준 실험으로 1938년 도드Dodd 등이 무난소 쥐에게 비스페놀 A를 주사하였는데 그 쥐에게서 에스트로겐 활성과 유사한 반응이 나타났다. 이는 생체로 이행된 비스페놀 A가 에스트로겐과 유사한 구조를 가져(모방 기전) 활성화된 호르몬 수용체와 결합하여 내분비 교란을 일으킬 수 있는 환경호르몬임을 말해 준다. 여러 연구를 통해 비스페놀 A에 의해 쥐에게 초기 단계의 유방암과 전립샘암 유발, 비테로게닌(암컷 호르몬)의 생성으로 인한 수컷의 암컷화, 성조숙증 등이 나타나 이로써 인체에서도 정자수 감소나 여성화 유발 가능성을 제시하였다. 또한 사용 금지된 DES와 마찬가지로 비스페놀 A가 초기 증상의 생식기 암, 자궁근종, 난소포낭 등을 유발하였고, 아주 소량이라도 신경발달에 문제를 야기할 수 있음을 보여 주었다.

그러나 플라스틱 제조업자들은 오랫동안 비스페놀 A가 안전하다고 주장해 온 반면,

전 세계적으로 행해진 수많은 연구는 90% 이상이 위험하다는 상반된 결과를 보이는 등 아직도 논란이 끊이지 않고 있다. 국내 연안 및 강 하구의 퇴적물, 어류 또는 캔 음료에서 환경호르몬이 검출되는 여러 정황이나 연구결과를 종합해 볼 때 비스페놀 A가 내분비계를 교란시킬 가능성이 높은 물질임에는 틀림없다. 이와 같이 비스페놀 A의 안전성이 확실치 않으므로 특히 영유아 또는 어린이들은 이 성분이 함유된 제품과 될 수 있는 대로 접촉하지 말아야 한다. 이를 위해 가급적 플라스틱 제품 대신 대체품을 사용하고 플라스틱 용기(식기)에 식품을 담아 전자레인지에 조리하는 것을 삼가며, 영유아용 플라스틱 재질 젖병이나 장난감의 입을 통한 접촉을 자제한다. 또한 손을 자주 씻어 비스페놀 A의 체내 이행을 최소화한다.

비스페놀 A를 원료로 한 합성수지제

견고성, 투명성, 내열성을 가진 폴리카보네이트(PC) 수지는 FDA에서 금세기 최고의 신소재로 인정하여 영유아 젖병이나 식품용 기구류(생수병, 접시, 컵, 비커, 전자레인지용/집단급식용 도구, 유리대용품), CD, 치과충진물 등에 널리 사용되고 있다. 그러나 PC 용기에 액상식품을 넣고 가열하거나 낡은 용기에 음식을 계속 담아 두면 비스페놀 A가 음식으로 이행될 수 있으므로 우리의 탕 문화에서는 비스페놀 A의 용출 위험성이 커질 수 있다.

에폭시 수지는 기계적·화학적 물성이 뛰어나 부식방지용(캔이나 금속 뚜껑 이음새의 내부코팅제, 지장탱크나 저장고의 코팅제), 접착제(목재, 금속, 시멘트, 플라스틱 등 거의 모든 물질), 도장용 도료(공장이나 주차장의 녹색, 청회색 바닥), 플라스틱 장식물용(스티커, 열쇠고리, 핸드폰줄 등)에 쓰인다. 이 중 통조림을 고온에서 보온 또는 재가열 처리 시 캔 내부의 이음새 부분에서 비스페놀 A가 용출될 수 있으므로 주의하여야 한다.

그러나 식품의약품안전처에서 시행한 183개 통조림제품 조사에 의하면, 식품으로 이행되는 비스페놀 A 양이 인체 안전기준치(TDI)에 도달하려면 성인(60kg 기준)이 하루 176캔씩 먹어야 할 정도로 극미량이고, 체내에서 신속히 대사되므로 인체에 유해하지 않다고 발표하였다(2014). PC 수지나 에폭시 수지 모두 비스페놀 A가 기본 중합체이므로 「식품용 기구 및 용기포장 공전」(2014)에서는 용출규격(mg/L)으로 비스페놀 A(페놀, 비스페놀 A 및 *p*-터셔리부틸페놀의 합계)는 2.5 이하(다만 비스페놀 A는 0.6 이하)로 규정짓고 있다.

4) 알킬페놀류

알킬페놀류alkylphenols는 페놀의 벤젠고리에 알킬그룹이 결합되어 있는 고분자화합물로 이 중 4-펜틸페놀pentyl phenol, 4-옥틸페놀octyl phenol, 노닐페놀nonyl phenol이 있다. 노닐페놀은 현재 25% 이상 함유된 제품 형태로 수입되어 계면활성제(60%, 공업용 또는 가정용 세제와 섬유유연제용), 에폭시 수지의 안정제 및 페인트첨가제(12%), 산업용 동박적층판(9%), 잉크바인더(5%), 살충·제초제용 농약(2%) 및 기타(12%)로 사용된다.

1930년대 이미 노닐페놀(노닐페놀 에톡시레이트 포함)이 생체 내에서 에스트로겐 유사체로 작용한다는 사실이 밝혀졌고, 1980년 후반에는 영국에서 암수 구분이 어려운 송어가 발견되었으며, PS 수지로 된 시험관에서 노닐페놀이 분비되고 이로 인해 유방세포를 급격히 증식시킨다고 확인되면서 노닐페놀을 포함한 탄소수가 5~9개를 가진 알킬페놀은 WWF 및 EPA 등에서 내분비계 장애 추정물질로 분류하였다. 또 노닐페닐에 장기간 노출 시 정자수 감소, 기형아 출산, 성조숙증 등의 생식 독성을 유발할 수 있다고 보고되었다.

식품의약품안전처 조사(2007)에 따르면, 모든 식품, 기구, 용기 및 포장류에서 4-펜틸페놀과 4-옥틸페놀은 검출되지 않았고 노닐페놀만 검출되었는데 이 물질도 PVC 수지에서만 검출되었고(0~2,112ppm), 다른 합성수지(AS, PE, PP, PS, PET, PVDC)에서는 불검출이었다. 또한 7건의 PVC 랩 중 1건에서만 미량(39.8ppm)으로 검출되었고, 음료 등 병마개에 사용되는 개스킷(5건)에서는 알킬페놀류가 검출되지 않았다. 특이하게도 노닐페놀이 식품 용기나 포장류에서는 불검출이지만 해당 용기나 포장류에 함유된 식품에는 미량 잔류하는 것으로 나타났다. 이는 노닐페놀이 식품과 용기·포장의 직접 접촉에 기인하는 이유 외에도 식품의 생물농축기전에 따른 오염, 식품 제조용수의 오염, 식품 제조설비의 오염, 세제를 통한 오염 등 다양한 원인에 의해 잔류할 가능성을 보여준다고 할 수 있다.

표 7-3 | 식품 내 노닐페놀 함량(mg/kg, ppm)

식품류	노닐페놀 함량	식품류	노닐페놀 함량
식용유	0.08	어묵류	0.06~1.74
양념류	0.02~0.06	일반식품류	0.01~0.34
빵류	0.07	잼류	0.01~0.03
치즈류	0.05~0.06	음료류	0.01~0.14
다류	0.01~1.26	이유식류	0.01~0.08
냉동식품류	0.06~0.17		

자료: 식품의약품안전처, 2007

노닐페놀의 기준설정 및 응용

1930년대에 처음 시판된 노닐페놀(알킬페놀류)은 환경에 유입되면 저분해성과 고농축성으로 대기보다는 수중, 토양 및 생태계에 축적되어 인체에 악영향을 미친다고 알려졌다.

우리나라에서는 노닐페닐이 「식품위생법」(보건복지부)에는 식품 및 식품첨가물로서 사용을 금하고 있지만, 「식품용 기구 및 용기포장 공전」에는 알킬페놀류 기준이 미설정되어 있다. 반면 「공중위생법」(환경부)에는 노닐페놀이 가정용 세제나 잉크용 바인더에 함유되어서는 안 되도록 규정하고 있고, 2013년 9월부터는 어린이용 장난감이나 문구류에 4종의 환경호르몬[노닐페놀, TBT, 프탈레이트 계열(DNOP, DINP)] 사용을 제한하고 있다. EU도 합성수지 원료물질 및 첨가제, 세척제, 화장품에 노닐페놀을 함유하지 못하도록 규정하고 있다.

합성수지제는 식품과 접촉하는 기구, 용기 및 포장용으로 사용될 때 그 안전성이 매우 중요하므로 일반 소비자들은 식품용 PVC 랩을 반드시 구매해야 하고, 국가는 인체에 영향을 미치는 알킬페놀류에 대한 기준 및 규격을 신속히 설정해야 한다.

5) DDT

사용이 금지된 DDTdichloro diphenyl trichloroethane는 상온에서 무색 무취이고 빛과 공기에 안정한 지용성 입자이다. 저렴하면서 합성이 쉬워 대량생산이 가능하고 살포하기도 쉽다. 그러나 반감기가 상당히 길고(2~15년) 난분해성으로 토양, 물, 공기, 생태계에 잔류하다가 플랑크톤이나 조류algae에 흡수된다. 그 후 먹이연쇄에 의한 생물농축으로 고등동물 생체 내에 고농도로 축적되고, 이를 섭취한 인체의 지방조직(부신, 갑상샘, 고환 조직 등)에 상당량의 DDT가 축적된 다음 DDD 또는 DDE로 분해되어 체내 여러 조직에 잔류된다. 이에 대한 증거는 DDT를 전혀 사용한 적이 없는 북극의 에스키모나 남극의 펭귄 체내에서 DDT가 발견되거나, 모체 자궁이나 모유 수유한 신생아로 DDT가 이행되는 것을 확인하였다(1960년 후반). 이는 한 세대에서 오염된 내분비계 장애물질DDT이 생물 번식을 통해 다음 세대로 진행된다는 충격적인 결과로 설명된다. 또 다른 문제점으로는 DDT의 난분해성, 잔류성 및 긴 반감기로 인해 전에 DDT를 사용하였던 지역에서 새로 수확한 농산물에 DDT가 발견되었다.

1970년대 미국에서 인간의 몸에 축적된 DDT가 에스트로겐 유사체임이 확인되어 내분비계 장애물질이라는 사실을 알게 되었고, 경구적으로 DDT가 인체에 계속적으로 유입되면 결국 독성효과가 나타났다. 다량에 의한 급성중독은 신경계에 영향을 끼쳐 흥분, 발작, 발진 및 눈, 코, 입에 작열감이 나타나고, 만성중독은 생식기이상, 사지의

DDT의 합성, 효능 및 생태계 교란

DDT[$(ClC_6H_4)_2CH(CCl_3)$]는 오스트리아의 대학원생인 자이들러O. Zeidler에 의해 합성된 유기염소화합물로 초기에는 효능을 몰랐지만, 1939년 스위스의 뮐러P.H. Müller가 DDT의 강력한 살충효과와 제초효과를 규명하였고, 이로써 해충 구제에 의한 작물 생산량 증가 및 전염병 예방 공로로 1948년 노벨 생리학상을 수상하였다.

작용기전은 다음과 같다.

세포막(지질층)을 지용성인 DDT가 쉽게 통과하고 그 결과 전해질대사의 이상으로 근육 마비를 유발하여, 장구벌레(말라리아 유발), 이, 벼룩(티푸스 유발) 등 해충 구제가 가능하였다. 맹독성의 DDT는 소량으로도 강력한 살충효과를 나타내 농업분야에 광범위하게 사용되었고, 1955년에는 WHO에서 말라리아 퇴치를 위해 DDT 사용을 적극적으로 권장하여 말라리아 발병률이 96%까지 감소하였다.

그러나 장기간의 관찰로 환경호르몬인 DDT가 먹이사슬을 통해 생태계에 끼친 폐해는 상당하였다. 조류(갈매기, 대머리독수리)는 칼슘대사이상으로 인해 부화율 및 개체수가 감소하였고, 양서류나 어류는 어획량이 감소하였으며, 미국 클리어레이크에서 모기 퇴치를 위해 9년간(1949~1957년) 단 3번의 DDT 살포로 농병아리들의 떼죽음이 목격되었다. 또 보르네오섬에서 말라리아 퇴치를 위한 다량의 DDT 살포로 모기의 수와 말라리아 발병은 감소하였으나 먹이사슬에 의해 도마뱀의 개체 수 감소 및 행동이상, 고양이의 치사율 증가는 오히려 들쥐와 이에 의한 발진티푸스 감염 및 나방 수 증가를 가져오는 등 천적 감소로 하위 생물의 개체 수에 변화를 유도하고 농작물 피해는 심화되었다. 그 외 감귤 해충 퇴치를 위해 도포한 DDT로 인해 천적인 딱정벌레가 박멸되어 감귤 수확에 영향을 미치는 사례도 보고되었다. 한편, 체내에 잔류한 DDE(DDT 분해물)는 호르몬 수용체와 결합하여 남성 호르몬인 안드로겐의 작용을 저해하여 여성화시킨다. 이것의 예가 플로리다 수컷 악어의 번식능력이 감소된 경우이다.

환경과 생태계에 미치는 DDT의 유해성이 1950년대 후반부터 알려지게 되었고, 소설 『침묵의 봄』(1962년 출간)을 통해 사회적 논란이 커지면서 미국 환경청EPA은 1972년에 DDT 농약 살포를 전면 금지하였고, 우리나라는 1976년에 생산 금지, 1979년부터 사용 금지하였으며, 대부분의 국가도 DDT 사용을 금하였다. 그러나 말라리아, 황열병, 티푸스 등이 왕성한 열대지역이나 국가에서는 여전히 DDT를 살충제로 사용하고 있다.

지각과 평형감각 이상, 경련, 뇌출혈 및 뇌종양을 유발한다. 동물실험 결과로 간암이 보고되었고, 정상인에 비해 DDT로 인한 간암 환자에서도 25배 높은 농도로 DDT가 발견되었다. 연구에 따르면 6~10ppm의 DDT에 노출되면 두통, 구역질, 발한 증세가 나타나고, 16ppm의 DDT에 노출되면 경련이 일어나나 24시간 내에 회복된다.

6) 프탈레이트

1930년대부터 프탈레이트phthalates는 PVC 제품의 제조 시 가소제로 첨가되어 유연성을 제공하고 향수, 화장품, 가정용 바닥재, 목재 가공, 은박지, 식품용기의 인쇄 잉크 등 광범위하게 사용되어 왔다. 종류로는 디에틸헥실프탈레이트DEHP, 디부틸프탈레이트DBP, 부틸벤질프탈레이트BBP, 디이소노닐프탈레이트DINP, 디이소데실프탈레이트DIDP, 디노르말옥틸프탈레이트DNOP, 폴리에틸렌 테레프탈레이트PET가 있는데 이 중 PET를 제외한 나머지 6종이 매우 위험한 프탈레이트 가소제로 「식품용 기구 및 용기 포장 공전」(식품의약품안전처, 2014)의 기구, 용기, 포장의 공통 제조기준과 용도별 규격에 사용금지 성분으로나와 있다. PET는 안전성이 인정되어 100여 개국에서 사용되고 있다.

6장의 '열가소성 수지'에서 설명하였듯이, 프탈레이트 가소제는 수컷 쥐의 정소 위축, 정자수 감소 및 정자 DNA 파괴 등 생식기에 유해하고 동물의 폐, 신장, 간에도 악영향을 미치는 것으로 나타났으며, 인체에 대해서도 정자 DNA 파괴로 인한 생식능력 저하, 발암 및 내분비계 장애를 일으킬 수 있는 것으로 알려졌다(미국 하버드대 연구팀, 2002). 또한 PVC 제조공장 주변에 거주하는 여성의 소변에서 검출된 고농도의 프탈레이트와 임신복합증 또는 유산과의 연관 가능성이 추정되었다.

PVC 제품의 제조 시 사용된 프탈레이트 가소제는 플라스틱과 단단한 결합이 어려워 플라스틱에 녹아나온다. 따라서 식품용 플라스틱 포장재나 포장용기, 은박지로부터

세계 각국의 프탈레이트 가소제에 대한 규제 및 저감화 실천방법

EU는 DEHP, DBP, BBP의 3종 프탈레이트계 가소제를 발암성, 최기성 및 생식기 발달이상을 유발하는 물질로 발표하고, 1999년부터 완구와 영유아용 제품에 3종의 가소제 첨가 금지를, 2002년부터는 자국 생산 화장품류에 대해 DEHP와 DBP 첨가를 금지하였고, 수입화장품에 대해서도 규제를 적용하였다. DINP, DIDP, DNOP의 3종은 입 속으로 들어갈 가능성이 있는 장난감 및 영유아용 제품에 대하여 사용 금지하였다. 우리나라는 2003년 프탈레이트 성분이 착유기, 젖병, 장난감, 빨대, 국내산 및 수입산 화장품, 향수, 무스, 매니큐어 등에서 검출되었다. 2005년에는 PVC 장갑에서 DEHP가 검출되어 식품용기에서 프탈레이트 사용을 금지하였고, 2006년에는 어린이용 완구 및 제품, 화장품에 3종의 프탈레이트(DEHP, DBP, BBP) 사용을, 2013년 9월부터는 어린이용 장난감과 문구류에 DNOP, DINP 사용을 전면 금지하였다.

유독한 프탈레이트가 환경으로 노출되지 않고 실생활에서 프탈레이트 저감화를 위해서는 영유아용 제품이나 화장품 제조업자들이 프탈레이트 가소제를 사용하지 않는 것이 무엇보다 중요하다. 또한 고온의 식품용으로 유리용기를 사용하고, 플라스틱 제품은 되도록 상온 이하에서 취급하여야 한다. 또한 어린이가 완구, 빨대, 문구류 등을 입으로 빨지 않도록 하고 자주 손을 씻는 습관을 갖도록 훈련시킨다.

녹아 나온 프탈레이트는 식품으로 이행된다. 대부분의 환경호르몬처럼 지용성인 프탈레이트도 버터, 마가린, 치즈, 초콜릿, 피자, 햄버거 등 유지식품에 쉽게 전이되므로 용기나 포장재 선택 시 이 점을 주의하여야 한다.

7) 티비티

주석에 3개의 부틸기가 결합된 무색 또는 황색의 액체인 TBTtributyltin, TPTtriphenyltin, 트리시클로헥실틴tricyclohexyltin은 유독한 유기주석화합물이다. TBT는 1930년대 후반에 합성되어 PVC를 비롯한 플라스틱 안정제, 산업용 촉매, 살충제, 살균제, 목재 보존제 등 다양한 용도로 쓰였고, 해양구조물, 가두리 제품(어망, 어구)이나 목선에 도장塗裝해 따개비 등 수중 생물이 달라붙지 못하도록 하는 강력한 방오제(생물부착방해제)로도 사용되었다. 미국도 1960년대 이후 도장 비용과 연료비 절약을 위해 유조선이나 화물선박의 밑면에 생물 부착을 방해하는 방오페인트antifouling agent로 TBT를 광범위하게 사용하였다.

1980년 초반에 유기주석오염에 의한 심각성이 처음으로 사회문제화되었다. 선박이나 해양시설에 의해 연안으로 유입된 TBT는 바닷물에 서서히 녹아 확산되어 양식 중인 이매패류(굴, 홍합)의 체내에 10,000배까지 농축되고 양식 생물의 성장 억제 및 패각 기형을 유발하였다. 더욱이 암컷 고둥류(소라, 대수리)에 수컷 성기관이 자라는 기이한 성전환(임포섹스imposex)이 일어나고, 암고둥의 불임으로 오염지역에 따라 최대 암수비가 1 : 20까지 이르는 등 암고둥 개체수가 급감하는 돌연변이가 발생했다.

이로써 이매패류 체내의 TBT 농도는 그 해역의 TBT 오염도를 설명하는 지표로 사용되고 있어 TBT가 생태계에 악영향을 미치는 환경호르몬이라는 것을 말해 준다. 소량이라도 인체가 TBT에 노출되면 호흡곤란 및 피부에 이상증세가 나타나고, 고농도이

우리나라 연안의 TBT 오염 실태

우리나라 해양수산부에서 조사한 바에 따르면 진해만에서 채취한 홍합의 TBT 농도는 0.02~1.36ng/g, 굴에서는 0.10~1.80ng/g이 검출되었고, 일본 도쿄만에서 채취한 홍합의 TBT 농도는 0.1~1.2ng/g이, 미국 연안의 홍합에서 0.01~3.76ng/g이, 굴에서는 0.01~3.81ng/g의 TBT가 검출되었다.

면 신경장애를 유발한다. 이미 많은 나라에서 TBT 사용을 금지하고 있고, 우리나라도 2000년에는 25미터 이하의 선박에 대해서, 2002년부터 연안을 항해하는 모든 선박에서 TBT 사용을 금지하였다. 방오제로 아산화동이 대체하고 있지만 이 물질도 최근에는 환경오염 문제가 제기되어 환경 테스트를 통해 새로운 방오도료를 개발 중이다.

8) 스티렌(다이머, 트리머)

스티롤 또는 비닐벤젠이라고도 하는 스티렌($C_6H_5CH=CH_2$)은 인화성이 매우 큰 무색의 지용성 액체로 특유한 냄새를 가진 방향족 화합물이다. 스티렌은 비닐기 구조로 인해 쉽게 중합하므로 폴리스티렌PS 수지, 폴리에스테르 수지, 스티렌부타디엔 고무 원료로 사용되거나 도료, 건성유의 원료로 쓰인다. PS 수지 일종으로 가스충진한 발포 PS 용기는 끓는 물을 부어 단시간에 음식(면발)을 익히는 동안 폴리스티렌의 성분인 스티렌다이머나 스티렌트리머가 식품으로 이행되고, 이렇게 용출된 물질들은 유해성 문제로 미국질병예방통제센터CDC에서 내분비 장애추정물질로 인정하여(1998년) 사용량이 점차 감소되고 있나. 식품의약품안전처에서도 PS 컵라면 용기는 전자레인지에서 사용하지 말 것을 권하고 있다.

9) 디에틸스틸베스테롤

최초의 약물성 환경호르몬인 디에틸스틸베스테롤diethyl stilbesterol; DES은 에스트로겐 유사물질로도 알려진 강력한 여성호르몬 합성제제이다. 유산 방지를 위한 기적의 약으로 알려져 가축 외에도 상당수 여성에게 많이 처방되었던 DES를 복용한 산모에게서 태어난 여아들의 사춘기에 자궁경부암(질암) 증세가 나타났고, 남아들은 성기 기형이 나타났다. 동물실험에서도 다수의 수컷 생쥐가 암·수 생식기관을 모두 가지고 태어나거나 암컷화되는 등 1970년대 들어서면서 비로소 DES의 심각성이 알려졌다. 그 후 다수의 유럽 국가에서는 가축에게도 사용을 금지하였으나, 미국은 육질의 연화를 목적으로 가축에게는 허용하고 있어 문제가 더욱 커질 것으로 추정된다.

DES의 인체에 대한 유해성 사례

유산 예방, 수유량 조절 및 갱년기 장애를 완화할 목적으로 처방되었던 DES는 닭, 소와 같은 가축의 성장촉진제로도 사용될 정도로 발암성을 의심하지도 않았다. 그러나 1970년대에 임신 중 DES를 복용한 산모에게서 태어난 상당수 여아가 시춘기 때 보기 드물게 자궁경부암이 발병하였고, 미국환경보건원NIEHS의 쥐 실험에서도 이와 유사한 결과를 얻었다. 즉 체내에 합성제제를 포함하여 여성호르몬이 과다하면 여성암에 유병될 가능성이 높아진다는 것을 설명하였다. 또한 임신 중 DES가 투여된 어미 쥐로부터 태어난 다수의 수컷 생쥐가 암수 생식기를 모두 가진 성기 기형으로 태어났고, 성장하면 약 60%의 수컷이 불임이었다. 이는 태어난 수컷 생쥐가 어떤 이유로 DES에 의해 암컷화됨을 말하는 것이고 산모(어미)가 섭취한 합성호르몬(화학물질)이 태아(새끼)에게 기형이나 돌연변이를 가져올 가능성이 높다는 것을 의미한다. 이를 계기로 인체에 대한 DES 사용이 전면 금지되었다. 임신 중 DES를 복용한 산모에게서 태어난 여성(4,800명)과 DES 노출 경험이 없는 여성(2,000명)의 40대 이후 유방암 발병률 비교 연구(미국, 2006)에서 전자가 후자보다 발병률이 2배 이상 높다고 보고되었고, 이러한 여성은 유방암과 관련된 호르몬 투여나 치료 대신 정기적으로 건강검진을 받도록 권고하였다.

8

CHAPTER

감염병, 기생충과 위생동물

1. 감염병 | 2. 기생충질환 | 3. 위생동물

학습목표

식품의 안전을 위협하는 요소에는 식품으로 전파되는 경구감염병이 있으며, 이 중 사람과 동물 간에 감염되는 인수공통감염병도 있다. 이 외에도 기생충과 위생동물들이 식품의 위해요인으로 작용한다.

1. 감염병

감염병이란 병원성 미생물이 생물에 감염을 일으키고 전파되는 질병을 말한다. 감염성 질환은 사람과 사람 사이에 전파되는 것과 다른 생물 사이에 전파되는 것이 있다. 우리나라에서는 2020년부터 감염병의 분류체계를 대대적으로 바꾸어 질환별 특성(물/식품매개, 예방접종대상)에 따른 군별 분류에서 심각도.전파력.격리수준을 고려한 급별 분류(총 1급~4급)로 개편하였다 표 8-1. 생물테러감염병은 고의 또는 테러 등을 목적으로 이용된 병원체에 의하여 발생된 감염병으로서 보건복지부장관이 고시하는 것이다. 그 외 인수공통감염병은 동물과 사람 간에 상호 전파되는 병원체에 의하여 발생되는 감염병으로서 보건복지부장관이 고시하는 감염병을 말한다.

감염병이 집단적으로 발생하여 유행하는 데는 표 8-2와 같이 감염원, 감염경로, 감수성의 세 가지 조건이 필요하다. 이 중에 특히 병원체가 음식물과 물, 식기구, 손가락 등을 통해 입으로 들어가 소화기를 경유하여 감염을 일으켜서 설사 등의 증상을 나타내는 것을 경구감염병이라고 한다.

1) 경구감염병

(1) 특성과 분류

경구감염병과 세균성 식중독의 차이는 경구감염병은 병원체와 고유숙주 사이에 감염환이 성립되고, 병원체는 고유숙주에서 고유숙주로 감염을 일으키는데, 세균성 식중독에서는 이 고유숙주 간의 감염환에서 병원체가 어떤 원인으로든 비고유숙주에 감염을 일으키는 것으로 그 이후의 감염이 일어나지 않는 종말감염이라는 점이다. 다시 말해 경구감염병은 2차 감염이 빈번하게 일어나는데, 세균성 식중독은 2차 감염이 거의 일어나지 않는다.

또 경구감염병은 극소의 균량에서도 감염이 일어나기 쉬운 반면, 세균성 식중독에서는 다량의 균이 필요하다. 표 8-3은 경구감염병과 세균성 식중독의 차이를 나타내었다.

표 8-2처럼 감염병의 분류기준이 되는 감염원과 감염경로에 따라 경구감염병을 분류하면 감염원에 따라 세균성, 바이러스성, 리케치아, 원충류에 의한 감염병으로 분류할

수 있다 표 8-4.

표 8-1 | 감염병의 분류 및 종류(질병관리청)

구분	제1급감염병 (17종)	제2급감염병 (21종)	제3급감염병 (28종)	제4급감염병 (23종)
유형	생물테러감염병 또는 치명률이 높거나 집단 발생의 우려가 커서 발생 또는 유행 즉시 신고. 음압격리와 같은 높은 수준의 격리가 필요한 감염병	전파가능성을 고려하여 발생 또는 유행 시 24시간 이내에 신고. 격리가 필요한 감염병	발생을 계속 감시할 필요가 있어 발생 또는 유행 시 24시간 이내 신고하여야 하는 감염병	유행 여부를 조사하기 위하여 표본감시 활동이 필요한 감염병
종류	1. 에볼라바이러스병 2. 마버그열 3. 라싸열 4. 크리미안콩고출혈열 5. 남아메리카출혈열 6. 리프트밸리열 7. 두창 8. 페스트 9. 탄저 10. 보툴리눔독소증 11. 야토병 12. 신종감염병증후군 13. 중증급성호흡기증후군(SARS) 14. 중동호흡기증후군(MERS) 15. 동물인플루엔자 인체감염증 16. 신종인플루엔자 17. 디프테리아	1. 결핵 2. 수두 3. 홍역 4. 콜레라 5. 장티푸스 6. 파라티푸스 7. 세균성이질 8. 장출혈성대장균감염증 9. A형간염 10. 백일해 11. 유행성이하선염 12. 풍진 13. 폴리오 14. 수막구균 감염증 15. b형헤모필루스인플루엔자 16. 폐렴구균 감염증 17. 한센병 18. 성홍열 19. 반코마이신내성황색포도알균(VRSA) 감염증 20. 카바페넴내성장내세균목(CRE) 감염증 21. E형간염	1. 파상풍 2. B형간염 3. 일본뇌염 4. C형간염 5. 말라리아 6. 레지오넬라증 7. 비브리오패혈증 8. 발진티푸스 9. 발진열 10. 쯔쯔가무시증 11. 렙토스피라증 12. 브루셀라증 13. 공수병 14. 신증후군출혈열 15. 후천성면역결핍증(AIDS) 16. 크로이츠펠트-야콥병(CJD) 및 변종크로이츠펠트-야콥병(vCJD) 17. 황열 18. 뎅기열 19. 큐열 20. 웨스트나일열 21. 라임병 22. 진드기매개뇌염 23. 유비저 24. 치쿤구니야열 25. 중증열성혈소판감소증후군(SFTS) 26. 지카바이러스 감염증 27. 엠폭스 28. 매독	1. 인플루엔자 2. 회충증 3. 편충증 4. 요충증 5. 간흡충증 6. 폐흡충증 7. 장흡충증 8. 수족구병 9. 임질 10. 클라미디아 감염증 11. 연성하감 12. 성기단순포진 13. 첨규콘딜롬 14. 반코마이신내성장알균(VRE) 감염증 15. 메티실린내성황색포도알균(MRSA) 감염증 16. 다제내성녹농균(MRPA) 감염증 17. 다제내성아시네토박터바우마니균(MRAB) 감염증 18. 장관감염증 19. 급성호흡기감염증 20. 해외유입기생충감염증 21. 엔테로바이러스감염증 22. 사람유두종바이러스 감염증 23. 코로나바이러스감염증-19
감시	전수	전수	전수	표본

〈신고시기〉 제1급감염병은 즉시 신고, 제2급 및 제3급감염병은 24시간 이내 신고

표 8-2 | 감염병 발생의 3요소

감염병의 3요소	발생의 6요소	요건
감염원	병원체	양적으로나 질적으로 질병을 일으킬 수 있을 만큼 충분해야 함
	병원소	
감염경로	병원소로부터 병원체 탈출	병원체에 감염될 수 있는 환경조건이 구비되어야 함
	전파	
	새로운 숙주로의 침입	
감수성	숙주의 감수성	병원체에 대한 면역성이 없어야 하며 감수성이 있어야 함

표 8-3 | 경구감염병과 세균성 식중독의 차이

특성	경구감염병	세균성 식중독
감염 정도	2차 감염	종말감염
필요한 균량	미량	다량
잠복기	긴 편	짧은 편
면역성	있음	없음
예방조치	거의 불가능	균의 증식을 억제하면 가능
음용수	음용수로 인해 감염됨	음료수로 인한 중독은 거의 없음

표 8-4 | 경구감염병의 분류

기준	분류	종류 및 특징
감염원	세균성	장티푸스, 파라티푸스, 콜레라, 세균성 이질, 파상풍
	바이러스	폴리오, A형 간염
	리케치아	큐열
	원충류	아메바성이질 등
감염경로	직접감염	환자-보균자의 직접 접촉
	간접감염	식품이나 물을 통해 병원체가 입으로 들어감

경구감염병을 예방하기 위해서는 감염원, 감염경로, 숙주의 감수성에 대해 적절히 대책을 세워야 한다.

(2) 예방접종

우리나라는 감염병의 예방을 위해 여러 가지로 접종대상을 구분하여 지정하고 있는데, 아래와 같이 생후 0개월부터 각 시기별로 국가필수예방접종 등을 실시하도록 하고 있다.

- 국가예방접종 : 국가가 권장하는 예방접종(국가는 감염병의 예방 및 관리에 관한 법률을 통해 예방접종대상 감염병과 예방접종의 실시기준 및 방법을 정하고, 국민과 의료제공자에게 이를 준수토록 하고 있음)
- 기타예방접종 : 국가예방접종 이외 민간의료기관에서 접종가능한 예방접종
- 기초접종 : 단기간 내에 방어면역 형성을 위해 시행하는 접종
- 추가접종 : 기초접종 후 형성된 방어면역을 장기간 유지하기 위해 기초접종 후 일정기간이 지난 다음 추가로 시행하는 접종

(3) 경구감염병의 종류

① 디프테리아

인후, 코 등의 상피조직에 부분적으로 염증을 일으키며, 또 체외독소를 분비하여 혈류를 통해 신체 각 부위로 이동하고 심근·신경조직에 결합하여 장해를 일으키는 급성 질환이다.

- 특징 : 디프테리아의 원인균인 코리네박테리움 디프테리아*Corynebacterium diphtheriae*는 그람양성의 간균으로 아포와 편모는 없다. 일광, 열, 화학약품에 대한 저항력이 비교적 약하다.
- 발병과 증상 : 디프테리아는 늦은 가을이나 이른 봄에 많으며 10세 이하, 특히 1~4세 어린이가 전체 환자의 60%를 차지하고 사망률은 5~32%이다.

  잠복기는 2~5일로 인두에 감염된 균은 상피세포에서 증식하여 체외독소를 생성한다. 편도선이 붓고 발열이 있으며 심장장해나 기도폐쇄로 호흡곤란을 일으킨다.
- 예방 : 예방에는 조기진단이 중요하며 음식물의 오염 방지, 환자나 보균자의 접근금지, 예방접종이 필요하다.

질병관리청 | KMA 대한의사협회 | 예방접종전문위원회

어린이가 건강한 대한민국

표준예방접종일정표(2024)

구분	대상 감염병	백신 종류 및 방법	횟수	출생시	4주이내	1개월	2개월	4개월	6개월	12개월	15개월	18개월	19~23개월	24~35개월	4세	6세	11세	12세
국가예방접종	B형간염	HepB[1]	3	HepB 1차		HepB 2차			HepB 3차									
	결핵	BCG(피내용)[2]	1		BCG 1회													
	디프테리아 파상풍 백일해	DTaP[3]	5				DTaP 1차	DTaP 2차	DTaP 3차		DTaP 4차				DTaP 5차			
		Tdap/Td[4]	1														Tdap/Td 6차	
	폴리오	IPV[5]	4				IPV 1차	IPV 2차	IPV 3차						IPV 4차			
	b형헤모필루스인플루엔자	Hib[6]	4				Hib 1차	Hib 2차	Hib 3차	Hib 4차								
	폐렴구균 감염증	PCV[7]	4				PCV 1차	PCV 2차	PCV 3차	PCV 4차								
		PPSV[8]	–											고위험군에 한하여 접종				
	로타바이러스 감염증	RV1[9]	2				RV 1차	RV 2차										
		RV5[10]	3				RV 1차	RV 2차	RV 3차									
	홍역 유행성이하선염 풍진	MMR[11]	2							MMR 1차					MMR 2차			
	수두	VAR[12]	1							VAR 1회								
	A형간염	HepA[13]	2							HepA 1~2차								
	일본뇌염	IJEV(불활성화 백신)[14]	5							IJEV 1~2차				IJEV 3차		IJEV 4차		IJEV 5차
		LJEV(약독화 생백신)[15]	2							LJEV 1차				LJEV 2차				
	사람유두종바이러스감염증	HPV[16]	2														HPV 1~2차	
	인플루엔자	IIV[17]	–						IIV 매년 접종									

• 국가예방접종: 국가에서 권장하는 필수예방접종(국가는 「감염병의 예방 및 관리에 관한 법률」을 통해 예방접종 대상 감염병과 예방접종 실시기준 및 방법을 정하고, 이를 근거로 재원을 마련하여 지원하고 있음)

1. **HepB(B형간염)**: B형간염 표면항원(HBsAg) 양성인 산모로부터 출생한 신생아는 분만 직후 12시간 이내 B형간염 면역글로불린(HBIG) 및 B형간염 백신(1차)을 동시에 접종하고, 2차와 3차 접종은 각각 생후 1개월 및 6개월에 실시
2. **BCG(결핵)**: 생후 4주 이내 접종
3. **DTaP(디프테리아·파상풍·백일해)**: DTaP-IPV(디프테리아·파상풍·백일해·폴리오) 또는 DTaP-IPV/Hib(디프테리아·파상풍·백일해·폴리오·b형헤모필루스인플루엔자) 혼합백신으로 접종 가능
4. **Tdap/Td(파상풍·디프테리아·백일해/파상풍·디프테리아)**: 11~12세 접종은 Tdap 또는 Td 백신으로 접종 가능하나, Tdap 백신을 우선 고려
   ※ 이후 10년마다 Tdap 또는 Td 추가접종(11세 이후 접종 중 한 번은 Tdap으로 접종)
5. **IPV(폴리오)**: 3차 접종은 생후 6개월부터 18개월까지 접종 가능하며, DTaP-IPV(디프테리아·파상풍·백일해·폴리오) 또는 DTaP-IPV/Hib(디프테리아·파상풍·백일해·폴리오·b형헤모필루스인플루엔자) 혼합백신으로 접종 가능
6. **Hib(b형헤모필루스인플루엔자)**: 생후 2개월 ~ 5세 미만 모든 소아를 대상으로 접종하며, 5세 이상은 b형헤모필루스인플루엔자 감염 위험성이 높은 경우(기능적 또는 해부학적 무비증(겸상적혈구증, 비장 절제술 후), 면역결핍질환(특히 igG2 아형 결핍증), 항암치료에 따른 면역저하, HIV 감염, 초기 요소 보체결핍증, 조혈모세포이식술을 받은 경우 접종, DTaP-IPV/Hib(디프테리아·파상풍·백일해·폴리오·b형헤모필루스인플루엔자) 혼합백신으로 접종 가능

- **DTaP-IPV(디프테리아·파상풍·백일해·폴리오) 혼합백신**: 생후 2, 4, 6개월, 4~6세에 DTaP, IPV 백신 대신 접종할 수 있음
- **DTaP-IPV/Hib(디프테리아·파상풍·백일해·폴리오·b형헤모필루스인플루엔자) 혼합백신**: 생후 2, 4, 6개월에 DTaP, IPV, Hib 백신 대신 접종할 수 있음
  ※ DTaP 혼합백신 사용 시 기초접종 3회는 동일 제조사의 백신으로 접종하는 것이 원칙이며, 생후 15~18개월에 접종하는 DTaP 백신은 제조사에 관계없이 선택하여 접종 가능

7. **PCV(폐렴구균 단백결합)**: 10가와 13가 단백결합 백신 간에 교차접종은 권장하지 않음
8. **PPSV(폐렴구균 다당질)**: 2세 이상의 폐렴구균 감염의 고위험군을 대상으로 하며 건강상태를 고려하여 담당의사와 충분한 상담 후 접종

※ **폐렴구균 감염의 고위험군**
- **면역 기능이 저하된 소아**: HIV 감염증, 만성신부전과 신증후군, 면역억제제나 방사선 치료를 하는 질환(악성 종양, 백혈병, 림프종, 호지킨병) 또는 고형 장기 이식, 선천성 면역결핍질환
- **기능적 또는 해부학적 무비증 소아**: 겸상구 빈혈 또는 헤모글로빈증, 무비증 또는 비장 기능장애
- **면역 기능은 정상이나 다음과 같은 질환을 가진 소아**: 만성 심장 질환, 만성 폐 질환, 만성 간 질환, 당뇨병, 뇌척수액 누출, 인공와우 이식 상태

9. **RV1(로타바이러스 감염증)**: 생후 2, 4개월 2회 접종(경구투여)
10. **RV5(로타바이러스 감염증)**: 생후 2, 4, 6개월 3회 접종(경구투여)
11. **MMR(홍역·유행성이하선염·풍진)**: 홍역 유행 시 생후 6~11개월에 MMR 백신 접종이 가능하나 이 경우 생후 12개월(1세가 되는 생일) 이후에 MMR 백신으로 일정에 맞추어 접종
12. **VAR(수두)**: 생후 12~15개월에 1회 접종
13. **HepA(A형간염)**: 1차 접종은 생후 12~23개월에 시작하고 2차는 1차 접종으로부터 6개월 이상 경과한 후(제조사에 따라 추천 접종간격이 다름) 접종
14. **IJEV(일본뇌염 불활성화 백신)**: 1차 접종 1개월 후 2차 접종을 실시하고, 추가 접종은 2차 접종으로부터 11개월 후, 6세, 12세에 접종
15. **LJEV(일본뇌염 약독화 생백신)**: 1차 접종 12개월 후 2차 접종
16. **HPV(사람유두종바이러스 감염증)**: 11~12세 여아에서 6~12개월 간격으로 2회 접종하고, 2가와 4가 백신 간 교차접종은 추천하지 않음
17. **IIV(인플루엔자 불활성화 백신)**: 생후 6개월~9세 미만 소아에서 접종 첫 해는 최소 4주 간격으로 2회 접종이 필요하며, 이듬해부터는 매년 1회 접종, 접종 첫 해에 1회만 접종 받았다면 다음 해에 4주 간격으로 2회 접종해야 함, 이전에 인플루엔자 접종을 받은 적이 있는 생후 6개월~9세 미만 소아도 유행주에 따라서 2회 접종이 필요할 수 있으므로, 매 절기 인플루엔자 국가예방접종 지원사업 관리지침*을 참고

* 예방접종도우미 누리집(https://nip.kdca.go.kr) 〉 예방접종 정보 〉 예방접종 지식창고 〉 예방접종 지침

• 백신 두문자어

백신종류	두문자어	백신
B형간염	HepB	Hepatitis B vaccine
결핵	BCG(피내용)	Intradermal Bacille Calmette-Güerin vaccine
디프테리아·파상풍·백일해	DTaP	Diphtheria and tetanus toxoids and acellular pertussis vaccine adsorbed
	Tdap	Tetanus toxoid, reduced diphtheria toxoid and acellular pertussis vaccine, adsorbed
	Td	Tetanus and diphtheria toxoids adsorbed
디프테리아·파상풍·백일해·폴리오	DTaP-IPV	DTaP, IPV conjugate vaccine
폴리오	IPV	Inactivated poliovirus vaccine
b형헤모필루스인플루엔자	Hib	*Haemophilus influenzae* type b vaccine
디프테리아·파상풍·백일해·폴리오·b형헤모필루스인플루엔자	DTaP-IPV/Hib	DTaP, IPV, *Haemophilus influenzae type b* conjugate vaccine
폐렴구균	PCV	Pneumococcal conjugate vaccine
	PPSV	Pneumococcal polysaccharide vaccine
로타바이러스	RV1	Rotavirus vaccine(monovalent)
	RV5	Rotavirus vaccine(pentavalent)
홍역·유행성이하선염·풍진	MMR	Measles, mumps, and rubella vaccine
수두	VAR	Varicella vaccine
A형간염	HepA	Hepatitis A vaccine
일본뇌염	IJEV	Inactivated Japanese encephalitis vaccine
	LJEV	Live-attenuated Japanese encephalitis vaccine
사람유두종바이러스	HPV	Human papillomavirus vaccine
인플루엔자	IIV	Inactivated influenza vaccine

발행일자: 2023.11.20.(월)

자료:질병관리청 예방접종도우미 https://nip.kdca.go.kr/irhp/infm/goVcntInfo.do?menuLv=1&menuCd=115

② 장티푸스

장티푸스typhoid fever의 병원균은 살모넬라 타이파이*Salmonella typhi*이다.

- 특징 : 장티푸스균은 그람음성, 비아포형성 간균으로 통성혐기성이며 주모성 편모가 있어 운동성을 가진다. 저항성이 비교적 강해서 직사광선에도 수 시간 견디며 대변, 토양 및 수중에서도 비교적 오래 생존한다. 장티푸스균은 파지형에 따라 50종류로 구별된다.
- 발병과 증상 : 장티푸스는 8~9월에 가장 많은데 이것은 균이 번식하기 좋은 조건이며, 파리 등에 의한 전파 기회가 많기 때문이다. 주 감염원은 환자나 보균자의 대변과 소변이며, 침이나 유즙이 감염원이 되는 경우도 있다. 전파는 환자 및 보균자를 통한 직·간접 접촉 감염과 병원소가 오염된 음식물을 매개로 일어난다.

  장티푸스는 감염 후 1~2주의 잠복기를 거쳐 두통과 발열 증상이 나타나며 고열 상태가 지속된다. 맥박이 느려지고 비장(지라)의 종창, 백혈구의 감소, 피부의 발진이 나타난다. 치사율은 유행 병세, 성별, 연령, 치료 및 간호방법 등에 의해 좌우되는데 약 10~15% 정도가 된다.
- 예방 : 이질과 비슷하게 예방하며 예방접종도 중요하다. 장기보균자가 감염원으로 작용하기도 한다.

③ 파라티푸스

- 특징 : 파리티푸스parathyroid fever는 파라티푸스균*Salmonella paratyphi*에 의하여 일어나며 A, B, C형이 있다. 장티푸스와 동일하며 성별로 보면 남성에게서 많이 나타난다. 특히 A형은 청장년, B형은 청소년에게 많다. 우리나라에서 발생된 파라티푸스는 거의 B형(A형의 10배)이다.
- 발병과 증상 : B형은 발열증상을 나타내며, 식중독과 같이 급성으로 가볍고 치사율도 낮기 때문에 그냥 지나쳐 버리는 경우가 많다. 잠복기는 3~6일로 장티푸스와 거의 같다. 감염경로는 장티푸스와 같고 여름철에 많이 발생한다.
- 예방 : 상하수도 완비와 음료수 정화, 소독관리를 철저히 하고, 모든 우유와 식료품을 살균한다. 유행지역에서는 물을 반드시 끓여먹고, 청결 정도가 불명확한 식품은 조리하여 익혀 먹고, 보균자는 식품을 다루는 업무나 환자의 간호에 종사하여

서는 안 된다.

④ 콜레라

콜레라는 콜레라 독소에 의해 심한 설사와 구토 등의 위장증상과 근육통, 체온 저하 등의 전신증상을 보이는 급성감염병이다.

- 특징 : 원인균인 비브리오 콜레라*Vibrio cholerae*는 그람음성의 간균, 통성혐기성이며 협막이나 아포가 없고 편모에 의해 운동성이 있다. 저항력은 약해 60℃에서 30분, 3% 석탄산에서 5분, 건조상태로 일광에서 1시간이면 사멸된다.
- 발병과 증상 : 초여름에 시작하여 7~9월에 걸쳐 많이 발생한다. 20~40세 청장년층에 많으며 치사율은 60%로서 노년과 유년층일수록 높아진다. 증상은 설사, 구토, 탈수, 근육통, 체온 저하 등이다. 잠복기는 10시간~5일인데 보통 1~3일이다.
- 예방 : 예방은 경구감염병 관리원칙에 따라 관리하고 예방접종이 필요하다. 식품에 대한 위생관리와 인분 처리, 청소, 파리 구제 등 환경위생이 중요하며, 환자에게는 탈수를 보충할 체액을 보급한다.

⑤ 폴리오(소아마비)

폴리오는 급성회백수염이라 하며 중추신경계의 증상을 나타내는 급성의 열성 전신질환이다. 때로는 영구적인 마비를 초래한다.

- 특징 : 소아마비는 폴리오미엘리티스 바이러스poliomyelitis virus에 의해 발병되며, 약품에 대한 저항성이 강하고 열에 쉽게 파괴된다.
- 발병과 증상 : 발병은 5~8월에 가장 많으나 늦여름과 초가을에도 발생하며, 5세 이하에서 많이 나타난다. 바이러스는 감염자의 분변으로 배출되며, 감염은 경구와 비말(타액, 재채기 등)로 감염되고 운동신경이 지배하는 모든 부분을 마비시킨다.

  잠복기는 7~12일이다. 증상은 마비형일 때는 처음에는 감기증상으로 시작한다. 발열과 두통, 식욕 감퇴, 구토, 요통, 복통이 있는 동안이나 열이 내리기 시작할 무렵 사지의 마비가 일어난다.
- 예방 : 어릴 때의 예방접종이 아주 중요하다. 사망과 마비 후유증의 방지에 역점을 두어 치료한다.

⑥ 이질(쉬겔로시스)

이질bacillary dysentery에는 세균성 이질과 아메바성 이질이 있는데 일반적으로 이질은 세균성 이질을 말한다.

- 특징 : 세균성 이질은 이질균*Shigella*에 의해 발병하는데, 이 균은 그람음성, 비아포성 간균, 통성혐기성이며 편모가 없어 비운동성이다. 저항력이 약해 60℃에서 15분 정도 가열하면 사멸된다. 생화학적 성상 및 혈청학적 성상에 의해 A아군(쉬겔라 디센테리아), B아군(쉬겔라 플렉스네리균), C아군(쉬겔라 보이디이균), D아군(쉬겔라 손네이균) 등으로 나뉜다. 이것은 온혈동물의 장관과 변에 존재하며, 수분을 인체로 흡수시키는 독소를 생산하여 물이 장과 변으로 들어가 물 같은 설사를 만든다.
- 발병과 증상 : 온대와 열대 지방에서 유행하며 10세 이하에서 많이 발생한다. 이 균은 샐러드, 우유와 유제품, 가금류, 생채소, 변에 오염된 식품에 존재한다. 병원소는 환자와 보균자의 대변이다. 대변의 병원체로 오염된 식품이나 물에 의해 감염되는 경우나 환자 및 보균자와의 직·간접 접촉 감염으로 발병한다. 이질은 오한, 잦은 설사, 고열, 복부경련, 피로, 탈수를 유발한다. 잠복기는 2~7일이며, 지속기간은 환자의 치료시간에 따라 다르다. 또 증상이 급격히 나타나는 경우가 있고, 심할 경우 하루 수십 번의 설사를 하기도 한다.
- 예방 : 이질은 보통 1일 2~3회 설사를 하므로 오진하기 쉬워 건강한 사람과 생활하는 경우가 있는데 이것이 감염이 된다. 예방은 환자 및 보균자의 격리, 환경위생 향상, 위생교육을 통해 가능하다. 이질이 의심되는 사람에게 음식을 다루지 않게 하고, 작업자는 화장실 사용 후 손을 깨끗이 씻는다. 음식은 적절한 온도까지 가열하며, 교차오염을 막고 식품을 세척할 때 음용수를 사용한다.

쉬겔라 식중독 예방을 위한 식품조리 및 보관방법

- 식품을 4℃ 이하 냉장상태로 보관한다.
- −18℃ 이하로 완전히 냉동하면 성장을 완전히 멈출 수 있다.
- 교차오염을 막기 위해 다른 음식과 따로 보관하고 같이 조리하지 않는다.
- 60℃ 이상으로 가열 조리한다.

자료: 식품의약품안전처

⑦ 바이러스성 간염

바이러스성 간염viral hepatitis은 1970년 이후에 A·B·C·D·E형이 발견되었는데, 이 중에 경구감염에 의한 유행성 간염에 속하는 것은 A·E형 바이러스이고, 혈액감염에 의한 혈청간염에 속하는 것은 B·C·D형이며, B형만 DNA 바이러스이고 나머지는 RNA 바이러스이다. 현재 수혈 후 감염의 90% 이상을 차지하고 있는 non A, non B형 간염 중에 제일 빈도가 높은 것은 C형 간염인데, 전 감염자의 약 50%는 만성간염으로 되어 간경변이나 간암으로 진행되는 경우가 늘어나고 있다. 표 8-5는 주된 바이러스성 간염의 특징과 감염원, 증상을 나타내었다.

표 8-5 | 바이러스성 간염

분류	원인	특징	감염원	증상
A형	A형 간염 바이러스	• 바이러스 직경이 27nm의 구형 단일 사슬 RNA 바이러스 • 산에 안정하며, 100℃, 5분간의 가열처리에 불활성화	• 감염자의 분변, 혈액, 혹은 이것에 오염된 음식이나 물 • 발병 직후 타액으로도 감염됨	• 38℃ 이상의 발열, 전신권태감, 식욕부진, 오심, 구토, 황달, 복통, 설사, 두통 • 예후가 좋을 경우, 1~2개월 안에 간 기능 정상화
B형	B형 간염 바이러스	• 여름철에 가장 많이 발생 • 청소년 감염이 많음 • 저항성이 커 60℃, 30분간 가열해도 생존하며 1ppm의 염소물에서도 사멸되지 않으며, 건조에 내성	• 주사침 사고, 약물 남용자의 불결한 침, 장기 이식, 성 접촉, 산모와 태아의 수직 감염 • 잠복기는 15~50일	• 전구기: 오심, 구토, 설사 • 발열기: 오한, 고열 • 황달기: 2~4주~수개월 • 회복기: 2~6주에 치유 • 발병이 잠행성으로 간기능장애 유발
C형	C형 간염 바이러스	• 크기가 35~65nm인 소형의 RNA 바이러스	• 혈액의 수혈이나 혈액제에 의해 전파, 주사침 사고, 장기 이식, 성 접촉 등	• 전신권태감, 식욕부진, 복부불쾌감, 오심 • 발병률은 B형 간염보다 낮으나 만성가능성
E형	E형 간염 바이러스	• RNA 바이러스	• 분변-경구를 통해 직접 전파, 동물의 간이나 고기, 육가공품 섭취, 주사기를 통한 감염, 임신부로부터 태아로 직접 감염	• 발열, 피로, 구역질, 황달, 검은변 등 • 대부분 완전 회복되나 면역억제 환자에게서 만성화 진행됨

⑧ 병원성 대장균장염

대장균장염coli enteritis은 병원성 대장균에 의해 일어나는 것으로 소화가 안 된 분변에 농혈액의 이질성 설사를 하므로 이질로 오인되며, 병원성 대장균에 의해 발병할 경우에는 세균성 식중독과 비슷하다. 주로 유아들에게서 많이 발생하므로 유아가 사용하는 물품의 위생관리를 철저히 한다.

A형 간염은 어떻게 전파될까요?

A형 간염은 분변-경구경로로 전파되며, 대부분 사람에서 사람으로 직접적으로 전파되거나 분변에 오염된 물이나 음식물을 섭취함으로써 간접적으로 전파되기도 한다.

B형 간염은 어떻게 전파될까요?

감염된 사람의 혈액이나 체액을 통해 전파된다.

1) 직접적으로 혈액과 혈액의 접촉(예: 수혈)
2) 오염된 주사기 사용, 침습적인 검사나 시술
3) B형 간염 산모로부터 신생아에게 주산기 감염
4) 성적 접촉
5) 비위생적인 날카로운 기구에 의한 시술(문신기구, 귀걸이, 피어싱)

※ B형 간염은 일상적인 활동(재채기, 기침, 껴안기, 음식 나눠 먹기, 모유 수유 등)으로는 전염되지 않는다.

자료: 질병관리청 http://www.kdca.go.kr/

경구감염의 일반적인 예방대책

- 환자와 보균자의 조기발견과 격리
- 음료수의 위생관리와 소독
- 환경위생을 철저히

2) 인수공통감염병

인수공통감염병이란 식품을 매개로 하는 감염병 가운데 사람과 동물을 공통 숙주로 하는 병원체가 일으키는 감염병으로 척추동물과 사람 사이에서 이행될 수 있는 질병이다.

인수공통감염병의 분류

- 세균성 : 탄저, 돈단독, 결핵, 야토병
- 바이러스성 : 일본뇌염, 광견병, 조류인플루엔자AI, 중증급성호흡기증후군severe acute respiratory syndrome, SARS, 메르스 코로나 바이러스MERS-CoV
- 리케치아성 : 큐열
- 원충성 : 톡소플라즈마toxoplasma병
- 변형프리온prion : 변종 크로이츠펠트-야콥병

(1) 감염경로

인수공통감염병의 감염경로에는 사람이 감염된 식육, 우유를 먹거나 감염동물, 동물 조직에 접촉하여 직접 감염되는 경우나 배설물과 오염물에 접촉한 파리, 쥐 등에 의해 병원균이 음식물에 감염된 다음 이 음식물을 사람이 섭취하여 감염되는 경우가 있다.

(2) 인수공통감염병의 종류

① 결핵(tuberculosis)

사람은 주로 인형人形 결핵균에 의해 발병되지만 소의 결핵을 일으키는 우형牛形 결핵균이 감염된 우유나 유제품을 거쳐 사람에게 경구적으로 감염되기도 한다.

- 특징 : 모든 신체에 침범하는 만성감염병으로, 병원체는 호기성의 간균으로 아포와 편모가 없어 비운동성이고 협막을 형성하는 내산성균, 내건성이며 우유살균 시 파괴된다.
- 발병과 증상 : 우형 결핵균에 감염된 소의 우유를 마셔서 사람의 장관이 감염된다. 폐결핵이 흔하며 폐를 섬유조직으로 만들고 때로는 석회화를 보인다. 잠복기는 불명확하다.
- 예방 : 예방은 투베르쿨린 반응을 실시하여 감염 여부를 조기에 발견하고 예방접종을 한다. 우유로부터의 감염을 방지하려면 우유살균을 철저히 한다.

② 탄저(anthrax)

소, 말, 양 등의 가축에 급성패혈증을 일으키며 동물의 치사율은 아주 높아서 75~

100%이다. 그중 소의 탄저가 가장 많다.

- 특징 : 탄저는 비탈저라고도 하는데 병원체는 바실러스 안스라시스*Bacillus anthracis* 이고, 그람양성의 간균이며 호기성에 아포를 형성한다. 아포는 습열에서 100℃, 2~5분에 파괴되고, 건열에서는 150℃ 30~60분을 견디는데, 10% 포르말린에 15분간 처리로 사멸된다.
- 발병과 증상 : 탄저에는 피부탄저(접촉), 장탄저(경구), 폐탄저(호흡기)가 있으며, 생물학적 무기로 사용할 수 있을 정도로 치명적이다. 탄저는 소, 말, 돼지, 양 사이에 유행을 일으키지만 조류는 체온이 높기 때문에 감염되지 않는다. 사람은 주로 피부 상처를 통해서나 경구 또는 흡입으로 감염된다.

  경구 침입된 아포는 소장에서 증식하고 혈액 중에 들어가 패혈증을 일으킨다. 잠복기는 4일 이내이다. 피부탄저는 균이 상처로 침입하여 악성농포를 만들고 주위에 침윤, 부종, 궤양, 림프선염을 일으키며 혈액으로 들어가 패혈증을 일으킨다. 병에 걸린 동물고기를 섭취하면 장탄저가 일어나는데 복수, 설사, 복부압통이 나타난다.
- 예방 : 병에 걸린 동물을 조기발견, 격리, 치료를 통해 예방한다. 또 병에 걸린 동물의 사체는 철저히 소독하고, 분비물·혈액이 토양을 오염시키지 않도록 한다. 또 가축의 예방접종을 실시한다. 아포는 내열성이므로 소독은 가열 또는 고압증기 소독한다.

③ 광우병(소해면상뇌증)

광우병은 1986년 영국에서 처음 보고되었는데 소뇌의 특정부분이 스펀지(해면상)처럼 변형되어 각종 신경증상을 보이다가 폐사하므로 소해면상뇌증bovine spongiform encephalopathy, BSE이라고 하며, 원인체는 변형프리온prion 단백질이다. 프리온은 핵산을 포함하지 않는 단백질로 정상적인 동물이나 사람의 뇌에 존재하며 PrP라고 한다. 스크래피scrapie에 걸린 양, 광우병에 걸린 소, 크로이츠펠트-야콥병CJD 환자의 뇌에서 변질된 PrP-sc가 발견된다. 신경세포의 프리온 구조가 변형되면 해로운 단백질로 변하고, 변형 프리온은 정상 프리온을 자기와 비슷한 병변단백질로 만듦으로써 뇌신경세포를 파괴하여 스펀지 모양의 병변이 보인다.

사람에게서 나타나는 CJD은 광우병과 유사한 증상과 조직 소견을 나타내며 변형 프리온에 의하여 발생하지만, 광우병이 발견되기 이전부터 인구 백만 명당 한 명꼴로 자연적으로 발생한 질병이며 현재도 나타나고 있다. 인간광우병은 최근에 문제가 된 변형 크로이츠펠트-야콥병varient Creutzfeldt Jacob Disease, vCJD이다.

④ 브루셀라증

브루셀라증brucellosis은 소, 양, 돼지 등에서 유산을 일으키며, 살균되지 않은 유즙, 감염된 가축의 상처를 통해 감염된다.

증상으로는 관절계에서 가장 잘 나타나는 합병증으로 장골좌골관절염, 골수염, 골막포염이 있고, 오한, 구토, 체중 감소이 나타난다. 극히 드물지만 호흡곤란이 일어나기도 하며, 비뇨기계의 정소염이 나타난다. 우울증, 수막염 등이 보이지만 빈도는 2% 이하이고 심내막염이 중요한 합병증이며, 주요 사망 원인이 된다.

⑤ 조류 인플루엔자(avian influenza, AI)

AI는 단쇄, 나선형 RNA 바이러스로서 각기 다른 8개의 RNA 분절로 구성되어 있다. 이들은 헤마글루티닌과 뉴라미니다아제의 표면항원유전자와 6개의 내부 유전자로 나뉘는데, 이 중에 A형이 대유행을 일으키는 것이다.

AI는 청둥오리 등 야생조류가 닭이나 오리와 접촉하여 전파되므로 차단이 어렵다. 일반적으로 AI는 특정 종에만 특이하게 반응하므로 인체에 발병할 가능성은 낮다.

예방은 바이러스가 열에 약해 75℃ 이상에서 5분만 가열해도 사멸되므로 충분히 가열 조리하면 감염 가능성이 없다.

2. 기생충질환

기생충은 주로 경구감염되어 소화기 등에 기생한다. 경구 감염경로는 어패류와 육류를 통한 감염과 채소 등을 통한 감염이 있다 표 8-6. 기생충이 부착, 기생하고 있는 동물을 숙주라고 하며, 이를 다시 기생충의 성충이 지속적으로 기생하는 경우를 고유숙주 또는 종말숙주라고 하고, 성숙되기 전의 발육단계에서 다른 생물에 일시적으로 기생하는 것을 중간숙주라고 한다. 기생충은 살아있는 숙주의 위나 몸 안에 기생하며 현미경으로나 관찰할 수 있는 아주 작은 생명체이다.

표 8-6 | 기생충의 숙주와 증상

식품 분류	기생충	숙주	증상	예방
어패류	간디스토마	왜우렁이→담수어→사람	소화불량, 복부팽만, 황달, 만성설사, 위장출혈, 야맹증, 간염, 간경변, 담석증, 복수, 간암	생식 금지
	폐디스토마	다슬기→가재, 게→사람	흉부 통증, 흉막염, 각혈, 복벽, 복강, 장간막의 림프절, 복막, 심근, 장벽에 낭포를 형성	
	고래회충	해마, 바다사자→생선→사람	급성 복통, 위와 장궤양 또는 종괴 형성	
	장흡충	다슬기→잉어, 붕어→사람	복통, 설사, 두통, 신경증세	
	긴촌충	연어, 농어→사람	비특이적 소화기증세, 두드러기, 소장의 기계적 폐쇄, 악성빈혈	
육류	무구조충	쇠고기	감염 시 증상이 없는 것이 보통이지만 복통, 소화불량, 오심, 구토	쇠고기 가열 섭취
	유구조충	돼지고기	소화장애, 설사, 구토, 공복통, 체중 감소	돼지고기 가열 섭취
	만손열두조충	물벼룩, 뱀, 개구리, 개, 고양이, 인간	뇌 침입 시 간질 발작, 척수 감염 시 하반신 마비	고기를 완전히 익혀 섭취
	톡소플라스마증	고양이, 큰 쥐, 돼지, 소, 양, 닭	림프샘 팽창, 열, 두통, 근육 통증, 톡소플라스마증	
	선모충	돼지고기	메스꺼움, 구토, 설사, 복부통증, 열, 눈 주위 조직의 팽창과 근육경직	
채소류	회충	사람	장폐색과 두통, 오심, 현기증, 복통, 설사	감염된 채소를 날로 먹지 말 것, 가열조리
	사이클로스포리아증	사람	설사, 식욕의 소실, 체중 감소, 부기, 위경련, 메스꺼움, 구토, 근육통, 낮은 열, 피로	
	십이지장충	사람	피부염, 소양감, 작열감, 발적, 종창, 경구 감염 시 오심, 구토, 인후소양감, 경련성 기침	
	편충	사람	빈혈, 신경증상, 맹장염	
	요충	사람	항문 주위의 가려움, 습진, 피부염, 불면증, 신경증	손, 속옷 청결

1) 어패류의 기생충

(1) 간디스토마(간흡충)

우리나라에서 간디스토마*Clonorchis sinensis*는 낙동강, 영산강, 섬진강 유역 주민의 감염률이 높다. 성충은 구두주걱 모양의 10~25×3~5mm의 크기이고, 충란은 27~35×12~20nm의 난형이며 황갈색의 난각이 있다.

충란이 배출되면 제1중간숙주인 왜우렁이에게 먹힌다. 장관에서 부화하여 난각을 탈피한 유모유충은 포자낭유충 → 레디유충 → 유미유충까지 생장한다. 이 유미유충은 왜우렁이의 고유막을 나와 제2중간숙주인 담수어 내에 들어가 피낭유충이 된다 그림 8-1.

사람이 민물고기를 날로 먹거나 덜 익혀 먹을 때 발생하며, 증상은 소화불량, 복부 불쾌감, 황달, 만성설사, 위장출혈, 야맹증 등이고, 간염, 담석증, 복수, 간경화증, 간암을 유발하기도 한다.

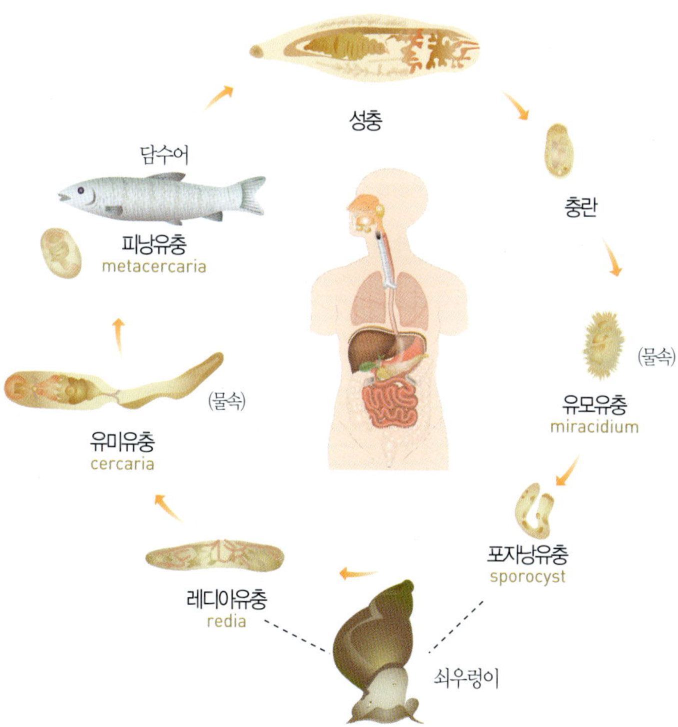

그림 8-1 | 간디스토마의 생활환

(2) 폐디스토마(폐흡충)

폐디스토마*Paragonimus westermani*는 폐, 기관지에 주로 감염되나 흉강, 복강, 피하조직에도 기생하며, 폐에 기생할 경우 폐결핵과 유사하다. 충란은 다슬기를 거쳐 가재나 게를 통해 인체에 감염되며 십이지장을 뚫고 횡경막, 흉강을 지나서 폐에 도착한다. 폐 속에 들어가 피를 빨아 먹고 분비물로 염증을 일으킨다. 증상은 쇠녹색의 가래, 혈담, 흉부통증, 흉막염, 각혈을 하며 미열이 나고 복벽, 장간막의 임파절, 장벽에 낭포를 형성한다.

기생충으로 인한 문제

- 기계적 장해 : 구충에 의한 점막 손상, 회충에 의한 장폐쇄와 다른 장기 침입
- 염증 유발 : 간흡충에 의한 담도 주위 조직의 이상증식
- 독소에 의한 병해 : 독소 자극에 의한 빈혈, 신경증상

(3) 고래회충

고래, 돌고래, 물개 등의 위에 기생하는 선충류의 유충을 통칭하여 아니사키스 유충*Anisakis* spp.이라고 한다. 이들 유충의 감염경로는 해양 플랑크톤어류, 두족류, 고래를 통해 이루어지며, 기생충의 숙주는 해마, 바다사자와 수달이다. 그것은 중간숙주인 생선으로 전파된다 그림 8-2. 인간은 감염된 생선을 먹고 숙주가 되지만, 인간은 기생충의 좋은 숙주가 아니어서 체내에서 결국 죽게 된다.

증상은 급성복통, 위와 장의 궤양이다. 가끔 위벽을 뚫고 복강 내로 이동하여 복통을 일으키며 십이지장, 회장, 공장 및 충수돌기로 이동하여 장 아니사키스증을 유발한다. 이것은 길이가 가늘고(0.3~1mm) 짧은(2~3mm) 선충이며, 베이지, 흰색, 회색, 갈색 또는 분홍빛이다.

(4) 장흡충(요코가와흡충)

요코가와흡충*Metagoniuus yokogawai*의 성충은 작은 난원형의 흡충이고, 충란은 담갈색이다. 충란은 제1중간숙주인 다슬기의 장관에서 부화하며 주위 조직으로 들어가 발육

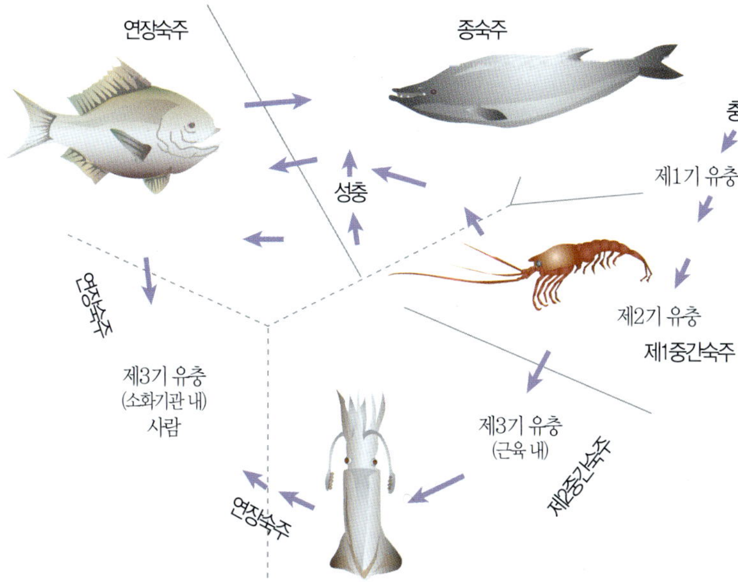

그림 8-2 | 고래회충의 생활환

하고, 제2중간숙주인 잉어나 붕어에 침입하여 메타세카리아metacercaria가 된다. 사람이 담수어를 생식하면 감염되어 공장 상부에 기생하며, 보통은 증상이 없지만 심하면 복통, 설사, 두통, 신경증세를 일으킨다. 예방에는 담수어, 특히 은어의 생식을 금하는 것이 중요하다. 장흡충에는 이협흡충류, 참굴큰입흡충류, 서울주걱흡충과 같은 종류가 있다 표 8-7.

표 8-7 | 장흡충의 종류

분류	감염
이형흡충류	숭어, 농어, 문절망둑 등의 반염수어가 매개하므로 강어귀의 바닷가마을에서 감염자가 많이 발생함
참굴큰입흡충류	전남 해안에 서식하는 참굴에서 발견(한국에서 처음 발견)
서울주걱흡충	개구리, 뱀을 통한 감염(한국에서 처음 발견)

(5) 광절열두조충(긴촌충)

긴촌충*Diphyllobothrium latum*은 북미, 시베리아, 일본 북부 지역 및 대한민국에 분포하며, 성충이 10m까지 자란다. 감염경로는 연어, 농어, 송어 소장(회장 상부)에 기생하고 있던 것이 생식하거나 덜 가열하여 섭취하면 인체에 들어오는 것이다. 증상은 설사, 복통, 무력증, 체중 감소, 입맛 소실, 두드러기, 소장의 기계적 폐쇄, 악성빈혈(비타민 B_{12} 결핍)이 나타난다.

2) 육류의 기생충

(1) 무구조충(민촌충)

무구조충*Taenia saginata*의 낭충은 쇠고기를 통하여 인체에 감염되므로 쇠고기촌충beef tapeworm이라고 하며, 갈고리가 없어 무구조충, 민촌충이라고 부르기도 한다. 길이가 3~8m, 체절이 1,000개 이상이다. 낭충은 허리살, 콩팥, 혀, 심장 등 주로 근육에 기생한다. 이 낭충에 감염된 쇠고기를 덜 익혀 먹으면 감염되고, 유충이 소장 상부로 나와 2~3개월 만에 성충이 된다. 주된 감염증은 복통, 소화불량, 오심, 구토 등이 있으며, 항문을 통해 빠져나올 때 이물감, 항문소양증이 있으며 간혹 장폐색, 충수돌기염을 유발한다.

예방은 쇠고기를 충분히 익혀 먹고, 쇠고기의 위생검사를 철저히 하도록 한다.

(2) 유구조충(갈고리촌충)

주로 돼지고기를 날로 먹어 감염되므로 돼지고기촌충pork tapeworm이라고 하며, 갈고리가 있어 유구조충*Taenia solium*, 갈고리촌충이라고 부른다. 길이는 약 2~3m, 폭은 약 5~6mm, 체절은 800~900개로 이루어져 있고, 머리는 구형으로 22~32개의 갈고리가 있다. 충란은 엷은 알껍질 속에 유구유충이 들어 있는데 이 낭충을 중간숙주인 돼지가 섭취하면 근육 속에 침입하여 유구낭충이 된다. 사람은 돼지고기를 먹고 감염되며, 소장에서 8~10주 만에 성충이 된다 그림 8-3. 때로는 충란을 사람이 직접 먹었을 때 낭충이 혀, 가슴, 안구, 뇌, 심장, 피하조직, 근육 등에 기생하는데 이를 인체 유구낭미충증이라 한다. 증상은 소화장애, 설사, 구토, 공복통, 체중 감소 등이며, 예방은 돼지고기의 생식을 금하는 것이다.

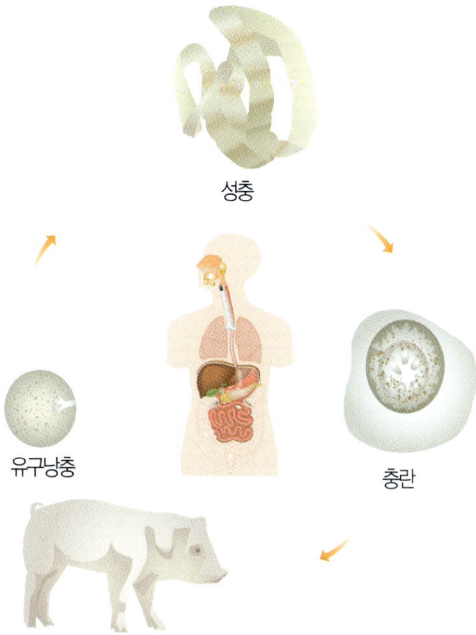

그림 8-3 | 유구조충의 생활환

(3) 만손열두조충

만손열두조충*Spirometra erinacei*의 유충이 인체를 감염하여 생긴 질병을 스파르가눔증이라고 한다. 우리나라는 유행지로서 감염사례가 많다. 만손열두조충의 감염경로는 물벼룩, 뱀, 개구리, 개, 고양이, 인간을 통해 감염되며, 증상은 통증이 없는 이물감과 가려움증을 수반한 피하종물로 시작, 심한 염증을 동반한 육아종을 형성한다. 복벽·음낭·하지·흉벽·유방에 피하 침입하거나, 뇌·복강·흉강·척수·안구 주위의 조직에 침입한다. 뇌 침입 시 간질 발작, 척수 감염 시 하반신 마비를 초래한다.

(4) 톡소플라스마증

톡소플라스마증toxoplasmosis을 유발하는 톡소플라스마 곤디*Toxoplasma gondii*는 고양이, 쥐, 돼지, 소, 양, 닭과 새 같은 온혈동물에 존재한다. 건강한 어린이와 성인은 증상이 나타나지 않거나 가벼운 증상으로 림프샘 팽창, 열, 두통, 근육 통증을 보인다. 면역체계가 약하거나 장기이식 환자는 눈과 뇌에 심한 손상을 초래하는 톡소플라스마증에 취약하므로 특히 조심해야 한다. 출생 전에 감염된 유아는 정신지체, 장님, 정신적·육체적 문제를 가지고 태어날 수 있다. 잠복기는 노출된 후 10~13일이다.

가정용 고양이는 인간과 다른 동물에게 기생충을 전파하는 주범이며, 식품은 변과 접촉함으로써 오염된다. 예방은 덜 익힌 고기의 섭취를 피하고 생고기와 채소를 취급한 후 손을 씻고 과일과 채소를 깨끗이 씻어 먹고, 기구와 식기를 씻고 소독하여 교차오염을 막는 것이다.

(5) 선모충

선모충*Trichinella spiralis*은 돼지고기에 흔히 존재한다. 그러나 곰, 해마, 야생산돼지 같은 야생사냥육에서도 발견된다. 이 기생충은 육식동물, 썩은 고기를 먹는 동물에 의해 감염된다. 초기 증상은 메스꺼움, 구토, 설사, 복부 통증이다.

그 후 열, 눈 주위 조직의 팽창과 근육경직이 나타난다. 잠복기는 오염된 고기 섭취 후 2~28일이며, 심한 경우 사망을 초래할 수도 있다. 예방은 돼지고기와 야생사냥육의 생식을 금하고 충분히 익혀 섭취하는 것이다.

3) 채소류의 기생충

(1) 회충

회충*Ascaris lumbricoides*은 가장 보편적인 기생충으로 우리나라에서도 농촌지역의 감염률이 높다.

기생충 중 제일 커 수컷은 15~31cm×2~4mm이며 끝은 말려 있다. 보통 소장에 기생하며 감염 후 산란까지 약 60~75일이 걸리고, 암컷 한 마리가 하루에 10만~20만 개의 알을 낳는다. 분변과 함께 배출된 충란은 늦은 봄부터 초가을에 발육하여 난자 안에 자충이 형성된 감염성 성숙란이 된다. 음식물과 함께 섭취된 후 십이지장에서 부화하여 장간막, 정맥, 간, 폐동맥, 폐를 거쳐 기관, 식도, 위를 경과하여 소장에서 성충이 된다. 토양이 매개이며, 오염된 손으로 음식물을 섭취하거나 오염된 채소를 날로 먹을 때 감염된다.

회충은 다수의 충체에 의한 장폐색과 두통, 오심, 현기증, 복통, 설사 등을 보이며, 흙을 먹는 이미증geophagia의 어린이들에게 증상이 나타나지 않는 경우도 있다. 열에 대한 저항성은 76℃ 이상이 열탕에서 1초 이상, 65℃에서 10분 이상 가열하면 사멸되는데 60℃ 이하에서는 10시간 이상 처리하여도 사멸되지 않는다.

(2) 사이클로스포리아증

사이클로스포라 카예타넨시스*Cyclospora cayetanensis*는 1990년대 미국에서 발병사례가 많던 기생충이다. 발병은 오염된 물, 라즈베리raspberry, 딸기 등의 식품에서 일어난다. 사이클로스포라는 변-구강감염에 의해 사람에게서 사람으로 전파된다.

증상은 물 같은 설사, 식욕 소실, 체중 감소, 위경련, 구토, 근육통, 피로 등이 나타나는데, 식품 섭취 후 일주일 내에 시작하며 몇 주나 몇 달간 증상이 지속된다. 예방은 오염된 식품, 물이나 작업자와의 접촉을 피하고 승인된 공급처에서 조리식품을 구입하고 위생관리를 잘하는 것이 중요하다.

(3) 십이지장충(구충)

우리나라에서는 '채독증'이라고 부르는 구충*Ancylostoma duodenale*에는 두비니구충과 아메리카구충이 있는데 성충의 크기는 수컷이 8~10×0.4~0.5mm, 암컷이 10~13×0.6mm이며 예리한 이빨로 장벽에 교착하고 이동성은 없다. 분변과 함께 나온 충란은 습한 흙 속에서 부화하여 라브디티스유충 → 필라리아유충 → 피낭유충이 된다. 피낭유충이 입으로 들어가거나 피부와 접촉되면 5분 이내에 혈관이나 림프관을 통하여 폐의 기낭에 들어간 후 기관지, 인두를 거쳐 다시 소장 점막에 부착, 기생한다. 증상은 침입 부위에 피부염, 소양감, 작열감, 발적, 종창을 보이며, 경구감염 시 오심, 구토, 인후소양감, 경련성 기침을 유발한다. 빈혈, 영양장애를 일으키는 토양매개성 윤충이다. 구충란은 70℃에서 1초면 죽고 직사광선을 쪼여도 곧 죽는다. 예방은 회충과 비슷하고 경피감염에 주의하여 오염된 곳에서 맨발로 다니지 않도록 한다.

(4) 편충

편충*Trichuris trichiura*은 세계적으로 분포되어 있으나 열대와 아열대에 많고 우리나라에서도 감염률이 상당히 높다. 수컷은 30~45mm, 암컷은 35~50mm이고, 말채 모양이다. 흙 속에서 충란은 수 주에서 18개월까지 생존하며 감염형으로 변한다. 경구감염되면 소장 상부에서 부화하여 대장, 특히 맹장 부위에 정착한다. 일반적으로 무증상이나 빈혈, 신경증상, 맹장염 등을 일으킬 때가 있고, 예방은 회충과 같다.

(5) 요충

요충*Enterobius vermicularis*은 세계적으로 분포하며 농촌보다 도시에 많고 우리나라의 감염률도 높은 편이다. 성충은 희고 가는 실 모양인데 수컷이 2~5×0.1~0.2mm, 암컷이 8~13×0.4~0.5mm이다. 어린이 감염률이 높고, 인구 밀집지역에서 많이 발생한다. 성충은 장에서 나와 항문 주위에 산란하는데 주로 밤에 나온다. 산란한 곳은 몹시 가려우며 긁게 되면 손가락에 묻은 충란이 다시 입으로 들어가 자가감염을 일으킨다. 때로는 충란으로 오염된 음식물, 식기를 통하여 경구감염된다. 충란은 맹장 부위에 기생하는데 성충이 되기까지는 약 2개월이 걸린다. 증상은 항문 주위의 가려움, 긁힘, 습진, 피부염, 불면증, 신경증 등이다. 예방은 가족 내 감염을 방지하기 위해 일제히 구충을 실시하고, 손, 항문 근처, 속옷을 깨끗이 유지하도록 한다.

3. 위생동물

식품위생상 위해한 동물은 쥐와 곤충 및 진드기류 등이 있다. 바퀴, 파리 등은 병원성 미생물을 식품에 운반하여 인체를 감염시키고, 쥐는 병원성 미생물을 보유한 후 식품에 배설하여 식중독을 일으킨다.

1) 쥐류(Rats)

쥐는 분류학상 포유강-쥐목-쥐과에 속한다. 위생상 쥐아과에 속해 있는 집쥐속과 생쥐속이 문제가 된다. 쥐는 서식장소와 번식력, 생활행태에 따라 가주성 쥐와 들쥐로 분류된다. 가주성 쥐는 집쥐, 곰쥐, 생쥐가 대표적이다.

(1) 쥐의 특징

집쥐는 시궁쥐, 헛간쥐, 갈색쥐, 부두쥐라고도 한다. 곰쥐와 생쥐의 특성은 표 8-8과 같다.

표 8-8 | 쥐의 종류와 특징

종류	몸길이	체중	임신기간	특징	그림
집쥐 (Norway rat)	18~25cm	400~500g (성숙기)	20~21일	뭉뚝한 코, 두툼한 몸집, 갈색	
곰쥐 (roof rat)	16.5~20cm	50~400g	20~21일	높은 곳을 좋아하며 협동적임 흑색, 짙은 회색, 동작이 민첩함	
생쥐 (mouse)	6~9cm	20g	17~20일	머리와 발은 작고 귀는 크며 돌출됨	

(2) 쥐의 생태와 습성

집쥐와 곰쥐는 출생 후 2.5~3개월이 되면 교미를 시작하고 생쥐는 2개월 후부터 교미한다.

쥐는 개방된 곳은 피하며 야간에 활동하지만, 굶주리면 낮에도 사람이 없는 곳에서 활동한다. 잡식성으로 집쥐와 곰쥐의 먹이량은 28g이며, 물은 14~28g고, 생쥐는 이 양의 1/10 정도를 섭취한다. 쥐는 이로 갉는 능력이 뛰어나며, 시각이 발달되어 있지 않아 수염이 촉각의 역할을 하고, 후각은 매우 발달하여 먹이 발견이나 위험물의 도피수단이 된다. 쥐는 단맛과 짠맛에 기호반응을, 쓴맛과 쉰내는 기피반응을 보인다.

(3) 쥐의 위해와 방제법

쥐는 렙토스피라증, 쥐티푸스, 살모넬라증 등 여러 종류의 병원체를 보유하여 감염병의 감염원이 된다. 또 쥐는 식량과 의류, 가구, 기물, 곡류, 임업, 수산업, 철도, 전화, 전기, 운수업에도 피해를 준다. 쥐의 방제는 먼저 환경여건을 개선하여 쥐가 들어오거

쥐티푸스란

쥐티푸스(발진열 리케치아*Rickettsia typhi*는 발진티푸스균*R. Prowazekii*과 형태, 크기, 염색성, 세포 내의 기생 부위, 항원성까지도 흡사하며, 특이혈청반응으로 감별 할 수 있다. 크기는 0.25~0.3μm×0.4~0.45μm이며, 다형성으로 구상, 단간상, 때로는 장간상을 나타낸다. 생체 외에서는 저항력이 매우 약하며, 56℃에서는 30분이면 사멸하고, 건조한 상태에서는 장기간(수개월에서 1년간) 생존한다.

리케치아는 자연계에서 쥐가 숙주 역할을 하고, 쥐벼룩*Xenopsylla cheopis*과 쥐이가 매개체 역할을 한다. 감염된 쥐벼룩의 대변으로 병원균이 배설되어 가려움증으로 피부를 긁을 때 생기는 미세한 상처를 통해 전파되거나 대변이 건조되면서 병원균이 공기 중으로 떠돌다가 호흡기로 전파되기도 한다.

6~18일(평균 10일)간의 잠복기를 거쳐 발열(38.5~40℃), 오한, 두통, 근육통이 갑자기 발생한다. 발병한 지 3~5일이 되면 환자의 60~80%에서는 반점상의 발진이 복부, 흉부에 나타나며, 이어서 배부, 상지로 퍼지고 시간이 흐르면 반점상구진maculopapular rash이 되고, 4~8일이 지나면 없어진다. 이러한 피부의 변화는 발진티푸스에 비하면 지속기간이 짧고 수효도 적고 출혈성인 경우도 적다.

나 먹이와 서식지를 제거하며, 쥐덫, 쥐틀, 끈끈이 등을 설치하거나 독극물이나 살서제, 훈증제(독가스)를 살포하는 방법을 사용한다. 불임약제로 생식을 억제하거나 불임을 유도할 수 있다. 또 고양이나 오소리 등 천적을 이용하여 제거할 수도 있다

쥐가 옮기는 질병

- 세균성 질환 : 흑사병, 서교열, 살모넬라
- 리케치아성 : 발진열(쥐티푸스), 쯔쯔가무시병
- 바이러스성 : 신증후군출혈열
- 기생충성 : 아메바성 이질, 선모충증

2) 곤충류

(1) 파리류(Flies)

파리는 파리목의 환봉아목에 속하는 곤충이다. 파리가 위생해충으로 중요시되는 것은 병원체의 매개와 운반, 흡혈, 승저증蠅疽症의 원인, 불쾌감으로 정신적인 해를 주기 때문이다.

파리 성충의 날개는 앞날개만 크고 막상으로 되어 있으며, 주둥이는 주걱 모양으로 생겼다. 파리는 알 → 유충 → 번데기 → 성충의 변태를 거치며, 생활사는 파리의 종류나 온도에 따라 차이가 있어 5~10월에는 산란에서 성충까지 2~3주 걸린다.

파리 성충은 6℃ 이하에서 매우 비활동적이어서 온도관리는 파리의 방제에 도움이 된다. 쓰레기통은 옥외에 보관하든지 벽막이로 분리 보관하고 뚜껑이 있는 통을 사용한다. 에어 스크린, 메시 스크린, 이중문 등도 파리의 침입을 막을 수 있고, 전기트랩이나 화학약품으로 방제할 수 있다. 파리의 종류는 그림 8-4와 같다.

집파리 초파리 파란범파리

그림 8-4 | 파리의 종류

자료: 한국방역협회(www.ikpca.co.kr)

> **파리가 옮기는 질병**
>
> - 집파리 : 장티푸스, 파라티푸스, 콜레라, 세균성·아메바성 이질, 살모넬라증 등과 결핵균, 나균, 화농균, 회충·편충·요충·촌충의 충란을 전파
> - 검정금파리 : 소아마비 바이러스
> - 체체파리(아프리카) : 열대수면병의 병원체(트리파노소마) 매개

(2) 바퀴벌레

지구상에 살고 있는 바퀴벌레cockroaches는 250여 속, 3500여 종으로 알려져 있다. 그 중 소형의 독일바퀴와 대형의 이질바퀴, 먹바퀴, 집바퀴가 가주성 바퀴인데, 특히 독일바퀴는 가주성 바퀴의 대표격으로 세계 전역에 분포하고 있다 그림 8-5. 바퀴는 부잣집에만 살고 생긴 모양이 동전을 연상시킨다 하여 돈벌레라고도 부른다.

바퀴벌레는 몸이 편평하고 길며 몸길이는 10~100mm이다. 알 → 약충 → 성충의 변태과정을 거친다. 산란된 알주머니로부터 부화하여 3~4개월의 약충기를 보내고 탈피하여 1~2주 후에 성충이 되고 1주일 이내에 산란하는데 어둡고 구석진 마룻바닥, 벽틈, 천장 구석 등에 산란한다. 바퀴는 어두운 곳, 야간에 활동적이며 불결한 장소에 모인다. 탄수화물을 선호하지만 잡식성으로 무엇이나 잘 먹어 쓰레기, 죽은 곤충, 종이, 나무도 먹는다.

구제법으로서는 바퀴벌레가 들어갈 만한 틈을 만들지 않고 음식찌꺼기 등의 쓰레기는 뚜껑이 달린 용기에 넣는다. 바퀴방제에는 미끼, 유인구역 또는 기생충을 사용한다. 또 4℃에서 바퀴발레는 비활동성이 되므로 냉장온도나 냉동은 바퀴벌레의 수를 감소시킬 수 있다. 방제용 화학약품, 아미디노히드로존amidinohydrozone은 효과적이며, 디아지논과 피레스린의 혼합액을 사용하기도 한다.

그림 8-5 | 바퀴벌레의 종류

자료: 한국방역협회(www.ikpca.co.kr)

바퀴벌레가 옮기는 질병

- 세균성 질환 : 이질, 콜레라, 장티푸스, 결핵, 페스트, 폐렴
- 바이러스성 질환 : 폴리오, 간염
- 기생충 질환 : 조충, 회충

(3) 개미류(Ants)

개미는 꼬마개미 · 애집개미 · 고동털개미 · 일본왕개미 등과 같이 가옥 내에 침입하여 설탕이나 식품을 훔치는 것이 있으며, 진딧물이나 깍지벌레를 보호하기 때문에 농업상의 해를 끼치는 것이 있다. 흑색 대형의 일본 왕개미, 소형이며 갈색의 고등털개미, 미소하고 물엿빛의 애기집개미를 비롯하여 많은 종류가 문제가 되고 있다.

해충의 천적으로서 유익한 것도 있어 중국에서는 감귤류의 해충 구제에 1600년 전부터 개미를 이용하였고, 타이완의 사탕수수 해충에는 왕주름개미, 독일의 산림 해충에는 불개미를 사용하는 등 농업 해충의 방제에 개미가 이용되고 있다 그림 8-6.

애집개미

꼬마흙개미

주름개미

그림 8-6 | 개미의 종류

자료: 한국방역협회(www.ikpca.co.kr)

(4) 바구미류(Weevil)

곡류에는 바구미류가 흔히 발견된다. 이들의 성충은 단단한 앞날개가 몸의 대부분을 덮고 있으며, 첫 날개는 날기 때문에 막상인 것이 많다. 유충은 구더기상이나 건조하여 털이나 돌기를 갖는 것이 많다 그림 8-7.

(5) 나방류(Moths)

나방의 유충은 식품 속에서 발육하고 성충이 된 다음에 날개를 세우고 가는 것이 많다. 예를 들면 쌀, 보리 등의 곡물에는 화랑곡식나방, 곡식 점부채명나방 그리고 초콜릿 등의 한점 쌀명나방 등이다 그림 8-8.

그림 8-7 | 쌀 바구미
자료: 한국방역협회(www.ikpca.co.kr)

그림 8-8 | 화랑곡식나방
자료: 한국방역협회(www.ikpca.co.kr)

3) 진드기류

진드기류는 몸길이 1mm 전후의 작은 진드기mite와 1~2cm의 타원형의 큰 진드기tick가 있다. 세계적으로 1만여 종이 있으며 식품에 관계되는 것은 100여 종인데 사람이나 가축, 식물, 식품에 기생하여 번식하므로 식량의 손실을 가져오고 식중독 등의 부작용을 유발한다.

진드기는 변온동물이며 알 → 유충 → 약충 → 성충의 변태과정을 거치는데, 성체는 난형 또는 타원형이며 머리, 몸통, 배의 구별이 없고 배에는 네 쌍의 다리가 있다. 몸통의 뒷면이나 앞면에는 여러 가지 비후지가 있어 이것으로 종류를 구별한다.

진드기 그림 8-9는 다음과 같이 크게 두 가지로 분류한다.

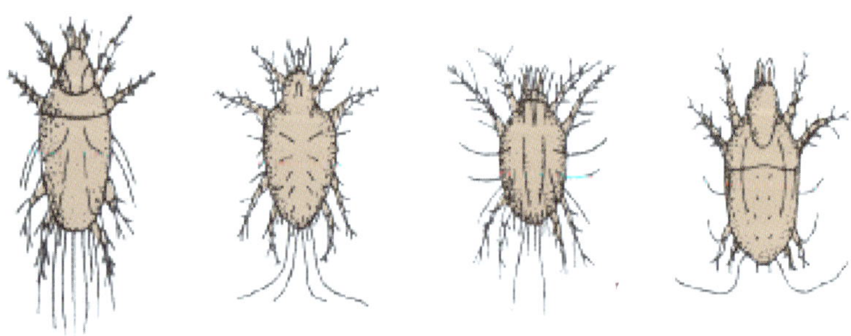

긴털가루진드기 설탕진드기 집고기진드기 작은가루진드기

그림 8-9 | 여러 가지 진드기

• 식품 자체 또는 식품에 발생하는 곰팡이를 먹고 사는 것 : 가루진드기, 먼지진드기
• 이 진드기를 포식하는 것 : 발톱진드기, 기생진드기

식품에서 가장 광범위하게 볼 수 있는 것은 긴털가루진드기이다. 이것은 곡물분, 과자 등의 저장식품에 많은데 식품에 많이 서식하는 진드기는 다음 **표 8-9**와 같다.

표 8-9 | 식품에 서식하는 진드기

식품	진드기
쌀, 보리	긴털가루진드기, 굵은다리가루진드기, 송곳다리고기진드기, 먼지진드기
흑설탕, 견과류, 된장	설탕진드기
고단백 · 고지방 식품	일본가루진드기
건어제품	수시렁이진드기

진드기 영양원으로는 탄수화물과 단백질이 필요하며, 진드기가 좋아하는 식품은 건조과일, 염장어패류, 건어물, 치즈, 된장 등이다. 건조나 가열한 식품에는 생존하지 못하므로 방제는 밀봉포장이 우선이다. 진드기는 습도가 75% 이상, 수분함량이 13% 이상에서 잘 번식하며, 극히 건조하면 증식할 수 없다. 온도가 20℃를 넘을 때 번식이 현저하게 증가한다. 또 곡분과 과자의 수분함량을 10% 이하로 줄이고, 방습용기에 보존하면 번식을 막을 수 있어 습도를 60% 이하에서 곡물을 보존하면 좋다. 온도가 70℃ 이상이면 사멸하므로 건열이나 증기가열을 사용하면 효과적이다. 냉동은 진드기를 사멸할 수 있고, 냉장은 증식은 막지만 사멸되지는 않는다. 그 외 수미티온, 바이텍스, 저독성의 유기인 살충제를 사용하거나 인화수소나 메틸브로마이드, 클로로피크린을 훈증한다. 그러나 약품은 알에는 큰 효과를 나타내지 못한다.

9

CHAPTER

식품첨가물

1. 총론 | 2. 각론

학습목표

생활수준의 향상과 식품산업의 발달로 가공식품의 생산과 소비가 증가하면서 식품의 관능적 특성의 개선, 영양가의 보강, 신선도의 유지, 가공의 보조 등 여러 가지 목적으로 다양한 식품첨가물이 사용되고 있다.

현재 사용되고 있는 식품첨가물 중에는 천연물도 적지 않으나 대부분 인공적으로 합성된 화학적 합성물이다. 화학적 합성물이 식품첨가물로 사용되기 위해서는 엄격한 독성시험을 거쳐 정부기관에 의해 안전성이 승인되어야 한다. 현재 사용이 승인된 식품첨가물들 중 인공적으로 합성된 것들은 사용대상 식품과 사용량이 제한되어 있다. 안전한 화학적 합성물이라도 사용방법, 사용량, 순도 등에 따라 인체에 유해한 영향을 주기도 하므로 세심한 주의가 필요하다.

식품첨가물은 적절히 사용하면 식품의 기호적·영양적·상품적 가치를 향상시킬 수 있지만 식생활을 통해 지속적으로 섭취되는 것이므로 잠재적 위험성이 따르기 때문에 인체에 대한 높은 안전성이 요구된다.

1. 총론

1) 식품첨가물의 정의

식품첨가물은 식품을 가공, 제조, 조리할 때 식품의 품질을 개량하고 보존성이나 기호성을 향상시키며 영양적 가치를 높이기 위해 첨가하는 물질로, 다음과 같이 여러 가지로 정의되고 있다.

- 우리나라 「식품위생법」(제2조) : "식품첨가물"이란 식품을 제조·가공·조리 또는 보존하는 과정에서 감미甘味, 착색着色, 표백漂白 또는 산화방지 등을 목적으로 식품에 사용되는 물질을 말한다. 이 경우 기구器具·용기·포장을 살균·소독하는 데에 사용되어 간접적으로 식품으로 옮아갈 수 있는 물질을 포함한다.
- 국제식품규격위원회(Codex STAN 192-1995) : 식품첨가물은 일반적으로 그 자체를 식품으로 섭취하지 않고, 영양적 가치에 상관없이 식품의 일반성분으로서 사용되지 않는 물질을 의미하며, 식품의 제조, 가공, 조리, 처리, 포장 및 보관 시에 기술적인 목적을 달성하기 위해 식품에 첨가하여 효과를 나타내거나, 직접 또는 간접적으로 식품에 효과를 나타낼 것으로 기대되거나 그 부산물이 식품의 구성성분이 되거나, 식품의 특성에 영향을 끼칠 수 있는 물질을 말한다. 다만, 오염물질, 영양적 품질 개선을 목적으로 첨가하는 물질은 제외된다.
- FAO와 WHO 합동 식품첨가물 전문가위원회Joint FAO and WHO expert committee on food additives : 식품의 외관, 향미, 텍스처 또는 저장성을 향상시킬 목적으로 보통 미량으로 식품에 첨가되는 물질이다.
- 미국 연방법(Federal FD&C 201(s)) : 식품첨가물은 식품의 구성성분이 되거나 식품의 특성에 직접 혹은 간접적으로 영향을 끼치기 위해 의도적으로 사용되는 물질을 의미하며, 식품의 제조, 가공, 처리, 보존, 포장, 수송 등에 사용되는 물질을 말한다. 다만, 잔류농약, 살충제, 동물용 의약품, 영양강화제 및 식품첨가물 법령이 발효되기 이전인 1958년 이전에 승인된 물질 혹은 축산물가공법에 따라 승인된 물질은 제외된다.

2) 식품첨가물의 지정

우리나라 「식품위생법」 제6조에 의하면 기준·규격이 정하여지지 아니한 화학적 합성품인 첨가물과 이를 함유한 물질을 식품첨가물로 사용할 수 없다. 보건복지부 장관은 식품심의위원회에 자문하여 화학적 합성품 중 사람의 건강을 해칠 위험이 없는 것을 식품첨가물로 지정하게 되는데 이를 첨가물지정제도permitted list system라고 한다.

식품첨가물의 지정 요건은?

- 안전성이 실증되거나 확인된 것
- 식품첨가물의 사용이 식품소비자에게 이익이 되는 것
- 식품첨가물이 사용 목적에 대한 충분한 효과가 기대되는 것
- 식품첨가물이 원칙적으로 첨가한 식품의 화학분석 등에 의해 첨가를 확인할 수 있는 것

1962년에 처음으로 217품목이 식품첨가물로 지정·공포되었으며, 현재 우리나라에서는 화학적 합성품 445품목, 천연첨가물 215품목, 혼합제제 7종 등 667품목이 지정되어 있다. 이미 지정된 식품첨가물이라도 재검토하여 위생상 유해함이 판명되거나 안전성이 보장되지 않는다고 판단되면 이를 삭제한다.

3) 식품첨가물의 규격 및 기준

식품첨가물에는 천연품과 화학적 합성품이 있다. 「식품위생법」(제2조)에 의하면 화학적 합성품이란 화학적 수단에 의하여 원소 또는 화합물에 분해반응 외의 화학반응을 일으켜서 얻은 물질로 정의하고 있다. 화학적 합성품에는 화학물질을 원료로 화학적으로 합성된 것과 동물, 식물, 광물 등의 천연물이나 그 추출물을 원료로 화학반응을 일으켜 생성된 것이 있다. 대부분의 식품첨가물은 화학적 합성품으로 인체에 유해할 수 있으므로 「식품위생법」에서는 이들의 사용을 엄격히 규제하고 있다. 한편 천연품은 천연의 동식물 및 광물에서 추출한 것을 첨가물로서의 유효성분만 분리, 정제하여 얻어지며, 발효에 의해 생산된 효소류도 포함된다. 일반적으로 천연품은 화학적 합성품보다 안전한 것으로 여겨지지만 화학적 합성품과 같이 식품의약품안전처장이 지

정 고시한 것만 사용하고 판매할 수 있다. 개별기준 및 규격이 고시되지 아니한 천연첨가물에 대하여는 한시적 기준 및 규격 인정 제도가 적용된다.

한시적 기준 및 규격의 인정이란?

제조·가공업자 또는 수입업자가 식품첨가물의 성분 규격, 제조, 가공, 사용, 보존 등의 방법 등이 기입된 신청서를 식품의약품안전처장에게 제출하면 기술 검토를 거쳐 식품의약품안전처장이 당해 제품에 대해 한시적 기준 및 규격을 인정하는 제도이다.

식품의약품안전처장이 지정한 합성첨가물이나 천연첨가물의 성분 규격이 정해져 있을 뿐만 아니라 사용기준, 제조기준을 정하여 사용목적, 사용대상 식품, 사용량 등을 규제하고 있으며, 보존 시 주의가 필요한 것은 보존기준을 규정하고 있다. 사용기준은 식품첨가물의 1일 섭취허용량ADI, 식품의 섭취량, 유효농도 등을 고려하여 결정하며, 안전성이 큰 식품첨가물에는 사용기준이 정해져 있지 않다.

4) 식품첨가물의 표시기준

식품첨가물 표시기준에 의하면 제품명, 업소명 및 소재지, 제조연월일, 원료명 및 성분명, 보관방법 및 사용기준 등을 표시하고, 제품의 특성에 따라 혼합제제인 제품은 '혼합제제 식품첨가물'로 표시한다. 또 보관방법 및 사용기준, 사용방법이나 보존기준이 정해진 첨가물에 대하여는 사용방법이나 보존방법도 표시해야 한다. 화학적 합성품인 제품은 '화학적 합성품 첨가물'로, 이외의 제품은 '식품첨가물'로 표시한다. 타르색소를 혼합 또는 희석한 제제는 '혼합' 또는 '희석'이라는 표시와 함께 실제 색깔의 명칭을 표시한다. 화학적 합성품만을 혼합한 식품첨가물은 혼합된 화학적 합성품의 명칭 및 함량을, 천연색소 제제 및 효소 또는 비타민 제제는 각각 색가 및 역가를 표시한다. 이와 같은 식품첨가물 및 혼합제제 표시는 용기나 포장의 보기 쉬운 곳에 한글로 기재해야 하고, 표시가 기재된 용기나 포장 위에 다시 포장을 하는 경우에는 투명한 포장을 하여 표시를 쉽게 투시할 수 있게 하거나 외포장에 다시 기재하도록 정해져 있다.

5) 식품첨가물공전

「식품위생법」 제5장 식품등의 공전에 의하면 식품의약품안전처장은 식품첨가물의 기준과 규격을 수록한 「식품첨가물공전」을 작성, 보급해야 한다. 「식품첨가물공전」은 첨가물의 적정한 사용을 일반에게 널리 주지시키고 오차 방지를 위해 식품의약품안전처장이 작성하는 것이다. 「식품첨가물공전」은 1973년 11월에 처음 발행되었으며, 여기에는 지정된 식품첨가물의 명칭, 함량, 성상, 확인시험법, 순도시험법, 사용기준, 보존기준, 정량법 등이 수록되어 있다.

첨가물의 일반사용기준

1) 식품 중에 첨가되는 식품첨가물의 양은 물리적, 영양학적 또는 기타 기술적 효과를 달성하는데 필요한 최소량으로 사용하여야 한다.
2) 식품첨가물은 식품제조·가공과정 중 결함있는 원재료나 비위생적인 제조방법을 은폐하기 위하여 사용되어서는 아니 된다.
3) 식품 중에 첨가되는 영양강화제는 식품의 영양학적 품질을 유지하거나 개선시키는데 사용되어야 하며, 영양소의 과잉 섭취 또는 불균형한 섭취를 유발해서는 아니 된다.
4) 식품첨가물은 식품을 제조·가공·조리 또는 보존하는 과정에서 사용하여야 하며, 그 자체로 직접 섭취하거나 흡입하는 목적으로 사용하여서는 아니 된다.
5) 식용을 목적으로 하는 미생물 등의 배양에 사용하는 식품첨가물은 이 고시에 정하고 있는 품목 또는 국제식품규격위원회(Codex Alimentarius Commission)에서 미생물 영양원으로 등재된 것으로 최종식품에 잔류하여서는 아니된다. 다만, 불가피하게 잔류할 경우에는 품목별 사용기준에 적합하여야 한다.
6) 식용색소녹색제3호 및 그 알루미늄레이크, 식용색소적색제2호 및 그 알루미늄레이크, 식용색소적색제3호, 식용색소적색제40호 및 그 알루미늄레이크, 식용색소적색제102호, 식용색소청색제1호 및 그 알루미늄레이크, 식용색소청색제2호 및 그 알루미늄레이크, 식용색소황색제4호 및 그 알루미늄레이크, 식용색소황색제5호 및 그 알루미늄레이크를 2종 이상 병용할 경우, 각각의 식용색소에서 정한 사용량 범위 내에서 사용하여야 하고 병용한 식용색소의 합계는 아래 표의 식품유형별 사용량 이하이어야 한다.

식품유형	사용량
빙과	0.15 g/kg
두류가공품, 서류가공품	0.2 g/kg
과자, 츄잉껌, 빵류, 떡류, 아이스크림류, 아이스크림믹스류, 과·채음료, 탄산음료, 탄산수, 혼합음료, 음료베이스, 청주(주정을 첨가한 제품에 한함), 맥주, 과실주, 위스키, 브랜디, 일반증류주, 리큐르, 기타주류, 소시지류, 즉석섭취식품	0.3 g/kg

캔디류, 기타잼	0.4 g/kg
기타 코코아가공품	0.45 g/kg
기타설탕, 당시럽류, 기타엿, 당류가공품, 식물성크림, 기타식용유지가공품, 소스, 향신료조제품(고추냉이가공품 및 겨자가공품에 한함), 절임식품(밀봉 및 가열살균 또는 멸균처리한 제품에 한함. 다만, 단무지는 제외), 당절임(밀봉 및 가열살균 또는 멸균처리한 제품에 한함), 전분가공품, 곡류가공품, 유함유가공품, 어육소시지, 젓갈류(명란젓에 한함), 기타수산물가공품, 만두, 기타가공품	0.5 g/kg
초콜릿류, 건강기능식품(정제의 제피 또는 캡슐에 한함), 캡슐류	0.6 g/kg

7) 이 고시에서 품목별로 정하여진 주용도 이외에 국제적으로 다른 용도로서 기술적 효과가 입증되어 사용의 정당성이 인정되는 경우, 해당 용도로 사용할 수 있다.

8) 「대외무역관리규정」(산업통상자원부 고시)에 따른 외화획득용 원료 및 제품(주식회사 한국관광용품센터에서 수입하는 식품 제외), 「관세법」 제143조에 따라 세관장의 허가를 받아 외국으로 왕래하는 선박 또는 항공기 안에서 소비되는 식품 및 선천성대사이상질환자용 식품을 제조·가공·수입함에 있어 사용되는 식품첨가물은「식품위생법」 제6조 및 이 기준·규격의 적용을 받지 아니할 수 있다.

9) 살균제의 용도로 사용되는 식품첨가물은 품목별 사용기준에 별도로 정하고 있지 않는 한 침지하는 방법으로 사용하여야 하며, 세척제나 다른 살균제 등과 혼합하여 사용하여서는 아니 된다.

10) 효소제는 따로 규정이 없는 한 식품의 제조·가공 공정 중 분해, 부가 등 효소제의 정의에 맞는 목적으로 사용하여야 하며, 최종식품에 효소 함량을 높이거나 소화촉진 등을 위한 섭취 목적으로 사용하여서는 아니 된다.

제조기준

1) 식품첨가물 일반

(1) 식품첨가물은 식품원료와 동일한 방법으로 취급되어야 하며, 제조된 식품첨가물은 개별 품목별 성분규격에 적합하여야 한다.

(2) 식품첨가물을 제조 또는 가공할 때에는, 그 제조 또는 가공에 필요불가결한 경우 이외에는 산성백토, 백도토, 벤토나이트, 탤크, 모래, 규조토, 탄산마그네슘 또는 이와 유사한 불용성의 광물성물질을 사용하여서는 아니 된다.

(3) 식품첨가물의 제조 또는 가공할 때에 사용하는 용수는 「먹는물 관리법」에 따른 먹는물 수질기준에 적합한 것이어야 한다.

(4) 향료는 식품에 사용되기에 적합한 순도로 제조되어야 한다. 다만, 불가피하게 존재하는 불순물이 최종 식품에서 건강상 위해를 나타내는 수준으로 잔류하여서는 아니된다.

2) 혼합제제류

(1) 혼합제제류의 제조에 사용하는 식품첨가물은 이 고시에 수재된 품목으로서 품목별 규격에 적합한 것이어야 한다. 다만, 한시적 기준 및 규격을 필한 식품첨가물은 혼합제제류의 성분이 될 수 있다.

(2) 혼합제제류를 제조할 때는 그 사용목적이 타당하여야 하며, 원래의 성분에 변화를 주는 제조방법이어서는 아니 된다.

(3) 혼합제제류에는 별도의 규정이 없는 한 식품첨가물의 취급, 사용을 용이하게 하기 위하여 식품성분인 희석제를

첨가할 수 있다. 이 경우 희석제는 식품첨가물을 용해, 희석, 분산시키는 목적으로 사용하여야 하며 식품첨가물의 기능에 변화를 주어서는 아니 된다.

(4) 혼합제제를 제조할 때는 품질안정, 형태형성을 위하여 필요불가결한 경우 산화방지제, 보존료, 유화제, 안정제, 용제 등의 식품첨가물을 사용할 수 있으며, 그 양은 기술적 효과를 달성하는데 필요한 최소량으로 하여야 한다.

3) 유전자변형식품첨가물

유전자변형기술에 의해 얻어진 미생물을 이용하여 제조한 식품첨가물은 「식품위생법」제18조에 따른 「유전자변형식품 등의 안전성 심사에 관한 규정」(식품의약품안전처 고시)에 따라 승인된 것으로서 품목별 기준 및 규격에 적합한 것이어야 한다.

4) 식품첨가물의 원료 및 추출용매

(1) 젤라틴의 제조에 사용되는 우내피 등의 원료는 크롬처리 등 경화공정을 거친 것을 사용하여서는 아니 된다.

(2) 키틴, 키토산, 글루코사민, 카라기난, 알긴산 및 코치닐추출색소(카민 포함) 등의 제조 원료는 수집·보관·운송 과정에서 위생적으로 취급되어야 한다.

(3) 동물, 식물, 광물 등을 원료로 하여 제조되는 식품첨가물에 사용되는 추출용매는 물, 주정과 이 고시에 수재된 것으로서 개별규격에 적합한 것이나, 삼염화에틸렌, 염화메틸렌으로서 [별표 3]의 품목별 규격에 적합한 것이어야 한다. 다만, 사용된 용매(물, 주정 제외)는 최종 제품 완성 전에 제거하여야 한다.

(4) 1-하이드록시에틸리덴-1,1-디포스포닌산은 과산화초산의 제조에 한하여 사용되어야 하고, [별표 3]의 성분규격에 적합한 것이어야 한다.

5) 가스 형태의 식품첨가물

아산화질소는 내용용량 2.5L 이상의 고압금속제용기에만 충전하여야 한다.

6) 효소제

효소를 고정화하기 위해 지지체 등을 사용할 수 있으며 이 경우 지지체 등 은「식품의 기준 및 규격」, 「식품첨가물의 기준 및 규격」 또는 「기구 및 용기·포장의 기준 및 규격」에서 규정하고 있는 것으로서 각 해당 기준 및 규격에 적합한 것이거나 국제식품규격위원회(Codex Alimentarius Commission)에서 효소 고정화제 및 지지체(Enzyme immobilization agents & supports)로 등재된 것을 사용하여야 하며, 고정화를 위하여 사용된 물질들은 식품으로 이행되면 아니된다.

2. 각론

1) 보존료

(1) 보존료의 역할

보존료는 식품의 보존 중에 일어나는 미생물 증식에 의한 식품의 변패나 변질을 방지하고 식품의 신선도와 품질을 보존하며 영양가 손실을 방지하기 위해 사용되는 물질이다. 보존료의 주 작용은 정균작용이지만 사용량을 증가시키면 살균작용을 하기도 하며, 식품 중의 효소나 미생물이 분비하는 효소의 작용을 억제하기도 한다. 보존료 제제란 한 가지 또는 두 가지 이상의 보존료 성분을 포도당, 전분, 설탕, 식용유지 또는 물과 혼합하거나 희석하여 사용하기 편리하게 만든 것이다. 현재 사용이 허가된 보존료들은 다소 독성이 있으므로 성분규격, 사용기준 등을 잘 준수하여야 한다.

(2) 보존료의 효과 및 종류

보존료의 효과는 미생물의 오염 정도, 식품의 pH, 열처리, 용해도 등의 영향을 받으므로 사용 시 주의해야 한다. 오염 미생물의 수가 많으면 보존료의 효과가 떨어지고 부패 또는 변패 직전의 식품에는 효과가 없다. 산형 보존료의 경우 pH가 낮을수록 큰 효과를 나타내는데, 이것은 보존료의 항균효과가 미생물의 세포막을 쉽게 투과할 수 있는 비해리분자의 농도에 비례해서 증가하기 때문이다. 산형 보존료는 중성 pH에서는 대부분 해리하지만, pH가 낮아지면 비해리 분자가 많아져서 항균효과가 증가한다. 따라서 식품의 맛, 향미를 손상시키지 않는 범위 내에서 산을 적당량 첨가하여 pH를 조절하면 방부효과를 증가시킬 수 있다. 현재 허용 보존료 중 파라옥시안식향산에스테르류만이 비산성 보존제이고 나머지는 산성 보존제이다. 또한 가열할 때 보존료를 첨가하면 미생물의 사멸시간을 단축시키는 효과를 볼 수 있으며, 미생물은 용해된 보존료만을 이용하므로 물에 잘 녹지 않는 산 형태보다는 가용성 염의 형태로 식품에 첨가해야 효과가 좋다.

허용 보존료의 종류와 사용기준은 표 9-1에 나타내었다.

표 9-1 | 허용 보존료의 종류와 사용기준

명칭	사용기준	
	사용식품	사용량
안식향산(benzoic acid) 안식향산나트륨(sodium benzoate) 안식향산칼륨(potassium benzoate) 안식향산칼슘(calcium benzoate)	과실 · 채소류음료(비가열제품 제외), 탄산음료류, 기타음료(분말제품 제외), 인삼 · 홍삼음료, 한식/양조/산분해/효소분해/혼합간장	안식향산으로서 0.6g/kg 이하
	알로에 겔 건강기능식품	안식향산으로서 0.5g/kg 이하
	마요네즈, 잼류, 마가린, 절임식품	안식향산으로서 1.0g/kg 이하
	망고처트니	안식향산으로서 0.25g/kg 이하
파라옥시안식향산메틸 (methyl *p*-hydroxybenzoate) 파라옥시안식향산에틸 (ethyl *p*-hydroxybenzoate)	캡슐류, 잼류	파라옥시안식향산으로서 1.0g/kg 이하
	한식/양조/산분해/효소분해/혼합간장, 망고처트니	파라옥시안식향산으로서 0.25g/kg 이하
	식초	파라옥시안식향산으로서 0.1g/L 이하
	기타음료(분말제품 제외), 인삼·홍삼음료	파라옥시안식향산으로서 0.1g/kg 이하
	소스	파라옥시안식향산으로서 0.2g/kg 이하
	과일류 · 채소류(표피부분에 한함)	파라옥시안식향산으로서 0.012g/kg 이하
소브산(sorbic acid) 소브산칼륨(potassium sorbate) 소브산칼슘(calcium sorbate)	치즈류	소브산으로서 3.0g/kg 이하
	식육가공품, 기타 동물성 가공식품(기타 식육함유제품에 한함), 어육가공품, 성게젓, 땅콩버터, 모조치즈	소브산으로서 2.0g/kg 이하
	콜라겐 케이싱, 젓갈류(염분 8% 이하), 한식된장, 고추장, 춘장, 청국장(비건조제품에 한함), 혼합장, 어패건제품, 조림류플라워페이스트, 소스, 알로에 겔 건강기능식품, 농축과일즙, 과 · 채주스, 잼류, 절임식품, 마요네즈, 당류가공품, 향신료조제품(건조제품 제외)	소브산으로서 1.0g/kg 이하
	건조과일류, 토마토케첩, 당절임(건조당절임 제외), 탄산음료	소브산으로서 0.5g/kg 이하
	과실주, 약주, 탁주	소브산으로서 0.2g/kg 이하
	발효음료류(살균한 것은 제외)	소브산으로서 0.05g/kg 이하
	마가린, 건강기능식품(액상제품에 한함)	소브산으로서 2.0g/kg 이하
프로피온산(propionate) 프로피온산나트륨(sodium propionate)	빵류	프로피온산으로서 2.5g/kg 이하
	치즈류	프로피온산으로서 3.0g/kg 이하
	잼류	프로피온산으로서 1.0g/kg 이하
데히드로초산나트륨(sodium dehydroacetate)	치즈류, 버터류, 마가린	데히드로초산으로 0.5g/kg 이하

2) 살균료

살균료는 식품의 부패 원인균이나 병원균과 같은 미생물을 단시간 내에 사멸시키기 위해 사용하는 식품첨가물이다. 살균료는 보존료와 같이 독성이 적고 지속성이 있으며 식품에 좋지 않은 영향을 주지 않고 효과가 큰 것이어야 한다. 허용 살균제에는 차아염소산칼슘(고도표백분), 과산화수소 등이 있다 표 9-2.

과산화수소를 제외한 살균제는 염소계 살균제이다. 염소계 살균제는 유효염소의 산화력에 의해 살균효과를 나타낸다. 염소계 살균제는 특유의 냄새가 있어 주로 음료수, 채소, 과일 등을 소독할 때 사용된다. 과산화수소는 표백효과가 있어 표백제로 분류되기도 한다. 염소계 살균제의 살균효과는 pH의 영향을 받는다. 이것은 비해리형이 살균효과를 나타내기 때문이며, pH가 낮을수록 비해리형이 많이 존재하므로 pH가 낮을수록 더 강한 살균력을 보인다.

표 9-2 | 허용 살균제의 종류와 사용기준

명칭	사용기준
차아염소산칼슘(고도표백분)	과일류, 채소류 등 식품의 살균 목적에 한하며 사용하여야 하며, 최종식품의 완성 전에 제거해야 함
과산화수소	최종식품의 완성 전에 분해하거나 제거해야 함

3) 산화방지제

식품은 보존 중에 미생물뿐만 아니라 공기 중의 산소, 빛, 금속 등에 의해 산화, 변질되어 맛과 향이 변하고 변색 및 퇴색이 일어나며 영양가도 감소된다. 또한 산화물이 식중독을 일으킬 수 있으므로 유지 및 유지 함유식품은 공기와의 접촉을 차단하거나 산화방지제를 첨가하여 산화를 방지해야 한다.

산화방지제에는 유지 및 유지 함유식품의 산화방지에 사용되는 지용성 산화방지제와 주로 색소의 산화방지에 사용되는 수용성 산화방지제가 있다. 허용 산화방지제 중 디부틸히드록시톨루엔butylated hydroxytoluene, BHT, 부틸히드록시아니솔butylated hydroxy anisole, BHA, 몰식자산프로필propyl gallate, PG 등은 지용성이며, 에리소르브산과 비타민 C

등은 수용성이다.

자신은 산화방지 작용은 없으나 산화방지제의 작용을 증강시키는 물질로 유기산(구연산, 사과산 등), 축합인산염(폴리인산염, 메타인산염 등) 등이 있다. 이들 상승제synergist는 산화를 촉진하는 금속을 불활성화시키고 산화된 산화방지제를 안정화시키는 역할을 한다.

천연 산화방지작용을 갖는 물질이 있으나 식품의 산화방지제로는 합성 산화방지제인 BHT, BHA, PG 등이 많이 사용된다. 최근 합성 산화방지제의 안전성이 문제되면서 천연 산화방지제를 이용하려고 노력하고 있다.

현재 허용되고 있는 산화방지제의 종류와 사용기준은 표 9-3과 같다.

표 9-3 | 허용 산화방지제의 종류와 사용기준

명칭	사용기준	
	사용식품	사용량
디부틸히드록시톨루엔 (dibutyl hydroxy toluene, BHT) 부틸히드록시아니솔 (butyl hydroxy anisole, BHA)	식용유지류(모조치즈, 식물성크림 제외), 버터류, 어패건제품, 어패염장품	0.2g/kg 이하
	어패냉동품(생식용 냉동선어패류, 생식용 굴 제외)의 침지액	1g/1kg 이하
	추잉껌	0.4g/kg 이하
	체중조절용 조제식품, 시리얼류	0.05g/kg 이하
	마요네즈	0.14g/kg 이하(BHT), 0.6g/kg 이하(BHA)
몰식자산프로필(propyl gallate)	식용유지류(모조치즈, 식물성크림 제외), 버터류	0.1g/kg 이하
에리토브산(erythrobic acid)	산화방지 이외의 목적으로 사용하여서는 안 됨	
에리토브산나트륨(sodium erythorbate)		
비타민 C(L-ascorbic acid)	-	-
L-아스코브산나트륨(sodium L-ascorbate)		
L-아스코브산칼슘(calcium ascorbate)		
L-아스코빌스테아레이트 (L-ascorbyl stearate)	식용유지류(모조치즈, 식물성크림 제외)	0.5g/kg 이하
	건강기능식품	-

명칭	사용기준	
	사용식품	사용량
L-아스코빌팔미테이트 (ascorbyl palmitate)	식용유지류(모조치즈, 식물성크림 제외)	0.5g/kg 이하
	마요네즈	0.5g/kg 이하
	과자류, 빵류, 떡류, 당류가공품, 액상차, 특수의료용도 등 식품, 체중조절용 조절식품, 임신수유뷰용 식품, 주류, 과·채가공품, 서류가공품, 어육가공품류, 유함유가공품	1.0g/kg 이하
	캔디류, 코코아가공품류 또는 초콜릿류, 유탕면 복합조미식품, 향신료제품	0.5g/kg 이하
	건강기능식품	해당 기준 및 규격에 따름
D-토코페롤(혼합형) (D-tocopherol concentrate, mixed) D-α-토코페롤(D-α-tocopherol)	-	-
이.디.티.에이.이나트륨 (disodium ethylenediamine tetraacetate) 이.디.티.에이.칼슘이나트륨 (calcium disodium ethylenediamine tetraacetate)	소스, 마요네즈	0.075g/kg 이하
	통조림식품, 병조림식품	0.25g/kg 이하
	음료류(캔 또는 병제품에 한함. 다류, 커피 제외)	0.035g/kg 이하
	마가린	0.1g/kg 이하
	오이 초절임, 양배추 초절임	0.22g/kg 이하
	건조과일류(바나나에 한함)	0.265g/kg 이하
	서류가공품(냉동감자에 한함)	0.365g/kg 이하
	땅콩버터	0.1g/kg 이하

4) 향미증진제

향미증진제는 식품 본래의 맛을 한층 기호에 맞도록 하고 식욕을 촉진시키기 위해 사용하는 첨가물이다. 향미증진제는 핵산계, 아미노산계, 유기산류로 나누며, 사용기준이 정해져 있지 않아 사용식품이나 사용량에 제한을 받지 않는다. 그러나 과량 사용 시 인체에 대한 유해성 논란이 있는 글루탐산나트륨은 가능한 적게 사용하는 것이 좋다. 핵산계 향미증진제는 단독으로 사용하는 것보다 글루탐산나트륨과 함께 사용할 때 상승효과를 보인다. 5′-리보뉴클레오티드이나트륨은 pH 3 이하에서 장시간 가열하면 효과가 감소되며, 된장이나 절임식품에 사용하면 효소에 의해 분해되어 효과가 떨어진다. 현재 허용되고 있는 향미증진제는 표 9-4와 같으며 사용기준은 정해져 있지 않다.

표 9-4 | 허용 향미증진제의 종류

분류	명칭	주 용도
핵산계	5′-이노신산이나트륨(disodium 5′-inosinate) 5′-구아닐산이나트륨(disodium 5′-guanylate)	향미증진제, 영양강화제
	5′-리보뉴클레오티드이나트륨(disodium 5′-ribonucleotide)	향미증진제, 영양강화제
	5′-리보뉴클레오티드칼슘(calcium 5′-ribonucleotide)	향미증진제, 영양강화제
아미노산계	L-글루탐산나트륨(sodium L-glutamate)	향미증진제
	글리신(glycine)	향미증진제, 영양강화제

5) 감미료

감미료는 천연 감미료와 인공 감미료로 나뉜다. 인공 감미료는 설탕에 비해 단맛이 강하고 가격이 저렴하며 대부분 열량원으로서의 역할을 하지 못한다. 인공 감미료 중 사카린은 그 독성에 대해 많은 논란이 있었으나 1999년 5월 FDA에서 인체에 무해하다고 발표함으로써 일단락되었다. 사카린은 물에 녹지 않으므로 식품에 첨가할 때는 나트륨염이나 칼륨염의 형태로 사용한다.

현재 허용되고 있는 감미료와 사용기준은 표 9-5와 같다.

표 9-5 | 허용 감미료의 종류와 사용기준

명칭	사용기준	
	사용식품	사용량
사카린나트륨(sodium saccharin) (사용기준을 표시한 식품에만 사용 가능)	젓갈류, 절임류, 조림류	1.0g/kg 이하
	김치류	0.2g/kg 이하
	음료류(발효음료류, 인삼 · 홍삼음료, 다류 제외)	0.2g/kg 이하
	어육가공품, 시리얼류	0.1g/kg 이하
	뻥튀기	0.5g/kg 이하
	특수의료용도식품, 잼류, 장류, 떡류, 과 · 채가공품, 옥수수	0.2g/kg 이하
	체중조절용 조제식품	0.3g/kg 이하
	건강기능식품, 추잉껌	1.2g/kg 이하
	소스, 토마토케첩	0.16g/kg 이하

명칭	사용기준	
	사용식품	사용량
사카린나트륨(sodium saccharin) (사용기준을 표시한 식품에만 사용 가능)	탁주, 소주, 과실주	0.08g/kg 이하
	기타 코코아가공품, 초콜릿류, 캔디류	0.5g/kg 이하
	빵류	0.17g/kg 이하
	과자, 빙과, 아이스크림류, 조미건어포	0.1g/kg 이하
글리실리진산이나트륨 (disodium glycyrrhizinate)	한식된장, 된장, 한식간장, 양조간장, 산분해간장, 효소분해간장, 혼합간장	-
D-소비톨(D-sorbitol)	-	-
아스파탐(aspartame)	빵류, 과자, 빵류 제조용 믹스, 과자 제조용 믹스	5.0g/kg 이하
	시리얼류, 특수의료용도 등 식품	1.0g/kg 이하
	체중조절용 조제식품	0.8g/kg 이하
	건강기능식품	5.5g/kg 이하

6) 산미료

산미료(산도조절제)는 식품에 산미를 부여하기 위해 사용되는 식품첨가물이며 미각을 자극하여 식욕을 촉진시키는 역할도 한다. 산미료로는 천연식품에 함유된 구연산(시트르산), 사과산(말산), 주석산(타르타르산), 호박산(숙신산) 그리고 발효에 의해 생성되는 초산(아세트산), 젖산(락트산) 등과 같은 유기산을 주로 사용하며, 최근에는 인공적으로 합성된 푸마르산과 글루콘산도 사용되고 있다. 허용 산미료에는 구연산, 글루코노-δ-락톤, 빙초산. DL-사과산, 아디프산, 인산, 젖산, L-주석산, DL-주석산, DL-주석산나트륨, 푸마르산, 푸마르산일나트륨, 초산 등이 있으며, 각 산미료의 사용기준은 규정되어 있지 않다.

7) 착색료

착색료에는 인공적으로 합성된 화합물과 천연추출물이 있다. 주로 안정성과 착색성이 좋은 합성착색료를 사용해 왔으나, 합성착색료의 안전성 문제가 대두됨에 따라 천연착색료의 사용이 증가되고 있다. 천연착색료는 가격이 비싸고 안정성과 착색성은 좋지 않으나, 안전성이 높고 색조가 자연스럽다. 착색료로서 사용되기 위해서는 인체에 독성이 없고 체내에 축적되지 않으며, 미량으로 효과가 있고 물리화학적 변화에 안정하며 값이 싸고, 사용하기 편리해야 한다.

(1) 천연착색료

천연착색료로는 아나토 색소, 치자 색소, 홍화 색소, 코치닐 색소, 감초 색소, 파프리카 색소, 홍국 색소, 클로로필, 캐러멜 등이 사용된다. 아나토는 황색을 띠는 아나토 나무의 추출액으로 주성분은 빅신bixin이며 착색성은 좋으나 빛과 열에 불안정하다. 치자 색소에는 황색, 청색 및 적색 색소가 있다. 황색 색소의 주성분은 크로신crocin과 크로세틴crocetin으로 착색성, 내광성, 내열성이 좋으며, 산성에서는 불안정하다. 적색 색소는 내열성, 내광성, 염착성이 좋고 물과 에탄올에 잘 녹으며, 청색 색소는 내열성, 내광성이 좋은 수용성 색소이다. 홍국 색소는 홍국균*Monascus purpureus, Monascus anka*이 생산하는 적색, 자색 및 황색 색소로 열에는 안정하나 빛에는 불안정하며, 잼, 토마토케첩, 수산연제품, 조미료, 프레스햄 등의 착색에 사용되고 있다

(2) 합성착색료

합성착색료에는 타르tar색소, 타르색소의 알루미늄레이크, 비타르계 색소가 있으며, 현재 사용이 허가된 합성착색료의 종류와 사용기준은 표 9-6과 같다. 타르색소는 독성이 강한 것이 많으므로 안전성이 확보된 것만 식용색소로 지정되어 있으며, 식용타르색소에는 아조계 색소(적색 2호, 적색 40호, 적색 102호, 황색 4호, 황색 5호), 키틴산계 색소(적색 3호), 트리페닐메탄계 색소(청색 1호, 녹색 3호), 인디고이드계 색소(청색 2호) 등이 있다. 식용타르색소는 대부분 수용성이므로 유지식품에는 알루미늄레이크가 사용된다. 알루미늄레이크는 알루미늄(염화알루미늄, 황산알루미늄 등)에 알칼리(탄산나트륨 등)를 작용시켜 만든 수산화알루미늄에 식용타르색소의 수용액을 첨가하여 레이크화한 것으로 색소 함량은 10∼30% 정도이다. 알루미늄레이크는 변색이나 퇴색이 잘 일어나지 않고 착색 효과가 오래 지속된다. 예를 들어, 당을 입힌 과자나 껌을 레이크로 착색하면 입이나 손에 색소가 묻어나지 않는다.

표 9-6 | 허용 합성착색료와 그 사용기준

명칭	사용기준	
	사용식품	사용량
식용색소 녹색 제3호 식용색소 녹색 제3호 알루미늄레이크	과자, 빵류, 떡류, 소시지류, 어육소시지, 과·채음료, 탄산음료, 기타음료	0.1g/kg 이하
	캔디류, 기타잼	0.4g/kg 이하
	초콜릿류, 건강기능식품(정제의 제피·캡슐에 한함)	0.6g/kg 이하
	절임류(단무지 제외)	0.3g/kg 이하
	향신료조제품(고추냉이 및 겨자가공품에 한함)	0.1g/kg 이하
식용색소 적색 제2호 식용색소 적색 제2호 알루미늄레이크	과자(한과에 한함), 추잉껌, 떡류, 음료베이스, 즉석섭취식품, 건강기능식품(정제의 제피 또는 캡슐에 한함), 캡슐류	0.3g/kg 이하
	소시지류	0.05g/kg 이하
	향신료조제품(고추냉이 및 겨자가공품에 한함), 절임류(단무지 제외)	0.5g/kg 이하
	젓갈류(명란젓에 한함)	0.03g/kg 이하
식용색소 적색 제3호	과자, 캔디류, 빵류, 떡류, 만두, 기타 코코아가공품, 초콜릿류, 기타잼, 기타설탕, 기타엿, 어육소시지, 소스, 과·채음료, 탄산음료	0.3g/kg 이하
	향신료조제품(고추냉이 및 겨자가공품에 한함)	0.2g/kg 이하
	빙과	0.15g/kg 이하
	소시지류	0.03g/kg 이하
	젓갈류(명란젓에 한함)	0.5g/kg 이하
	절임류(단무지 제외)	0.2g/kg 이하
식용색소 적색 제40호 식용색소 적색 제40호 알루미늄레이크	• 과자, 캔디류, 추잉껌, 빵류, 떡류, 기타 코코아가공품, 초콜릿류, 기타잼, 기타설탕, 기타엿, 당시럽류, 어육소시지, 소스, 과·채음료, 탄산음료, 기타음료 • 향신료조제품(고추냉이 및 겨자가공품에 한함), 젓갈류(명란젓에 한함), 주류 • 건강기능식품(정제의 제피 또는 캡슐에 한함), 아이스크림, 아이스크림믹스	0.3g/kg 이하
	빙과	0.15g/kg 이하
	소시지류	0.025g/kg 이하
	두류가공품, 서류가공품	0.2g/kg 이하
	커피(표면장식에 한함)	0.1g/kg 이하
식용색소 적색 제102호	과자(한과에 한함), 두류/서류 가공품	0.2g/kg 이하
	추잉껌, 기타 코코아가공품, 당류가공품, 건강기능식품(정제의 제피 또는 캡슐에 한함)	0.3g/kg 이하
	떡류, 음료베이스, 소시지류	0.05g/kg 이하
	향신료조제품(고추냉이 및 겨자가공품에 한함)	0.5g/kg 이하
	젓갈류(명란젓에 한함)	0.5g/kg 이하

명칭	사용기준	
	사용식품	사용량
식용색소 청색 제1호 식용색소 청색 제1호 알루미늄레이크	과자, 빵류	0.2g/kg 이하
	캔디류, 추잉껌, 기타설탕, 기타엿, 당시럽류, 건강기능식품(정제의 제피 또는 캡슐에 한함), 아이스크림	0.3g/kg 이하
	빙과, 떡류, 전분가공품	0.15g/kg 이하
	소시지류, 어육소시지	0.1g/kg 이하
	두류가공품, 서류가공품	0.2g/kg 이하
	과·채음료, 탄산음료류, 기타음료, 소스, 향신료조제품(고추냉이 및 겨자가공품에 한함)	0.1g/kg 이하
	절임류(단무지 제외)	0.5g/kg 이하
식용색소 청색 제2호 식용색소 청색 제2호 알루미늄레이크	과자, 빵류	0.2g/kg 이하
	• 캔디류, 추잉껌, 기타잼, 기타설탕, 어육소시지 • 향신료조제품(고추냉이 및 겨자가공품에 한함), 절임류(단무지 제외) • 건강기능식품(정제의 제피 또는 캡슐에 한함)	0.3g/kg 이하
	빙과, 떡류, 아이스크림류, 아이스크림믹스류	0.15g/kg 이하
	기타 코코아가공품, 초콜릿류	0.45g/kg 이하
식용색소 황색 제4호 식용색소 황색 제4호 알루미늄레이크	과자, 빵류, 기타잼	0.2g/kg 이하
	• 캔디류, 추잉껌, 소시지류 • 건강기능식품(정제의 제피 또는 캡슐에 한함)	0.3g/kg 이하
	• 향신료조제품(고추냉이 및 겨자가공품에 한함), 어육소시지, 소스 • 젓갈류(명란젓에 한함), 절임류(단무지 제외)	0.5g/kg 이하
	빙과, 떡류, 아이스크림류, 아이스크림믹스류	0.15g/kg 이하
식용색소 황색 제5호 식용색소 황색 제5호 알루미늄레이크	과자	0.2g/kg 이하
	• 캔디류, 추잉껌, 기타잼, 소시지류, 어육소시지 • 향신료조제품(고추냉이 및 겨자가공품에 한함), 소스, 젓갈류(명란젓에 한함), 절임류(단무지 제외) • 건강기능식품(정제의 제피 또는 캡슐에 한함), 아이스크림류, 아이스크림믹스류	0.3g/kg 이하
	빙과, 빵류, 떡류	0.05g/kg 이하
	만두류, 기타 코코아가공품, 초콜릿류	0.4g/kg 이하
삼이산화철	바나나(꼭지의 절단면), 곤약	-
수용성 안나토 β-아포-8'-카로티날 β-카로틴 철클로로필린나트륨	아래의 식품 사용불가 • 천연식품[식육류, 어패류, 과일류, 채소류, 해조류, 콩류 등 및 그 단순가공품(탈피, 절단 등)] • 다류, 커피, 고춧가루, 실고추, 김치류, (조미)고추장, 식초 • 향신료가공품(고추 또는 고춧가루 함유제품에 한함) : 수용성 안나토만 해당	-

명칭	사용기준	
	사용식품	사용량
동클로로필린나트륨	다시마	0.15g/kg 이하 (무수물 1kg 기준)
	과일류의 저장품, 채소류의 저장품	0.1g/kg 이하
	추잉껌, 캔디류	0.05g/kg 이하
	완두콩통조림 중의 한천	0.0004g/kg 이하
이산화티타늄	아래의 식품 사용불가 천연식품[식육류, 어패류, 채소류, 과일류, 해조류, 콩류 등 및 그 단순가공품(탈피, 절단 등)], 식빵, 카스텔라, 코코아매스, 코코아버터, 코코아분말, 잼류, 유가공품, 식육가공품(소시지류, 식육추출가공품 제외), 알가공품, 어육가공품류(어육소시지 제외), 두부류, 묵류, 식용유지류(모조치즈, 식물성크림, 기타 식용유지가공품 제외), 면류, 다류, 커피, 과일 · 채소류음료(과 · 채음료 제외), 두유류, 발효음료류, 인삼 · 홍삼음료, 장류, 식초, 토마토케첩, 카레, 고춧가루, 실고추, 천연향신료, 복합조미식품, 마요네즈, 김치류, 젓갈류, 절임류	-

타르색소란?

타르색소는 석탄건류 부산물인 석탄타르coaltar에 들어 있는 벤젠이나 나프탈렌 등 방향족 탄화수소를 원료로 하여 합성, 제조되는 대표적 착색료이며, 원래는 섬유의 착색을 위해 개발되었다. 독성이 강한 것들이 많으며 현재 식품에 일부 사용이 허용되고 있는 것은 모두 수용성 산성타르계 색소이다. 타르색소의 경우 인체 내의 소화효소작용을 저해하고 간이나 위 등에 장해를 일으키며, 최근에는 타르색소에 의한 발암성이 보고되고 있다.

8) 발색제

발색제는 자신은 색을 가지고 있지 않지만 식품의 유색물질과 반응하여 색을 내거나 고정화, 안정화시키는 첨가물질이다. 발색제에는 육류 발색제와 발색 보조제가 있다.

대표적인 육류 발색제는 아질산염이다. 아질산염은 햄이나 소시지의 염지과정에 사용되어 색을 내고 고정화한다. 또한 보툴리늄균의 독소 생성을 억제하는 작용이 있어 미국 등에서는 보존제로 분류되고 있다. 아질산염은 헤모글로빈의 철을 산화시켜 메트헤모글로빈을 생성하거나 아민과 결합하여 발암성인 니트로소아민을 형성한다.

발색을 촉진시키기 위해 사용되는 첨가물인 발색 보조제에는 육류 발색 보조제와 식물색소 발색 보조제가 있다. 육류 발색 보조제는 육류의 발색을 촉진하는 물질로 아스코르브산과 그 염, 에리소르브산과 그 염 등이 사용된다. 이들은 아질산염의 발색을 촉진하며, 염 형태로 사용하면 pH 저하에 따른 육류 보수성의 감소를 막을 수 있다.

허용발색제와 사용기준은 표 9-7과 같다.

표 9-7 | 허용 발색제와 그 사용기준

명칭	사용기준
아질산나트륨(sodium nitrite)	○ 아질산이온으로서 아래의 기준 이상 남지 않도록 사용함 ○ 사용 가능 식품 • 식육가공품(식육가공추출물체 외), 기타 동물성가공식품(기타 식육이 함유된 제품에 한함) : 0.07g/kg • 어육소시지 : 0.05g/kg • 명란젓, 연어알젓 : 0.005g/kg
질산나트륨(sodium nitrate)	○ 아질산이온으로서 아래의 기준 이상 남지 않도록 사용함 ○ 사용 가능 식품 • 식육가공품(식육가공추출물체 외), 기타 동물성가공식품(기타 식육이 함유된 제품에 한함) : 0.07g/kg • 치즈류 : 0.05g/kg
질산칼륨(potassium nitrate)	○ 아질산이온으로서 아래의 기준 이상 남지 않도록 사용함 ○ 사용 가능 식품 • 식육가공품(식육가공추출물체 외), 기타 동물성가공식품(기타 식육이 함유된 제품에 한함) : 0.07g/kg • 치즈류 : 0.05g/kg • 대구알염장품 : 0.2g/kg

9) 표백제

표백제는 식품을 가공할 때 일반 색소 및 발색성 물질을 무색의 화합물로 변화시키고, 저장 중에 색소 산화 등에 의해 퇴색, 변색 또는 착색되는 것을 억제하기 위해 사용하는 첨가물이다.

표백제는 그 작용에 따라 산화표백제와 환원표백제로 나뉜다. 산화표백제는 산화작용에 의해 색소를 파괴하여 무색 또는 백색으로 변화시키는 표백제이다. 이 표백제는 잔존하지 않아도 색이 복원되지 않는 장점이 있으나 식품 조직을 부분적으로 파괴하고 비타민 등의 영양소가 손실될 가능성이 있다. 환원표백제는 색소 중의 산소를 제거하는 환원작용에 의해 색소를 표백하는 것으로 식품 중에 이 표백제가 잔존하지 않으면 공기 중의 산소에 의해 색이 복원되는 경우가 많다. 허용된 환원표백제에는 메타중아황산나트륨, 메타중아황산칼륨, 아황산나트륨, 산성아황산나트륨, 차아황산나트륨, 무수아황산 등이 있으며, 이들은 모두 아황산에 의해 표백작용을 한다. 허용 표백제와 사용기준은 표 9-8과 같다.

10) 밀가루 개량제

제분 직후의 밀가루는 카로티노이드 색소를 함유하고 있으며 숙성을 거치지 않아 제빵성이 좋지 않다. 따라서 제분 후 밀가루의 표백과 숙성시간을 단축시키고 제빵성을 향상시키기 위해 화학물질을 첨가하는데 이를 밀가루 개량제라고 한다. 일반적으로 밀가루 개량제는 산화반응에 의해 표백작용과 숙성작용을 함께 하지만, 종류에 따라 표백작용은 거의 없고 숙성작용만 하기도 한다. 허용된 밀가루 개량제와 사용기준은 표 9-9와 같다.

과산화벤조일은 주로 산화에 의한 표백작용을 하며 과량 사용하면 비타민 B_1 등이 손실될 뿐만 아니라 숙성이 너무 빨리 진행되어 오히려 제빵성이 떨어진다. 과황산암모늄은 표백작용은 약하지만 글루텐의 성질을 좋게 하여 제빵성을 향상시킨다. 이들 개량제와 염소, 이산화염소 등은 밀가루에 직접 첨가하는 밀가루 개량제이다.

표 9-8 | **허용 표백제와 그 사용기준**

명칭	사용기준	
	사용식품	사용량[1]
메타중아황산나트륨 메타중아황산칼륨 아황산나트륨 차아황산나트륨 무수아황산	박고지(박의 속을 제거하고 육질을 잘라내어 건조시킨 것	5.0g/kg 이하
	당밀	0.30g/kg 이하
	물엿, 기타엿	0.20g/kg 이하
	과실주	0.350g/kg 이하
	과일 · 채소류음료	0.030g/kg 이하(5배 이상 희석하여 음용하거나 사용하는 과일주스, 농축과일즙 : 0.150g/kg)
	과 · 채가공품	0.030g/kg 이하(5배이상 희석하여 음용하거나 사용하는 제품 : 0.150g/kg)
	건조과일류	1.0g/kg 이하(건조살구 2.0g/kg, 건조코코넛 0.20g/kg)
	건조채소류, 건조버섯류	0.50g/kg 이하
	곤약분	0.90g/kg 이하
	새우, 냉동생게	0.10g/kg 이하(껍질을 벗긴 살로서)
	설탕류, 올리고당류, 포도당, 과당류, 덱스트린	0.020g/kg 이하
	식초	0.10g/kg 이하
	건조감자	0.50g/kg 이하
	소스	0.30g/kg 이하
	향신료조제품	0.20g/kg 이하
	기타수산물가공품(새우, 냉동생게 제외), 땅콩 또는 견과류가공품, 절임류, 빵류, 탄산음료, 과자, 면류, 만두피, 건포류, 캔디류, 코코아가공품류 또는 초콜릿류, 기타음료, 서류가공품(건조감자, 곤약분 제외), 두류가공품, 조림류(농산물을 주원료로 한 것에 한함), 브랜디, 일반증류주, 기타주류, 찐쌀, 잼류, 전분류, 당류가공품, 된장, 유함유가공품	0.030g/kg 이하
	곡류가공품(옥배유 제조용으로서 옥수수배아를 100% 원료로 한 제품에 한함)	0.20g/kg 이하

[1] 이산화황으로서 기준이상 남지 아니하도록 사용

표 9-9 | 허용 밀가루 개량제와 사용기준

명칭	사용기준
과산화벤조일(희석) (diluted benzoyl peroxide)	밀가루류 0.3g/kg 이하
과황산암모늄(ammonium persulfate)	밀가루류 0.3g/kg 이하
염소(chlorine)	밀가루류 2.5g/kg 이하
이산화염소(수)(chlorine dioxide)	빵류 제조용 밀가루 이외의 식품에 사용하지 못하며, 사용량은 빵류 제조용 밀가루 1kg에 대하여 30mg 이하이어야 함 (이산화염소수는 과일류, 채소류 등 식품의 살균 목적에 한하여 사용해야 하며, 최종식품 완성 전에 제거해야 함)

11) 착향료

착향료는 식품에 향을 주기 위해 사용하는 첨가물로 천연향료, 합성향료, 조합향료 등으로 나뉜다. 천연향료는 동·식물에서 추출, 정제된 것이다. 현재 사용되는 착향료는 대부분 식물에서 얻어진 천연향료이다. 천연향료는 안전성은 높지만 원료가 제한되어 있고 가격이 비싸다. 천연향료에는 에센셜 오일essential oil, 추출물extract, 올레오레진oleoresin, 팅처tincture 등이 있으며 에센셜 오일이 가장 널리 이용된다. 합성향료는 천연성분과 동일하게 합성한 것과 천연식품에 존재하지 않는 새로운 합성물질이 있다. 천연향료와 합성향료는 단독으로 사용하기도 하지만 대부분 이들을 적절히 혼합한 조합향료 형태로 이용한다. 조합향료는 천연 향에 가깝게 만든 모방향료로 향이 오래 지속되고 가격이 저렴하다. 이 향료는 식품에 사용되는 향료의 대부분을 차지한다.

12) 피막제

피막제glazing agent, coating agent는 과일이나 채소의 신선도를 유지하기 위해 첨가되는 물질이다. 즉 식품의 표면에 피막을 만들어 호흡을 조절하고 수분 증발을 막아 신선도를 유지시킨다. 몰포린지방산염, 초산비닐수지 등이 대표적인 피막제이다 표 9-10. 이 외에 과일류 및 채소류의 표피 피막제로 유동 파라핀이 허용되어 있다.

표 9-10 | **허용 피막제와 사용기준**

명칭	사용기준
몰포린지방산염(morpholine salts of fatty acid)	과일류 또는 채소류의 표피에 피막제 목적에 한하여 사용 가능
초산비닐수지(polyvinyl acetate)	과일류 또는 채소류 표피의 피막제 목적에 한하여 사용 가능

13) 증점제

증점제는 콜로이드 성질을 가지고 있어 식품을 매끈하고 점성있게 하는 첨가물로서 분산안정제, 결착보수제, 피복제 역할도 한다. 사용이 허가된 천연 증점제에는 카세인, 알긴산나트륨, 카세인나트륨 등이 있다. 허용 증점제와 사용기준은 표 9-11과 같다.

표 9-11 | **허용 증점제와 사용기준**

명칭	사용기준
폴리아크릴산나트륨(sodium ppolyacrylate)	사용량은 식품의 2% 이하
알긴산프로필렌글리콜(propylene glycol alginate)	사용량은 알긴산프로필렌글리콜로서 식품의 1% 이하
메틸 셀룰로스(methyl cellulose)	-
카복시메틸 셀룰로스나트륨(sodium carboxymethylcellulose)	• 사용량은 식품의 2% 이하(메틸셀룰로스, 카복시메틸셀룰로스칼슘 또는 카복시메틸스타치나트륨과 병용할 때에는 각각의 사용량의 합계가 식품의 2% 이하) • 단, 건강기능식품의 경우 제한받지 않음
카복시메틸 셀룰로스칼슘(calcium carboxymethylcellulose)	
카복시메틸스타치나트륨(sodium carboxymethyl starch)	• 사용량은 식품의 2% 이하 (단, 카복시메틸셀룰로스나트륨 또는 카복시메틸셀룰로스칼슘과 병용할 때에는 사용량의 합계가 식품의 2% 이하이어야 함) • 단, 건강기능식품의 경우 제한받지 않음
알긴산나트륨(sodium alginate)	-
카제인(caseinate), 카제인나트륨(sodium caseinate)	-

14) 유화제

유화제는 물과 기름의 계면에 작용하여 계면장력을 낮춤으로써 분산상의 응집을 막는 것으로 계면활성제라고도 한다. 유화제는 유화액의 특성에 적합한 HLBhydrophilic lipophilic balance값을 갖는 것을 사용해야 한다. 유화제의 HLB는 친수성과 소수성의 균형을 나타낸 것으로 HLB값이 7 이하일 경우에는 친유성, 11~20은 친수성, 8~11은 중간형으로 분류된다. 유화제는 단독으로 사용하는 것보다 다른 것과 적당히 배합하면 상승효과를 볼 수 있다. 허용 유화제에는 글리세린지방산에스테르, 소르비탄지방산에스테르, 프로필렌글리콜지방산에스테르 등의 지방산에스테르, 스테아릴젖산나트륨, 스테아릴젖산칼륨, 그리고 천연유화제인 레시틴 등이 있다. 유화제는 아이스크림, 마요네즈의 유화, 빵이나 카스텔라의 유연성 지속 및 노화 방지 등의 목적으로 식품가공에 이용되는데 대부분 사용기준이 없지만 보통 0.1~0.5% 이하를 사용한다.

15) 용제

용제solvent는 보존료, 착색료, 착향료 등과 같은 잘 녹지 않는 식품첨가물을 용해시켜 식품에 균일하게 흡착되도록 하는 첨가물이다. 용제는 독성이 약하고 식품첨가물을 잘 용해시켜야 하며 향미에 영향을 주지 않아야 한다. 또한 물에 잘 용해되고 유지와도 잘 혼합되는 것이어야 한다. 허용된 용제에는 글리세린, 프로필렌글리콜 등이 있다. 프로필렌글리콜의 사용량은 견과류 가공품 5% 이하, 아이스크림류 2.5% 이하, 만두류 및 만두피 1.2% 이하, 기타 식품 2% 이하로 규정되어 있다.

16) 이형제

이형제release agent는 빵 제조 시 빵 반죽을 분할기에서 분할하거나 구울 때 달라붙지 않고 형태를 유지시키기 위해 사용하거나 비스킷 제조 시 컨베이어에서 쉽게 분리되도록 하기 위해 이용되는 첨가물이다. 현재 허용된 이형제에는 천연첨가물인 유동 파라핀liquid paraffin이 있다. 유동 파라핀의 사용량은 빵류 0.15% 이하(이형제로서), 캡슐류

0.6% 이하(이형제로서), 건조 과일 및 채소류 0.02% 이하(이형제로서)이며 이 외의 식품에는 사용할 수 없다.

17) 영양강화제

영양강화제는 식품의 영양적 가치를 향상시키거나 식품 가공과정에서 손실된 영양소를 보충하기 위해 사용된다. 영양강화제는 식품의 특성에 적합한 것을 선택해야 한다. 대부분의 강화제는 사용 제한이 없지만 칼슘제, 황산동 등에 대해서는 사용기준이 정해져 있다. 황산동은 포도주(1mg/kg), 시리얼류, 조제유류, 영아용조제식, 성장기용조제식, 영·유아용이유식, 특수의료용도 등 식품, 체중조절용 조제식품, 건강기능식품에 한하여 사용이 허가되어 있다. 영양강화제를 사용한 식품에는 '영양강화식품'이라는 표시를 하고 제품검사를 받아야 한다. 대상식품에는 쌀, 보리, 빵, 장류, 버터, 마가린, 분유, 과자, 청량음료 등이 있으며, 허용 영양강화제는 비타민류, 필수아미노산류, 철염류, 칼슘염류 등으로 나누어 사용되고 있다

10

CHAPTER

HACCP

학습목표

HACCP이란 식품의 원재료 생산에서부터 제조, 가공, 보존, 유통 단계를 거쳐 최종소비자가 섭취하기 전까지의 각 단계에서 발생할 우려가 있는 위해요소를 규명하고, 중요관리점을 결정하여 식품의 안전성(safety)을 확보하기 위한 과학적인 위생관리체계라고 할 수 있다.

1. HACCP의 개요

1) HACCP의 개요

HACCP이란 'Hazard Analysis Critical Control Points'의 머리글자로서, 일명 '해썹'이라고 부르며, 우리나라 식품의약품안전처에서는 이를 '식품안전관리인증기준'으로 번역하고 있다.

HACCP은 위해분석HA과 중요관리점CCP으로 구성되는데, HA는 위해 가능성이 있는 요소를 찾아 분석·평가하는 것이며, CCP는 해당 위해요소를 방지·제거하고 안전성을 확보하기 위하여 중점적으로 다루어야 할 관리점을 말한다.

HACCP이란 식품의 원재료 생산에서부터 제조, 가공, 보존, 유통 단계를 거쳐 최종 소비자가 섭취하기 전까지의 각 단계에서 발생할 우려가 있는 위해요소를 규명하고, 이를 중점적으로 관리하기 위한 중요관리점을 결정하여 자주적이며 체계적이고 효율적인 관리로 식품의 안전성safety을 확보하기 위한 과학적인 위생관리체계라고 할 수 있다.

2) HACCP의 역사

HACCP의 원리가 식품에 응용되기 시작한 것은 1960년대 초 미국항공우주국NASA이 미생물학적으로 100% 안전한 우주식량을 제조하기 위하여 필스버리Pillsbury사, 미 육군 나틱NATICK연구소와 공동으로 HACCP을 실시한 것이 최초이며, 그 내용이 1971년 미국 식품보호위원회에서 처음으로 공표되었다.

이 방식은 1973년 미국식품의약국FDA에 의해 저산성 통조림식품의 우수제조기준GMP에 도입되었으며, 그 이후 전 미국의 식품업계에서 신중하게 그 도입이 논의되기 시작하였다.

1987년에는 미국과학협회NAS의 식품보호위원회로부터 HACCP의 채택을 권고받아 미국 농무부 식품안전검사국, 수산국, FDA, 육군 나틱 기술개발연구소 및 대학과 민간의 전문가로 이루어진 식품미생물기준 전국자문위원회National Advisory Committee on Microbiological Criteria on Food, NACMCF가 설치되어 검토를 거친 결과 1989년에 HACCP의 지침이 설정되어 HACCP의 7원칙을 제시하였다.

1993년 7월 국제식품규격위원회Codex 제20차 총회에서 'HACCP 시스템의 적용지침'을 채택하여 각국에 HACCP 도입을 권고함에 따라 세계 각국은 HACCP을 도입하여 식품의 안전성을 확보하고 있다.

2. HACCP과 선행요건

1) HACCP의 선행요건

HACCP은 식품을 위생적으로 생산할 수 있는 시설·설비, 즉 우수제조기준Good Manufacturing practice, GMP 여건하에서 표준위생관리기준Sanitation Standard Operation Procedure, SSOP을 준수하였을 때 효과적으로 작동한다. 왜냐하면, HACCP은 기본적인 위생관리가 효과적으로 수행된다는 전제조건하에 중점적으로 관리하여야 할 점을 파악하여 집중 관리하는 시스템이기 때문이다 그림 10-1.

GMP와 SSOP가 선행되지 않고서는 HACCP이 효율적으로 가동될 수 없으므로 GMP와 SSOP는 HACCP 적용을 위한 선행요건프로그램이 된다.

선행요건프로그램 GMP, SSOP의 조건을 충족하지 못하는 사업장의 경우 과학적·기술적으로 복잡한 안전성 관련 사항을 취급하는 HACCP 관리계획을 수행하기 어렵다.

HACCP Plan(HACCP 관리계획)

전 생산공정에 대해 직접적이고 치명적인 위해요소 분석, 집중관리 필요한 중요관리점 결정, 한계기준 설정, 모니터링 방법 설정, 개선조치 설정, 검증방법 설정, 기록유지 및 문서관리 등에 관한 관리 계획

SSOP(표준위생관리기준)

일반적인 위생 관리 운영 기준, 영업장 관리, 종업원 관리, 용수관리, 보관 및 운송관리, 검사관리, 회수관리 등의 운영절차

GMP(우수제조기준)

위생적인 식품 생산을 위한 시설·설비 요건 및 기준과 건물의 위치, 시설·설비의 구조, 재질요건 등에 관한 기준

그림 10-1 | HACCP과 선행요건

자료: 식품의약품안전처

2) HACCP 도입의 필요성

최근 수입 식육이나 냉동식품, 아이스크림류 등에서 살모넬라, 병원성 대장균 O157, 리스테리아, 캄필로박터 등의 식중독 세균이 빈번하게 검출되고 있으며, 농약이나 잔류수의약품, 항생물질, 중금속 및 화학물질(포장재가소제, 모노클로로프로판디올MCPD, 다이옥신 등)에 의한 위해 발생도 광역화되고 있다. 그러므로 우리나라도 이들 위해요소에 대한 안전지대가 아니라는 우려가 확산되고 있으며, 식품의 위생안전성 확보에 대한 관심이 전 사회적으로 고조되어 가고 있어 이들 위해요소를 효과적으로 제어할 수 있는 HACCP을 법적 근거에 따라 도입하여 적용하고 있다. 더욱이 EU, 미국 등 각국에서는 이미 자국 내로 수입되는 몇몇 식품에 대하여 HACCP을 적용하도록 요구하고 있으므로 수출경쟁력 확보를 위해서도 HACCP 도입이 절실히 요구되고 있는 실정이다.

HACCP은 아래와 같이, Codex에서 정한 다음의 7원칙을 포함해 총 12절차에 따라 수행한다.

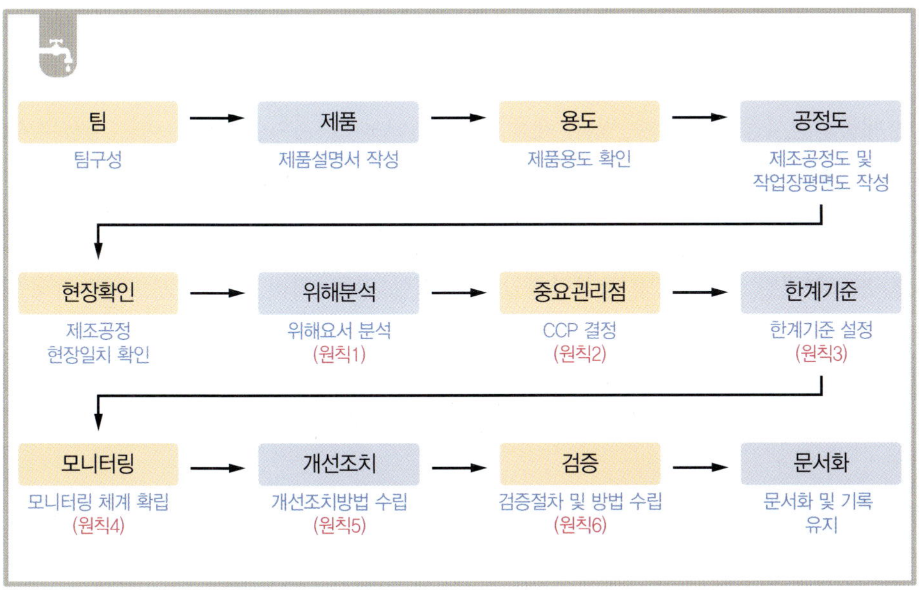

3. HACCP의 개발(준비 5단계)

1) HACCP팀 구성

첫 번째 단계는 HACCP 계획을 개발하기 위한 지식과 전문기술을 가진 팀을 구성하는 것이다. 이 팀에는 각 전문분야가 집결해야 하며, 생산, 위생, 품질보증, 식품미생물, 생산직원이 포함되어야 한다. 또한 HACCP 인적자원에는 외부전문가를 포함시킬 수 있지만, 전적으로 외부전문가에 의해 HACCP 계획이 개발된다면 가공현장의 세부사항에 대한 확인 부재로 현장에서 운용하는 데 부적절한 HACCP 계획이 되기 쉽다. HACCP 계획의 개발 및 운용에 필요한 HACCP팀의 규모는 작업장의 생산 규모 및 자체 여건에 따라 다르기 때문에 가공장의 생산 및 환경 여건에 맞게 정하여야 한다.

2) 제품 및 제품의 유통방법 기술

두 번째 단계는 생산하는 각 제품의 종류, 특성, 성분, 제조 및 유통 방법을 구체적으로 기술하는 것으로 HACCP 팀원 중 제조공정을 잘 아는 종업원이 포함되어 있으면 쉽게 제품설명서를 작성할 수 있다. 제품설명서는 HACCP 계획을 개발하려는 제품의 특성을 정확히 파악함으로써 효과적인 위해분석 및 중요관리점 결정이 가능하도록 하기 위한 기초정보를 파악하는 것이 목적이므로 제품명, 제품의 유형 및 성상, 처리·가공·보고연월일, 작성자 및 작성연월일, 성분배합 비율, 처리·가공(포장)단위, 완제품의 규격, 보관·유통상의 주의사항, 용도 및 유통기간, 포장 방법 및 재질, 기타 특별한 표시사항 등의 필요한 사항이 기재되어 있어야 한다.

3) 의도된 제품 용도의 확인

세 번째 단계는 제품이 의도하는 사용방법 및 대상 소비자를 파악하는 것이다.

생산된 제품이 어떻게 누구에게 사용되는가를 예측하는 것이 필요하다. 또한 위해물질에 감수성이 있는 대상 소비자(예 : 어린이, 노인, 면역관련 환자 등)를 파악하는 것이 중요하다. 이를 통하여 제품의 위험률 평가와 위해요소의 허용한계치 결정에 참고할 수 있다.

4) 공정흐름도 작성(제조공정도, 설비배치도 등)

네 번째 단계는 가공장에서 직접 관리하는 원료의 입고에서부터 최종제품의 출하까지 모든 단계를 파악하여 제조공정도와 이들 공정/단계에 소요되는 설비배치도 및 기타 필요한 도면(급수 및 배수 체계도, 작업원 이동경로 등)을 작성하는 것이다.

제조공정도는 단순하고 이해하기 쉽게 작성되어야 하며, 해당 작업장에서 작업이 이루어지기 이전 또는 이후의 단계도 포함될 수 있다. 제조공정도를 작성하고 나면, 이들 공정/단계별로 그 명칭과 주요 처리조건 및 현재 작업방법과 관련 작업표준 유무를 나타내는 공정설명서를 추가로 작성하는 것이 좋다 그림 10-2.

이러한 제조공정도와 설비배치도는 원재료의 입고에서부터 최종제품의 출하에 이르는 해당 제품의 공급에 필요한 모든 공정/단계별로 위해요소의 교차오염 또는 2차 오염 가능성을 파악하는 데 도움을 준다.

5) 공정흐름도 검증

다섯 번째 단계는 작성된 공정흐름도를 현장에서 검증하는 것이다. 공정흐름도가 실제 작업공정과 동일한지 여부를 확인하기 위하여 HACCP팀이 현장에서 가공공정별 각 단계를 직접 확인하면서 검증하여야 한다. 공정흐름도의 목적은 위해가 발생할 수 있는 작업장 내의 모든 지점을 찾아내기 위한 것임을 유의해야 한다. 일반적으로 HACCP팀 또는 감시자가 공정흐름도가 정확한지를 검증한다.

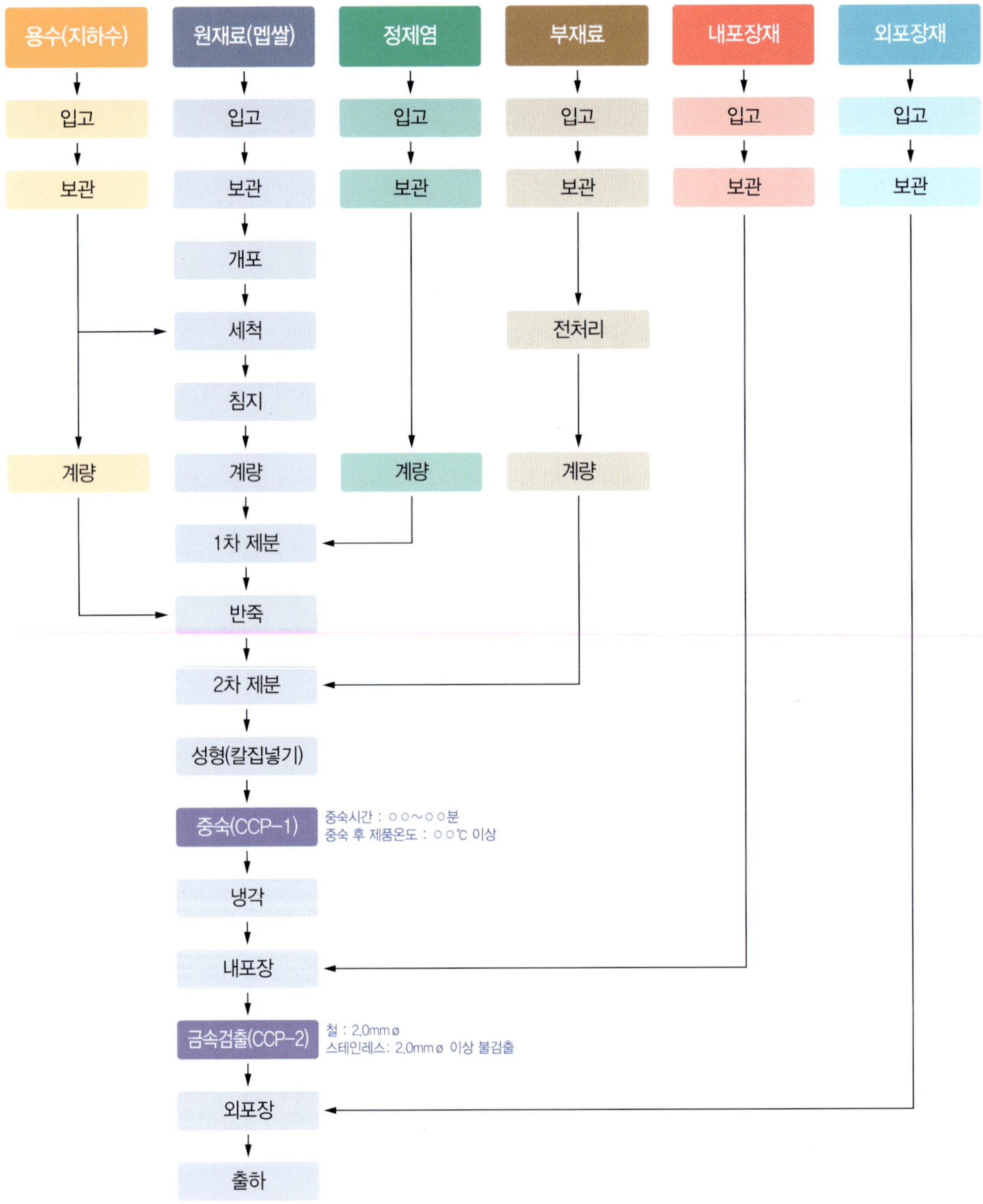

그림 10-2 | 제조공정도 예시

자료: 한국식품안전관리인증원

4. HACCP의 7원칙

1) 위해분석

위해분석hazard analysis이란 식품안전에 영향을 줄 수 있는 위해요소와 이를 유발할 수 있는 조건이 존재하는지 여부를 판별하기 위하여 필요한 정보를 수집하고 평가하는 일련의 과정을 말한다.

위해요소의 분석과 위험평가는 계획 작성의 기본작업이며, 제품에 따라 발생할 우려가 있는 모든 식품위생상의 위해에 대해 원인물질과 발생요인 및 방지조치를 명확히 하는 것이다. 일반적으로 식품에서 발생하는 위해요인은 생물학적·화학적·물리적 요인으로 분류할 수 있다 표 10-1.

위해란?
「식품위생법」 제4조(위해식품 등의 판매 등 금지)의 규정에서 정하고 있는 인체의 건강을 해할 우려가 있는 생물학적, 화학적, 또는 물리적 인자나 조건

표 10-1 | 식품의 위해요인(CODEX 기준)

높음 : 사망을 포함하여 건강에 중대한 영향을 미침	
B	*Clostridium botulinum* toxin, *Salmonealla*(typhi), *Shigella dysenteriae*, *Vibrio cholerae*, *Vibrio vulnificus*, hepatitis A, E virus, *Listeria monocytogenes*(일부), *Escherichia coli* O157:H7
C	화학오염물질, 식품첨가물, 중금속 등에 의한 직접적인 오염
P	금속, 유리조각 등 소비자에게 직접적인 해 또는 상처를 입힐 수 있는 물질
보통 : 잠재적으로 넓은 전염성이 있는 것으로 입원	
B	장내병원성 *Escherichai coli*, *Salmonella* spp., *Shigella* spp., *Vibrio parahaemolyticus*, *Listeria monocytogenes*, Rotavirus, Norwalk virus
C	타르색소, 잔류농약, 잔류용제(톨루엔, 프탈레이트 등), 잔류훈증 약제 등
P	돌, 나무조각, 플라스틱 등 경질이물
낮음 : 제한적인 전염성이 있는 것으로 개인에 제한된 질병	
B	*Bacillus cereus*, *Clostridium perfringenes*, *Campylobacter jejuni*, *Yersinia enterocolitica*, *Staphylococcus aureus* toxin
C	Somnolence, transitory allergies 등의 증상을 수반하는 화학오염 물질 등
P	머리카락, 비닐 등 연질이물

자료: 한국식품안전관리인증원

특히 우리나라의 식습관에서 동물성 식품의 위해요인 중 대표적인 세균들은 다음과 같다.

- 소고기 : *Salmonella*, *E. coli* O157: H7
- 돼지고기 : *Salmonella*, *Clostridium. perfringens*
- 닭고기 : *Salmonella*, *C. jejuni*, *C. perfringens*
- 달걀 : *Salmonella*

위해요소 분석은 위험의 발생 가능성frequency과 위해요소의 심각성severity에 기초한다. 위험의 발생 가능성은 공정이 관리되지 않을 때 위해요소가 존재할 가능성으로 정의되고, 심각성은 위해요소를 섭취할 경우 나타나는 결과의 단위이다. 일반적으로, 위해요소가 크려면 발생 가능성이 높아야 하고, 제품을 섭취했을 때 질병이나 손상을 입힐 가능성이 높아야 한다. 따라서 위해도의 경중은 사건의 발생 가능성과 심각성의 함수로 나타난다 표 10-2. 이것을 위해도 매트릭스matrix라고 한다. 여기서 발생 가능성이 크고 또 발생했을 때 인체에 미치는 영향도 치명적이어서 심각성이 크면 위해도는 가장 클 것이다(이 표에서는 9점).

표 10-2 | 위해도 평가

발생 가능성 \ 심각성	낮음	보통	높음
높음	경결함(3)	중결함(6)	치명결함(9)
보통	불만족(2)	경결함(3)	중결함(6)
낮음	만 족(1)	불만족(2)	경결함(3)

표 10-3은 재료별 위해요소와 발생 원인을 나타내었다.

표 10-3 | 재료별 위해요소와 발생 원인

원·부재료명	구분	위해요소(생물학적 : B, 화학적 : C, 물리적 : P)	발생 원인
쇠고기	B	대장균군, 황색포도상구균, 살모넬라, 바실러스 세레우스, 리스테리아, 장출혈성대장균, 진균	원료자체 및 사육과정 관리 부족으로 오염 협력업체(생산자) 관리 부족으로 교차오염 원료 운반과정에서 부주의로 교차오염
	C	잔류항생물질, 잔류농약	협력업체(생산자)의 교육/관리 부족으로 오염
	P	나사, 못, 칼날, 돌, 모래, 플라스틱, 머리카락, 비닐, 지푸라기	협력업체(생산자)의 관리 부족으로 혼입
고추	B	대장균군, 황색포도상구균, 살모넬라, 바실러스 세레우스, 리스테리아, 장출혈성대장균, 클로스트리디움 퍼프린젠스, 진균	원료 자체 및 재배과정 관리 부족으로 오염 협력업체(생산자) 관리 부족으로 교차오염
	C	잔류농약, 납, 카드뮴	오염된 토양에서 원료 재배 농약 사용기준을 미준수한 원료 재배 협력업체(생산자)의 교육/관리 부족으로 오염
	P	나사, 못, 칼날, 돌, 모래, 플라스틱, 머리카락, 비닐, 지푸라기	협력업체(생산자) 관리 부족으로 혼입
조기	B	대장균군, 황색포도상구균, 살모넬라, 바실러스 세레우스, 리스테리아, 장출혈성대장균, 장염비브리오균, 진균	원료 자체 및 재배과정 관리 부족으로 오염 협력업체(생산자) 관리 부족으로 교차오염
	C	납, 카드뮴, 수은	오염된 해역으로부터 원료 오염 협력업체(생산자)의 교육/관리 부족으로 오염
	P	나사, 못, 칼날, 돌, 모래, 플라스틱, 머리카락, 비닐, 지푸라기	협력업체(생산자) 관리/교육 부족으로 혼입
전분	B	대장균군, 황색포도상구균, 살모넬라, 바실러스 세레우스, 리스테리아, 장출혈성대장균, 클로스트리디움 퍼프린젠스, 진균	협력업체 제조/가공기준 미준수로 오염 협력업체 작업자/제조설비/작업장/운반차량/제조도구 등에 대한 세척·소독관리 부족으로 오염 협력업체 원료관리 부족으로 오염
	C	잔류농약, 납, 카드뮴	협력업체 원료관리 부족으로 잔류, 오염
	P	나사, 못, 칼날, 돌, 모래, 플라스틱, 머리카락, 비닐, 지푸라기	협력업체 제조설비/작업자 등에 대한 이물관리 부족으로 오염

자료: 한국식품안전관리인증원

2) 중요관리점의 결정

중요관리점critical control point, CCP이란 위해요소중점관리기준을 적용하여 식품의 위해요소를 예방, 제거하거나 허용수준 이하로 감소시켜 식품의 안전성을 확보할 수 있는 중요한 단계, 과정 또는 공정을 말한다. 위해분석 결과 명확해진 위해의 발생을 방지하기 위하여, 특히 중점적으로 관리해야 할 공정을 중요관리점으로 정하여야 한다. 즉 HACCP 시스템에 의한 위생관리라 함은 중요관리점을 관리하는 것이므로 중요관리점은 공정에서 반드시 관리가 필요한 곳에 한정하고 집중적으로 관리한다.

따라서 위해요소 분석에서 확인된 모든 중대한 위해요소에 대해서는 위해요소를 관리할 중요관리점이 최소한 한 개 이상 있어야 한다. 미국식품미생물기준자문위원회NACMCF와 Codex는 '중요관리점 결정 절차도'의 이용을 권장하였다. 중요관리점 결정 절차도에서는 연속된 질문에 따라 제조과정 중 어떤 부분이 관리점control point인지 혹은 중요관리점CCP인지를 결정하게 도와준다.

3) 관리기준(허용한계치)의 설정

관리기준critical limits은 중요관리점에서 지켜야 할 기준이다. HACCP에 의한 식품위생관리의 특징은 중요관리점에서 위해가 적절히 배제되어 있는지를 즉시 판단할 수 있다는 것이다. 따라서 관리기준은 온도, 시간, pH, 색 등을 계측기계를 사용하여 상시 또는 일정한 빈도로 측정할 수 있는 지표를 기준으로 한다. 예를 들면, 최종제품에서 대장균이 음성이 되도록, 제조공정에서 가열살균을 행하도록 한 경우, 식품을 제조하고 있는 시점에 그 공정에서 대장균이 음성임을 직접 확인하는 것은 곤란하다. 따라서 미리 가열살균에 의한 미생물 사멸효과를 파악하여 식품의 제조 시에는 가열온도 및 가열시간이 적절히 준수되고 있는지를 확인하면 대장균군이 음성임이 명백해진다. 이 가열온도 및 가열시간이 그 공정에서 관리기준이 된다.

가공과정 중 이물질을 관리하기 위해서 여러 가지 방법이 사용될 수 있다. 즉 금속물질은 체sieves, 육안 검사, 예방시설, 여러 종류의 자석, 금속탐지기 등을 통해서 관리할 수 있다. 그러나 예방적 장비나 육안 검사 및 자석 등은 최종제품에 금속이 없다고 확정할 수 없으므로 중요관리점으로 간주하지 않는다.

4) 모니터링(감시관리) 방법의 설정

모니터링monitoring의 목적은 중요관리점에서 위해를 방지하기 위한 조치가 확실히 실시되고 있는지를 확인하는 데 있다.

예를 들어, 온도계를 사용하여 온도를 측정하는 것이 모니터링 방법이 된다. 모니터링 방법은 중요관리점에서 모니터링의 측정치가 관리기준을 이탈한 경우에 그것을 육안 등으로 즉시 확인할 수 있어야 한다.

측정이나 관찰을 통해 감시하는데 중요관리점을 감시하는 방법은 여러 가지가 있으며, HACCP팀은 허용한계치와 함께 효과적이고 기록이 용이하며 작업 운영에 적당한 감시방법을 선택해야 한다. 모니터링은 허용한계치의 특성에 따라 연속적으로 하거나 간헐적으로 하면 된다. 표 10-4는 CCP와 한계기준, 모니터링의 예를 나타내었다. 모니터링 장비(온도계, 냉장고 등)는 정확성을 보장하기 위하여 자주 교정calibration하여야 한다. 관찰에 의해 모니터링이 이루어질 경우에 관찰자는 정기적인 '교정'을 요구할 수 있다.

5) 개선조치의 설정

중요관리점에서 모니터링의 측정치가 관리기준을 이탈하였다고 판명된 경우, 이탈 상태로 생산된 제품을 배제하고 중요관리점에서 관리상태를 정상으로 원위치시켜야 한다. 개선조치corrective action에는 다음의 것들이 있다.

- 제조과정을 다시 관리 가능한 상태로 되돌림
- 제조과정이 통제를 벗어났을 때 생산된 제품의 안전성에 대한 평가
- 위반을 방지하기 위한 방법 결정

첫 번째 단계는 부적합 제품의 양을 최소화하기 위하여 위반사항이 발견되는 즉시 이루어져야 한다. 그러므로 각 허용한계치마다 개선조치를 미리 마련해 두고 중요관리점에 설정된 허용한계치를 만족시키지 못한 제품은 다음과 같이 조치한다.

표 10-4 | CCP와 한계기준, 모니터링의 예

공정명	CCP	한계기준	모니터링 방법			
			대상	방법	주기	담당자
가열	CCP-1B	가열온도 : 85~120℃, 시간 : 3~5분 (품온 : 80~110℃, 유지시간 : 3~5분)	가열시간, 온도	1. 가열기의 정상 작동 유무를 확인한다. 2. 가열기에서 가열온도(품온)와 가열시간(품온 유지시간)을 모니터링 일지에 기록한다. 3. 모니터링 일지를 HACCP 팀장에게 승인받는다.	작업 전후/ 2시간마다 등	공정담당 (이순신)
세척	CCP-1BCP	3~6단 세척, 가수량 : 3~4배, 세척시간 : 5~10분	세척 방법	1. 세척기의 정상 작동 유무를 확인한다. 2. 세척방법에 따라 세척시간, 횟수, 가수량 등을 모니터링 일지에 기록한다. 3. 모니터링 일지를 HACCP 팀장에게 승인받는다.	작업 전후/ 2시간마다 등	공정담당 (김유신)
소독	CCP-1BC	소독농도 : 50~100ppm, 소독시간 : 1분~1분 30초, 소독수 교체주기, 헹굼방법, 헹굼시간	소독농도, 시간, 소독수 교체주기, 헹굼방법, 시간	1. 소독기의 정상 작동 유무를 확인한다. 2. 소독농도, 소독시간, 소독수 교체주기, 헹굼방법, 헹굼시간을 모니터링 일지에 기록한다. 3. 모니터링 일지를 HACCP 팀장에게 승인받는다.	작업 전후/ 2시간마다 등	공정담당 (안중근)
pH 측정	CCP-1B	최종제품 pH 4.0 이하	조미액 pH, 제품 pH	1. 공정담당자는 pH 측정기를 보정한다. 2. 최종제품의 pH를 pH 측정기로 측정한다. 3. 측정 결과값을 일지에 기록한다. 3. 모니터링 일지를 HACCP 팀장에게 승인받는다.	최종제품 매 로트별	공정담당 (○○○)
수분활성도 측정	CCP-1B	최종제품 수분활성도 0.6 이하	제품 수분활성도	1. 최종제품의 수분활성도를 수분활성도 측정기로 측정한다. 2. 측정 결과값을 일지에 기록한다. 3. 모니터링 일지를 HACCP 팀장에게 승인받는다.	최종제품 매 로트별	공정담당 (○○○)
금속 검출	CCP-1P	금속 : Fe 2mm, STS 2.0mm 이상 불검출, 쇳가루 불검출	금속 검출기 감도	1. 금속검출기에 테스트피스를 좌, 우, 중간에 통과시켜 검출 여부를 CCP-4P 모니터링 일지에 기록하고 HACCP팀장에게 보고한다. 2. 제품의 상, 중, 하에 테스트피스를 첨가하여 금속검출기를 통과시켜 검출 여부/통과되는 공정품의 검출 여부를 CCP-4P 모니터링 일지에 기록하고 HACCP 팀장에게 보고한다.	작업 전후/ 2시간마다 등	공정담당 (장영실)

자료: 한국식품안전관리인증원

- 제품이 안전하다고 판단되어 일반 유통하거나 다른 용도로 전환한다.
- 위해요소를 제거하는 방식으로 재가공한다.
- 위해요소가 중대하게 간주되지 않는 다른 용도로 전환한다.
- 파기한다.

그리고 이러한 평가방법을 미리 마련해 두는 것이 중요하다.

6) 검증방법의 설정

검증verification이란 위해요소중점관리계획이 적절하게 수행되는지 여부를 평가하는 일련의 활동을 말한다. HACCP 시스템에서는 검증에 의하여 HACCP 계획이 적절히 기능하고 있는지를 계획의 작성 시 그리고 실시 후에 계속적으로 확인, 평가하여야 한다 표 10-5.

검증은 다음과 같은 경우에 실시한다.

- 제품 등의 시험검사
- 기록의 점검
- 중요관리점에서의 모니터링에 사용되는 계측기기의 교정
- 불평 또는 회수의 원인 분석
- 실시계획의 정기적 확인

표 10-5 | 검증의 예

CCP No.	원료/공정	위해요소 종류	위해요소명 및 유래	한계기준	모니터링				
					항목	방법	주기	담당	기록
CCP-2B	가열살균	B	살균온도, 시간 미준수로 병원성 미생물 잔존-바실러스세레우스, 클로스트리디움 보툴리눔, 병원성내열성세균	온도 : 125±3℃ 시간 : 20±1분 살균완료지시계 : 완료지시 등 정상작동	온도 시간 살균완료지시계	자동온도측정기	연속	살균기담당자(살균작업자)	자동온도기록자, 살균모니터링일보

이들의 실시상황은 정확하게 기록되어야 하며, 제품의 시험검사 시 모든 위해물질이 허용치에 적합한지를 확인할 필요가 있다. 제품 설명에서부터 작업흐름도와 검증에 이르기까지 HACCP에 대한 정기적인 검토 또한 검증의 일부분이다.

HACCP은 유동적이며 계속적인 개선의 과정이다. 시간이 지나고 자료가 축적됨에 따라 불필요한 중요관리점을 제외시키게 되고, 중요관리점을 더욱 효과적으로 감시·관리할 방도를 찾게 된다. 검증은 이러한 과정을 도와주는 역할을 한다. 검증은 다음 5단계로 파악하여야 한다.

- 전제 프로그램의 검증
- 중요관리점의 검증
- HACCP 시스템에 대한 감사
- HACCP 계획에 대한 타당성 검증과 재평가
- 규제감사

7) 기록 유지 및 문서 작성

제조과정이 관리상태였다는 것을 입증할 수 있는 길은 모니터링의 결과를 기록recording하는 것이다. 마찬가지로, 개선조치가 적절했는지를 입증할 유일한 방안은 개선조치를 기록하는 것이며, 실수가 재발하는 것을 방지할 수 있는 방법은 무엇이 왜 발생했는지를 기록하는 것이다. 이는 후에 잠재적인 문제와 관련해서 유용한 정보를 제공해 줄 수 있고, HACCP 계획을 작성하는 이유가 된다.

HACCP 기록은 다음의 3가지가 있다.

- 특정 제품 로트에 관한 기록
- HACCP 플랜을 문서화하는 기록
- HACCP의 의도나 이론적 근거를 문서화하는 기록

5. 우리나라의 HACCP 현황

우리나라의 HACCP은 농림축산식품부와 식품의약품안전처에서 주관, 관리하고 있다. 이들 기관에서 관리하는 영역은 분리되어 있어서 농림축산식품부는 도축장, 집유장, 농장의 HACCP을 관리하였으나, 2017년부터는 한국식품안전관리인증원에서 통합 관리되고 있다 그림 10-3.

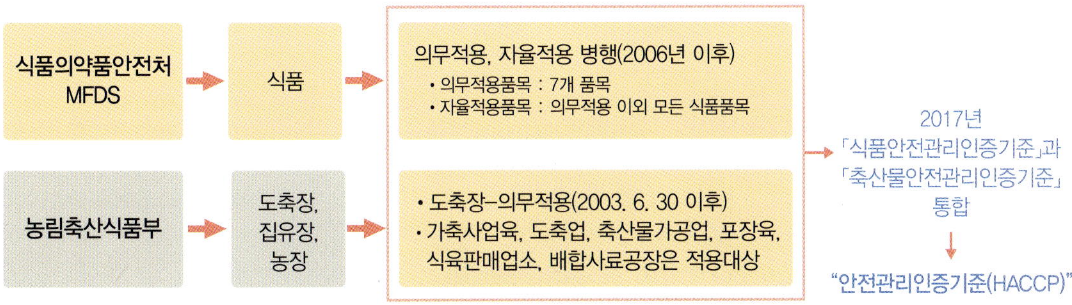

그림 10-3 | 식품의약품안전처와 농림축산식품부의 HACCP

1) 자율적용과 의무적용

우리나라 HACCP의 적용은 식품 및 즉석판매제조·가공업, 건강기능식품 및 식품첨가물제조업, 식품소분업, 집단급식소 및 기타식품판매업, 식품접객업 및 집단급식소 등 식품의 제조·가공·유통·외식·급식의 모든 분야에 적용된다. 2003년 어묵류 등 6개 식품 유형에 식품안전관리 의무화 규정을 신설한 이래, 2006년 배추김치, 2014년 과자·캔디류 등 8개 품목 및 100억 원 매출업체, 2016년 순대·떡볶이떡(떡류)에 대해 식품안전관리인증을 의무적으로 적용하고 있으며 현재 축산물과 식품의 HACCP 의무적용유형과 시기는 그림 10-4와 같다.

2) HACCP 마크

우리나라의 경우 농림부와 식품의약품안전처에서 일정한 위생안전체계를 구비하여 식품의 위생적 관리와 가공이 이루어지는 업체에 HACCP 마크 그림 10-5를 부여하여 국민들이 인증을 받은 업체의 식품을 안심하고 섭취할 수 있도록 하고 있다.

축산물 HACCP의 의무적용 업종과 시기

- 의무적용 업종: 도축업, 집유업(농식품부 위탁)/ 축산물가공업(식육가공업, 유가공업, 알가공업)/ 식용란선별포장업
- 진행 중인 식육가공업 의무적용 시행일

업종	단계	2016년도 매출액 기준	의무적용 시행일	비고
식육가공업	1단계	20억 원 이상	2018년 12월 1일	완료
	2단계	5억 원 이상	2020년 12월 1일	완료
	3단계	1억 원 이상	2022년 12월 1일	완료
	4단계	1~3단계 외 모든 업체	2024년 12월 1일	

식품 HACCP의 의무적용 유형

의무적용 유형 (업체)	• 어묵 · 냉동수산식품(어류 · 연체류 · 조미가공품) • 냉동식품(피자류 · 만두류 · 면류) • 빙과류 • 비가열음료 • 레토르트식품
	• 배추김치 • 즉석조리식품(순대)
	• 매출액 100억 이상 제조업체
	• 어육소시지 • 음료류 • 초콜릿류 • 특수용도식품 • 과자 · 캔디류 • 빵류 • 떡류 • 국수 · 유탕면류 • 즉석섭취식품

그림 10-4 HACCP 대상식품과 시기

안전관리인증기준(HACCP) 심벌

HACCP 적용작업장·업소(도축장·집유장·농장 제외)

안전관리인증 HACCP 식품의약품안전처

HACCP MFDS

축산물 안전관리통합인증업체

안전관리통합인증 HACCP 식품의약품안전처

안전관리인증기준(HACCP) 적용(인증) 작업장·업소·농장 현판 견본

HACCP 적용작업장·업소(도축장·집유장·농장 제외)

인증번호 제○○호(인증번호는 생략 가능함)

안전관리인증기준(HACCP) 적용작업장(업소)

○○○(업소명)

축산물 안전관리통합인증업체

인증번호 제○○호(인증번호는 생략 가능함)

안전관리통합인증기준 적용업체

○○○(업소명)

그림 10-5 HACCP 인증 마크

3) HACCP 적용업소 인증(연장) 신청 절차

식품과 축산물의 인증절차는 그림 10-6과 같다.

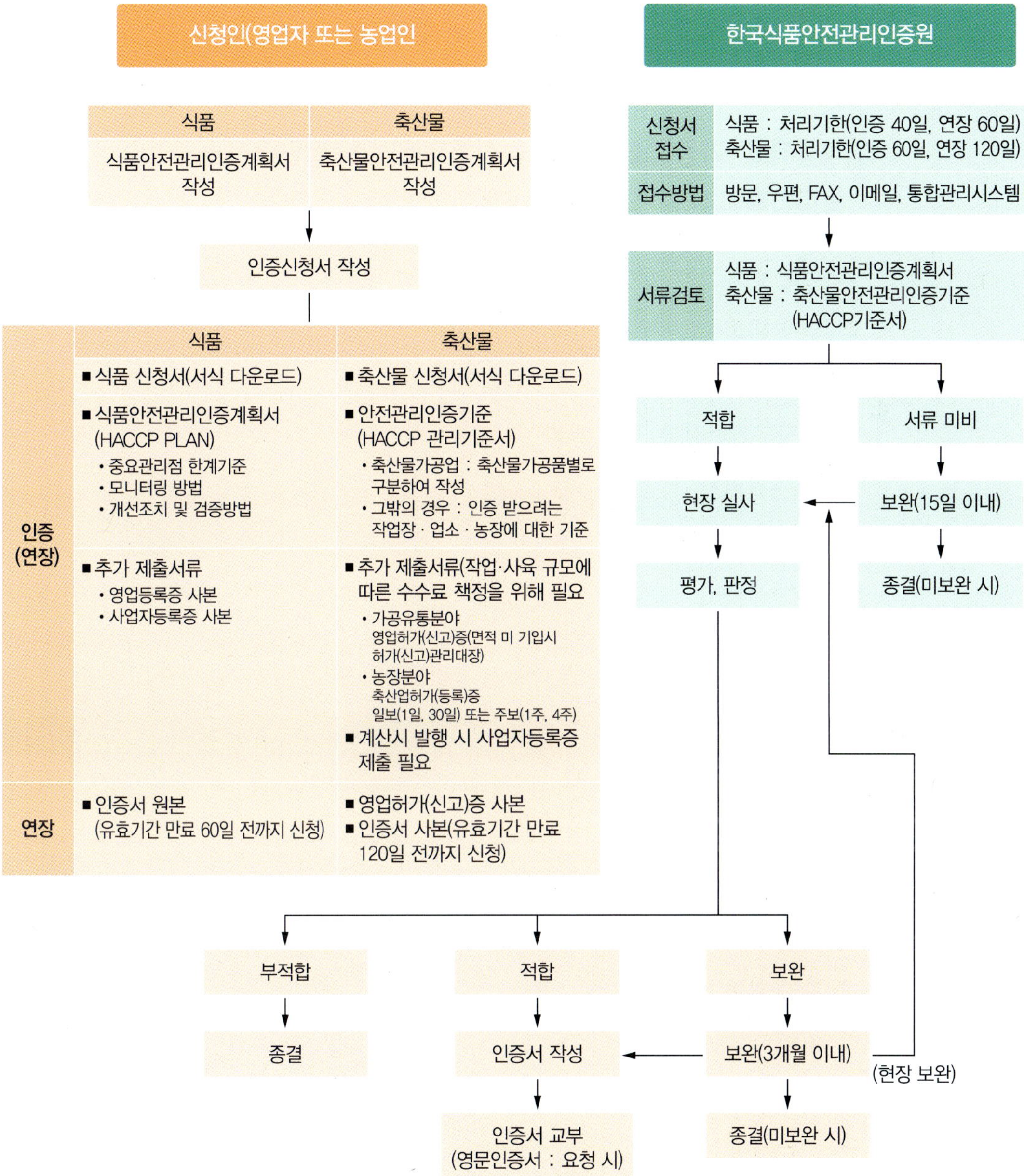

그림 10-6 | HACCP 적용업소 지정처리 절차

6. HACCP의 적용

식품제조가공업소와 집단급식 등 각 업장마다 관리하여야 하는 HACCP의 관리는 다음과 같다. 각각의 관리에는 각각의 특성에 따라 관리가 이루어져야 한다. 우리나라는 모두 세 가지로 업장을 분류하여 필요한 관리가 이루어지고 있다.

1) 식품제조·가공업소, 건강기능식품제조업소, 집단급식소, 식품접객업소 및 집단급식소식품판매업소

가. 영업장 관리

나. 위생 관리

다. 제조·가공·조리 시설·설비 관리

라. 냉장·냉동 시설·설비 관리

마 용수 관리

바. 보관·운송 관리

사. 검사 관리

아. 회수 프로그램 관리

2) 기타 식품판매업소

가. 입고 관리

나. 보관 관리

다. 작업 관리

라. 포장 관리

마. 진열·판매 관리

바. 반품·회수 관리

3) 식품소분업소

가. 작업장 및 부대시설 관리

나. 개인위생관리

다. 방충·방서 관리

라. 이물관리

마. 세척·소독 관리

바. 입고·보관 관리

사. 포장관리

아. 용수관리

자. 소분 도구관리

차. 회수관리

7. 집단급식의 HACCP

다음은 한 집단급식소의 HACCP 실제이다.

위해의 심각성을 평가한 후 중요관리점을 설정하였다 표 10-6. 표 10-6에서 생물적 위해 중에 유해요소 평가를 통해 위해점수가 높은 세 가지 미생물을 CCP로 정하여 한계기준을 설정하여 위해도를 낮춘 것이 그림 10-7이다. 그 이후 CCP에 따라 각 단계의 조절을 행하였는데 그림 10-7와 같이 1.은 생채소의 소독, 2.는 가열소독, 3.은 배식 및 보관이 중요관리점이었고, 이들의 관리는 그림 10-8에 나온 대로 진행하였다.

표 10-6 | **위해요소 분석표**

공정	위해요소 분석		발생원인(유래)	위해요소 평가			예방조치	
				심각성	발생 가능성	종합 평가	관리기준	관리방법
원료 보관	B (생물적 위해)	*Straphylococcus aureus*	• 유통기한 불이행에 따른 미생물 증식 • 보관식품의 바닥 방치에 의한 미생물 교차오염 • 부적절한 포장상태에 따른 교차오염 • 조리식품과 식자재 접촉에 의한 교차오염 • 청결하지 않은 보관용기와 보관고에 의한 교차오염	1	2	2	• 냉장고 온도 0~5℃ • 냉동고 온도 −18℃ 이하 • 창고온도 28℃ 이하 • 선입선출/유통기한 기록 확인 • 바닥 방치 금지 • 포장상태의 완전성 확인 • 조리식품과 식자재 분리 보관	• 일 3회 이상 점검 및 냉장/냉동고 온도관리표 기록 • 주방 상온, 창고 온습도 관리표 기록 • 상온 창고 현황판 기록 • 교육/훈련 • 육안 검사, 전처리 세척 방법 준수 • 교육/훈령, 육안 검사
		Salmonella spp.		2	1	2		
		장출혈성대장균		3	1	3		
		Bacillus cereus		1	1	1		
		Listeria monocytogenss		3	1	3		
		Vibrio parahaemoliticus		3	1	3		
		진균		2	1	2		
	P (물리적 위해)	나사, 못, 칼날	• 보관실 작업자/운반도구/제조설비 관리 부족의 교차오염 • 운송차량/작업자/작업장/제조설비/기구용기/검사장비 • 세척소독관리 미흡, 작업자 위생교육 부족	3	2	6	• 용기의 세척 소독 확인 • 보관고 청소 • 방역(방충, 방서) 관리	• 교육/훈련, 육안 검사 • 청소관리기준 준수 • 방충 방서 실행 확인 및 시설 설치
		돌, 모래, 플라스틱		2	2	4		
		머리카락, 비닐, 지푸라기		1	3	3		

CCP-1. 생채소소독

위해요소 : 장출혈성대장균 *L.monosytogenes, V.parahaemoliticus*

발생원인 : 소독액 농도, 소독시간, 소독수 교체주기관리 미흡으로 인한 미생물 잔존 및 증식

한계기준
- 소독액 농도 : 염소계 100ppm
- 소독시간 : 5~7분

모니터링
- 방법 : 농도 측정 페이퍼로 농도 측정, 침지시간 측정
- 주기 : 소독 시마다
- 담당 : 세척 · 소독담당 조리원
- 기록 : 생채소 세척 · 소독 일지

개선조치
- 방법 : 농도 오류 시, 농도 조정하여 재측정 후 소독, 침지시간 미달 시 재소독

CCP-2. 가열조리

위해요소 : 장출혈성대장균 *L.monosytogenes, V.parahaemoliticus*

발생원인 : 가열온도 미준수로 인한 미생물 잔존 및 증식

한계기준
- 중심온도 : 75℃ 이상(패류 85℃ 이상)
- 가열시간 : 1분 이상

모니터링
- 방법 : 밥, 국을 제외한 모든 가열조리메뉴(단, 국류 중 덩어리 어 · 육류, 냉동식품 포함)
- 주기 : 가열 시마다
- 담당 : 가열담당 조리원
- 기록 : 가열조리일지

개선조치
- 방법 : 기준온도로 다시 재가열 작업자 교육

CCP-3. 배식및 보관(냉각공정 관리)

위해요소 : 장출혈성대장균 *L.monosytogenes, V.parahaemoliticus*

발생원인 : 부적절한 품온 및 시간관리로 미생물 잔존 및 증식

한계기준
- 60℃ 이상 5시간 이내/ 5℃ 이하 24시간 이내
- 배식시간 : 3시간 이내

모니터링
- 방법 : 조리/배식 종료 후 시간 측정
- 주기 : 3회/일
- 담당 : 배식 및 보관담당 조리원
- 기록 : 배식 및 보관공정일지

개선조치 : 전량 폐기

그림 10-7 | 집단급식의 HACCP

1. CCP-1B. 생채소 소독 공정

개선 전	개선 후
생채소 소독 미흡으로 미생물 잔존 - 소독농도관리 미흡 - 소독시간관리 미흡 - 소독 미실시 - 소독 후 상온보관관리 미흡	CCP-1. 생채소 소독 위생중점관리1 생채소 소독 • 염소 농도 100ppm 사용 • 5~7분 침지

2. CCP-2B. 가열조리공정관리

개선 전	개선 후
가열온도 미준수로 인한 미생물 잔존 - 가열온도관리 미흡 - 가열조리시간관리 미흡 - 교차오염관리 미흡	CCP-2. 가열조리공정 위생중점관리2 완전히 익히기 • 중심온도 75℃ 이상 • 1분 이상

3. CCP-3B. 냉각공정관리

개선 전	개선 후
냉각 온도 및 시간 관리 미흡으로 미생물 잔존 - 부적절한 품온, 시간 관리	CCP-3. 냉각공정(배식, 보관) 위생중점관리3 바르게 식히기 • 중심온도 60℃에서 5℃까지 • 4시간 이내

그림 10-8 | HACCP의 공정 개선

11

CHAPTER

식품시설의 위생

1. 식품제조 · 가공시설 및 집단급식소의 위생 | 2. 용수의 위생
3. 식품제조 · 가공 및 집단급식시설의 위생관리방법
4. 식품종사자의 개인위생

학습목표

최근 증가하고 있는 집단식중독의 발생장소로 학교, 산업체, 외식업체 등이 지적되고 있다. 또한, 전처리가 된 식품, 반조리식품 및 가공식품 등의 소비가 증가하고 있는 추세를 보이고 있어서 식품처리·제조·가공시설의 위생관리도 매우 중요하다. 식품처리·제조·가공시설에서 안전한 위생관리가 이루어지기 위한 기본적인 기준은 우선 위생적이고 규정에 맞는 원·부재료를 이용하는 것이고, 위생적인 제품을 생산할 수 있는 시설과 설비가 갖추어져야 하며, 식품제조업체나 급식업체 종사자의 개인위생관리도 철저히 지켜져야 한다. 업종에 따라 위생관리에 차이가 있겠으나 이 장에서는 식품제조·가공업소 및 집단급식소, 용수 및 식품종사자의 위생관리에 대하여 알아보기로 한다.

1. 식품제조·가공시설 및 집단급식소의 위생

1) 식품제조·가공시설의 배치

식품제조·가공시설은 주위 환경이 깨끗하고 잘 정돈되어 있어야 한다. 위생관리에서 문제가 되는 먼지, 쥐, 곤충의 발생요인을 제거하는 것이 중요하다. 지하수 등 취수원은 화장실, 폐기물·폐수 처리시설, 동물사육장 등 기타 지하수가 오염될 우려가 있는 장소로부터 20m 이상 떨어진 곳에 위치하도록 한다.

2) 식품제조·가공업소 및 집단급식소의 시설

(1) 작업장

작업장은 독립된 건물이거나 식품 취급 외의 용도로 사용되는 시설과 분리되어야 한다. 작업장은 탈의실, 식당, 휴게실 등과 분리되어야 한다. 작업장은 청결구역과 일반구역으로 나누고, 구역 간 교차오염을 방지하기 위하여 벽 등으로 분리한다. 작업장 내부는 누수, 외부의 오염물질이나 곤충, 설치류의 유입을 차단할 수 있어야 한다.

(2) 건물 바닥, 벽, 천장

바닥, 벽, 천장은 작업 특성에 따라 내수성, 내열성, 내약품성, 내부식성, 항균성의 재질을 사용하며 파여 있거나 갈라진 틈이나 구멍이 없어야 한다.

천장은 빗물이 새거나 이물, 먼지, 곰팡이, 응결수 등이 발생하지 않아야 한다.

내벽은 바닥면에서 최소 1.5m 이상을 내수성, 내산성, 내열성인 재료를 사용하여 설비하거나 세균 방지용 페인트로 도색한다.

바닥은 작업 특성상 필요한 경우를 제외하고 마른 상태를 유지한다.

(3) 배수 및 배관

배수로, 배수구, 배수관 등에는 퇴적물이 쌓이지 않아야 하며, 트랩(U자관)을 설치하여 곤충이나 설치류 등의 유입과 악취 및 폐수의 역류를 방지한다. 배수로는 청결구역

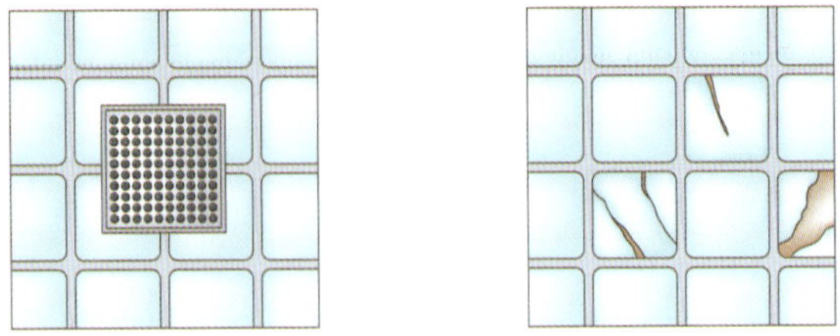

그림 11-1 | 건물 바닥의 위생관리

에서 일반구역으로 흐르도록 하며 생산라인을 통과하여 지나가지 않아야 한다. 배관과 배관의 연결 부위는 인체에 무해한 재질이어야 하며, 배관은 가능한 작업장 내부로 노출되거나 생산라인을 통과하여 지나가지 않도록 설치하며, 응결수가 발생하지 않도록 단열재 등으로 보온 처리한다.

(4) 출입구, 통로 및 창문

작업장 외부로 연결되는 출입문에는 먼지나 곤충 등의 유입을 방지하기 위한 완충구역이나 방충 이중문을 설치한다. 출입문은 내수성·내부식성 재질로 먼지, 곤충, 설치류의 유입을 방지할 수 있도록 밀폐 가능한 구조이어야 한다. 작업장 출입구에는 세척·건조·소독 설비 등을 구비한다.

특히 식품제조·가공업소의 경우에는 작업장 내부 통로는 물건을 적재하거나 다른 용도로 사용해서는 안 된다.

창문은 내수성·내부식성 재질로 밀폐 가능한 구조여야 한다. 창문의 유리는 파손 시 유리조각이 작업장 내로 흩어지거나 식품 원료나 부재료 등으로 혼입되는 것을 방지할 수 있는 재질을 사용하거나 필름 코팅을 한다.

(5) 채광 및 조명

채광 및 조명은 작업 특성에 적합한 조도를 유지하며, 색을 오인할 수 있는 조명은 될 수 있는 한 사용하지 아니한다.

선별·검사구역(육안 확인이 필요한 경우에 한함)은 540룩스(50피트 촉광), 일반작업지역은 220룩스(20피트 촉광), 기타 부대시설(창고, 화장실, 탈의실 포함)은 110룩스(10피트 촉광) 이상으로 한다. 조명기구는 파손되었을 때 식품에 유리가 튀지 않도록 수지로 보호장치를 해야 한다. 채광 및 조명 시설은 내부식성 재질을 사용하여야 하며, 파손이나 이물질의 낙하에 의한 오염을 방지하기 위한 보호장치를 한다.

(6) 부대시설

- 탈의실·휴게실 : 탈의실이나 휴게실은 작업장과 분리시킨다. 작업장 외부로 통하는 환기시설과 신발을 포함하여 외출복장과 위생복장 간의 교차오염이 발생하지 않도록 시설을 갖춘다.
- 화장실 : 정화조를 갖춘 수세식으로 설치하며, 내부 공기를 외부로 배출할 수 있는 별도의 환기장치가 필요하다. 화장실의 벽과 바닥은 내수성·내부식성 재질을 사용해야 하며, 바닥과 내벽 바닥으로부터 1.5m까지는 타일을 붙이거나 방수페인트로 색칠을 해야 한다. 휴지나 휴지통을 비치할 경우 손을 사용하지 않고 개폐가 가능한 뚜껑이 있는 휴지통을 비치한다. 가능한 손을 직접 접촉하지 않고 물을 사용할 수 있는 세척시설을 설치하며, 일회용 종이수건를 사용하지 않는 경우에는 손 건조시설이 필요하다. 손을 접촉하는 시설일 경우에는 손 소독시설을 설치한다.

3) 작업환경 위생관리

(1) 동선 계획 및 구획 설정

식품제조·가공시설에서는 원·부자재의 입고에서 출고까지, 집단급식시설에서는 식자재의 반입부터 배식 단계에서 교차오염을 방지하기 위한 노력이 필요하다. 따라서 모든 물류 및 출입자의 이동 동선에 대한 계획을 철저히 수립하고 이를 반드시 지켜야 한다. 청결구역과 일반구역을 구분하고 출입·복장·세척·소독 기준 등 위생수칙을 설정하여 관리한다.

(2) 온도·습도 관리

높은 온도와 습도는 미생물의 증식에 좋은 환경을 제공한다. 시설에는 제조·가공·

조리·보관 등 공정별로 온도·습도 관리계획을 수립하고, 온도·습도를 측정할 수 있는 온도계 또는 습도계 등을 설치하여 기록·관리한다.

청결구역 또는 특정 작업실의 온도·습도 관리를 위한 공조시설의 필터나 관리계획에 따라 세척 또는 교체하고 응결수가 발생하지 않도록 한다.

(3) 환기관리

식품 취급시설에서는 각종 냄새 물질·고온의 증기 및 연기 등이 발생한다.

시설 내에서 발생하는 악취나 이취, 유해가스, 매연, 증기 등을 배출할 수 있는 환기시설을 설치한다.

외부로 개방된 흡·배기구에는 여과망이나 방충망을 부착하고 관리계획을 수립하여 청소·세척 또는 교체한다.

특히 집단급식시설에서는 후드와 닥트의 관리가 중요하다. 후드는 스테인리스 스틸 재질로 적정 각도를 유지하며, 열기기보다 큰 크기의 것을 설치한다.

볶음, 튀김 등에 사용되는 설비의 후드시설은 유분을 여과하는 필터를 반드시 부착하고 정기적으로 유지·관리한다.

닥트, 배기후드의 연결 부분에는 외부의 오염물질이 역류하지 않도록 자동 개폐시설을 설치한다.

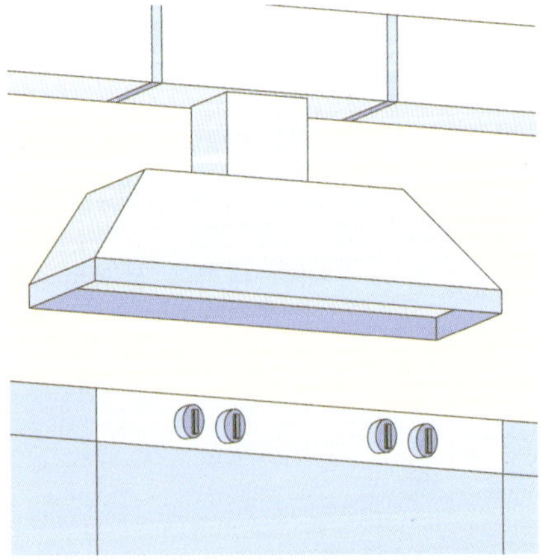

그림 11-2 | 집단급식시설의 후드

(4) 방충·방서 관리

식품 취급시설에서는 곤충류와 서류의 침입을 방지하여야 근본적인 위생관리가 이루어질 수 있다. 따라서 포충등을 설치하고 정기적으로 방역활동을 해야 한다.

시설의 방충·방서 관리를 위하여 해충이나 설치류 등의 유입 또는 번식 여부를 사전 계획에 따라 확인한다.

시설 내에서 해충이나 설치류 등의 구제를 실시할 경우에는 정해진 위생수칙에 따라 작업공정이나 식품의 안전성에 영향을 주지 않는 범위 내에서 적절한 보호조치를 취한 뒤 실시한다.

작업이 끝난 뒤에는 식품 취급시설이나 식품에 직·간접적으로 접촉한 부분을 세척하여 오염물질을 제거한다.

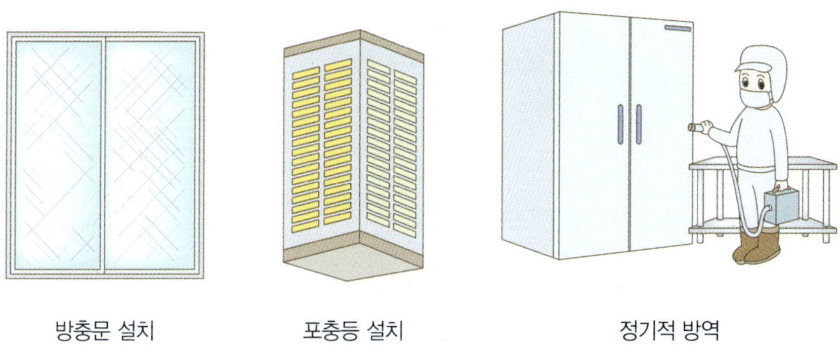

그림 11-3 | 식품 취급시설에서의 방충·방서 관리

(5) 작업위생관리

집단급식시설에서는 교차오염의 방지가 매우 중요하다. 작업은 바닥으로부터 60cm 이상의 높이에서 실시하여 바닥으로부터의 오염을 방지한다. 칼·도마 등의 조리기구와 용기는 교차오염을 방지하기 위하여 용도별로 구분하고 수시로 세척·소독한다.

앞치마·고무장갑은 구분하여 사용하고, 매 작업 종료 시마다 세척·소독한다.

그림 11-4 | 교차오염 방지를 위한 위생관리

2. 용수의 위생

「식품공전」에 의하면 식품제조·가공 및 조리에 사용하는 물은 「먹는물관리법」의 먹는물 수질기준에 적합한 것이어야 한다. '먹는물'이란 먹는 데에 통상 사용하는 자연상태의 물, 자연상태의 물을 먹기에 적합하도록 처리한 수돗물, 먹는샘물, 먹는염지하수, 먹는해양심층수등을 말한다(먹는물관리법 제3조1항). 따라서 먹는물은 지하수, 용천수, 염지하수 및 해양심층수 등을 먹기에 적합하도록 물리적으로 처리하여 만들고, 반드시 물 살균·소독장치를 갖추어야 하며 먹는물 수질기준에 따라 정기적으로 수질검사를 받는다.

식품에 직접 접촉되는 시설·설비 표면, 기구, 용기, 손세척 등에 사용되는 용수는 먹는 물 수질기준에 적합하여야 한다.

식품과 직접 접촉하거나 식품 원료로 사용하는 얼음, 스팀 등은 먹는 물 수질기준에 적합한 음용수를 이용하여 제조·취급·보관하여야 한다.

용수 저장탱크, 배관 등은 인체에 무해한 재질을 사용하며 외부로부터의 오염물질 유입을 방지하는 잠금장치를 설치한다. 용수 저장탱크는 반기별 1회 이상 청소와 소독을 실시하고 그 결과를 기록·유지한다.

먹는물의 종류

- 샘물 : 암반대수층 안의 지하수 또는 용천수 등 수질의 안전성을 계속 유지할 수 있는 자연 상태의 깨끗한 물을 먹는 용도로 사용할 원수原水
- 먹는샘물 : 샘물을 먹기에 적합하도록 물리적으로 처리하여 제조한 물
- 염지하수 : 물 속에 녹아 있는 염분 등의 함량이 환경부령으로 정하는 기준 이상인 암반대수층 안의 지하수로서 수질의 안전성을 계속 유지할 수 있는 자연상태의 물을 먹는 용도로 사용할 원수
- 먹는염지하수 : 염지하수를 먹기에 적합하도록 물리적으로 처리하여 제조한 물
- 먹는해양심층수: 해양심층수를 먹기에 적합하도록 물리적으로 처리하여 제조한 물

1) 용수 공급원

(1) 지표수

지표수는 하천·호수·저수지에 있는 물로서 풍부한 양을 구할 수 있지만, 물 속의 불순물 함량이 용수로서 적합한지 여부를 결정짓는다. 하천수보다는 호수나 저수지 물이 긴 침전기간을 거쳤기 때문에 여과, 정제하는 데 훨씬 용이하다.

(2) 해수

해수는 수산물 가공 시 원료의 이송 혹은 세척에 사용하는데, 간단한 여과를 거쳐 수산물 가공공장에서 제한된 용도로만 이용한다.

(3) 지하수

지하수는 지상으로 퍼올리는 과정에서, 또는 퍼올린 뒤 오염이 되지 않도록 해야 한다. 지하수는 지표에 시궁창이나 분뇨통, 폐수 등이 있을 경우 오염될 수 있으며 구멍을 통하여 각종 지표면의 오염물질이 혼입될 수도 있다. 홍수가 났을 경우 쉽게 지표수가 지하수와 섞여 오염되기도 한다.

2) 용수의 처리

물의 사용량이 많아지면 지표수는 물론 지하수까지 오염되는 경우가 많다. 지하수나 지표수를 사용하는 경우 많은 비용을 들여 수질분석을 할 필요가 있다.

식품용수의 처리

식품용수는 먹는물관리법에서 규정하고 있는 수처리제를 사용하거나, 각 제품의 용도에 맞게 물을 응집침전, 여과[활성탄, 모래, 세라믹, 맥반석, 규조토, 마이크로필터, 한외여과(ultra filter), 역삼투막, 이온교환수지], 오존살균, 자외선살균, 전기분해, 염소소독 등의 방법으로 수처리하여 사용할 수 있다. (식품공전의 제2. 식품일반에 대한 공통규격 및 규격)

법적으로도 식품제조·가공시설의 용수는 음용수로서의 적합성 검사를 정기적으로 받게 되어 있다.

따라서 적절한 수질검사가 필요하다. 식품제조·가공시설에서 사용하는 물은 단일 혹은 복합처리방법을 거쳐 안전성을 확보한다.

표 11-1 | 지하수 채취장소로부터 오염원의 거리

오염원	지하수 채취장소로부터 거리(m)
정화조	30
하수	30
가축사육장	70
화학물질 폐기장	23~70
시냇물	23
매립지	70

(1) 침전

물보다 무거운 물질을 분리하는 방법으로 가장 쉽고 경제적이다.

자연낙하에 의한 침전방법과 부유물 응집제로 명반을 넣어서 분리를 촉진시키는 방법이 있다.

(2) 여과

침전이나 응집시킨 물을 여과장치에 넣고, 여과체에 걸리도록 하는 방법을 사용한다. 가장 많이 사용하는 것이 모래여과조이며, 몇 단계의 활성탄층을 통과토록 한다. 활성탄은 냄새, 색깔을 제거하고 유기용매를 흡착하는 데 효과가 있다.

(3) 연화

금속이온이 많이 함유된 경우 제오라이트zeolite를 처리한다. 제오라이트 수지는 칼슘, 마그네슘, 망간 이온을 제거한다. 연화된 물은 식품제조·가공시설의 세척에 매우 중요하다.

(4) 소독

수인성 감염병은 물의 처리가 적절치 못하여 발생한다. 식품제조·가공·조리시설에서 사용하는 물은 병원성 미생물이 존재하면 사용할 수 없으므로 적절한 방법으로 소독처리를 해야 한다. 소독하는 방법은 다음과 같다.

① 염소처리

세계적으로 물 소독에 가장 많이 사용하는 방법이다. 대부분의 수돗물은 염소로 소독하고 있으며 식품제조·가공·조리용 용수도 염소처리를 한다. 염소소독 후에는 살균력을 유지시키기 위하여 적절한 양의 유리염소가 있는지를 주기적으로 검사한다.

표 11-2 | 용도별 용수의 권고 잔류 염소량

용도	농도(ppm)
음용수	0.2
가공수	0~0.5
세척수	10~20
위생수	100~250
냉각수(통조림)	0~0.5
수송용수	0.5~5.0
벨트 세척	1.5~3.0
수침냉각(육류)	5.0~200
해동(어류)	5.0~10.0

② 오존

오존ozone은 유럽에서 널리 사용되었으나 미국에서도 물의 살균처리에 사용하는 양이 많아지고 있다. 오존은 불안정하고 물에 잘 녹지 않는데 고전압 상태하에서 생성된다.

③ 자외선

자외선이 세균이나 바이러스의 RNA 기능 상실 및 DNA 손상을 초래하여 살균하는 방법으로 파장이 253.7nm인 자외선을 사용한다.

표 11-3 | 식품용수의 노로 바이러스 적정 소독방법

소독방법	조건(노로 바이러스 99% 소독)			
	처리량	노출시간	온도	기타
열	85℃	1분 이상	-	
염소	0.5ppm	1분 이상	20℃	
오존	1.0ppm	1분 이상	5℃	
자외선	19.5mj/cm^2	3분 이상	24℃	254nm, UV-C 램프, 15cm 높이로 물 1L 처리 기준

3) 먹는물의 수질기준

「먹는물 수질기준 및 검사 등에 관한 규칙」 제2조 관련 별표 1에 규정되어 있으며(2011.12.30. 개정), 미생물, 건강상 유해영향 무기물질, 건강상 유해영향 유기물질, 소독제 및 소독부산물질, 심미적 영향물질 및 방사능에 관한 기준으로 구성되어 있다.

(1) 미생물에 관한 기준

- 일반세균은 1mL 중 100CFUcolony forming unit이하. 다만, 샘물 및 염지하수의 경우에는 저온일반세균은 20CFU/mL, 중온일반세균은 5CFU/mL이하. 먹는샘물, 먹는염지하수 및 먹는해양심층수의 경우에는 병에 넣은 후 4℃를 유지한 상태에서 12시간 이내에 검사하여 저온일반세균은 100CFU/mL, 중온일반세균은 20CFU/mL이하
- 총 대장균군은 100mL(샘물·먹는샘물, 염지하수·먹는염지하수 및 먹는해양심층수의 경우에는 250mL)에서 검출되지 아니할 것. 다만, 제4조제1항제1호나목 및 다목에 따라 매월 또는 매 분기 실시하는 총 대장균군의 수질검사 시료試料 수가 20개 이상인 정수시설의 경우에는 검출된 시료 수가 5퍼센트를 초과하지 아니하여야 한다.
- 대장균·분원성 대장균군은 100mL에서 검출되지 아니할 것. 다만, 샘물·먹는샘물, 염지하수·먹는염지하수 및 먹는해양심층수의 경우에는 적용하지 아니한다.
- 분원성 연쇄상구균·녹농균·살모넬라 및 쉬겔라는 250mL에서 검출되지 아니할 것(샘물·먹는샘물, 염지하수·먹는염지하수 및 먹는해양심층수의 경우에만 적용한다.)
- 아황산환원혐기성포자형성균은 50mL에서 검출되지 아니할 것(샘물·먹는샘물, 염

지하수·먹는염지하수 및 먹는해양심층수의 경우에만 적용한다.)

- 여시니아균은 2L에서 검출되지 아니할 것(먹는물공동시설의 물의 경우에만 적용한다.)

(2) 건강상 유해영향 무기물질에 관한 기준

- 납은 0.01mg/L 이하
- 불소는 1.5mg/L(샘물·먹는샘물 및 염지하수·먹는염지하수의 경우에는 2.0mg/L) 이하
- 비소는 0.01mg/L(샘물·염지하수의 경우에는 0.05mg/L) 이하
- 셀레늄은 0.01mg/L(염지하수의 경우에는 0.05mg/L) 이하
- 수은은 0.001mg/L 이하
- 시안은 0.01mg/L 이하
- 크롬은 0.05mg/L 이하
- 암모니아성 질소는 0.5mg/L 이하
- 질산성 질소는 10mg/L 이하
- 카드뮴은 0.005mg/L 이하
- 보론은 1.0mg/L 이하(염지하수의 경우에는 적용하지 아니한다)
- 브롬산염은 0.01mg/L 이하(먹는샘물, 염지하수·먹는염지하수·먹는해양심층수 및 오존으로 살균·소독 또는 세척 등을 하여 음용수로 이용하는 지하수만 적용한다)
- 스트론튬은 4mg/L 이하(먹는염지하수 및 먹는해양심층수의 경우에만 적용한다)

(3) 건강상 유해영향 유기물질에 관한 기준

- 페놀은 0.005mg/L 이하
- 다이아지논은 0.02mg/L 이하
- 파라티온은 0.06mg/L 이하
- 페니트로티온은 0.04mg/L 이하
- 카바릴은 0.07mg/L를 넘지 아니할 것
- 1,1,1-트리클로로에탄은 0.1mg/L 이하
- 테트라클로로에틸렌은 0.01mg/L 이하
- 트리클로로에틸렌은 0.03mg/L 이하

- 디클로로메탄은 0.02mg/L 이하
- 벤젠은 0.01mg/L 이하
- 톨루엔은 0.7mg/L 이하
- 에틸벤젠은 0.3mg/L 이하
- 크실렌은 0.5mg/L 이하
- 1,1-디클로로에틸렌은 0.03mg/L 이하
- 사염화탄소는 0.002mg/L 이하
- 1,2-디브로모-3-클로로프로판은 0.003mg/L 이하
- 1,4-다이옥산은 0.05mg/L 이하

(4) 소독제 및 소독부산물질에 관한 기준(샘물 · 먹는샘물 · 염지하수 · 먹는염지하수 · 먹는해양심층수 및 먹는물공동시설의 물의 경우에는 적용하지 아니한다)

- 잔류염소(유리잔류염소를 말한다)는 4.0mg/L 이하
- 총트리할로메탄은 0.1mg/L 이하
- 클로로포름은 0.08mg/L 이하
- 브로모디클로로메탄은 0.03mg/L 이하
- 디브로모클로로메탄은 0.1mg/L 이하
- 클로랄하이드레이트는 0.03mg/L 이하
- 디브로모아세토니트릴은 0.1mg/L 이하
- 디클로로아세토니트릴은 0.09mg/L 이하
- 트리클로로아세토니트릴은 0.004mg/L 이하
- 할로아세틱에시드(디클로로아세틱에시드, 트리클로로아세틱에시드 및 디브로모아세틱에시드의 합으로 한다)는 0.1mg/L 이하
- 포름알데히드는 0.5mg/L 이하

(5) 심미적 영향물질에 관한 기준

- 경도硬度는 1,000mg/L(수돗물의 경우 300mg/L, 먹는염지하수 및 먹는해양심층수의 경우 1,200mg/L) 이하. 다만, 샘물 및 염지하수의 경우에는 적용하지 아니한다.

- 과망간산칼륨 소비량은 10mg/L 이하
- 냄새와 맛은 소독으로 인한 냄새와 맛 이외의 냄새와 맛이 있어서는 아니될 것. 다만, 맛의 경우에는 샘물, 염지하수, 먹는샘물 및 먹는물공동시설의 물에는 적용하지 아니한다.
- 동은 1mg/L 이하
- 색도는 5도 이하
- 세제(음이온 계면활성제)는 0.5mg/L 이하. 다만, 샘물·먹는샘물, 염지하수·먹는염지하수 및 먹는해양심층수의 경우에는 검출되지 아니하여야 한다.
- 수소이온 농도는 pH 5.8 이상 pH 8.5 이하. 다만, 샘물, 먹는샘물 및 먹는물공동시설의 물의 경우에는 pH 4.5 이상 pH 9.5 이하
- 아연은 3mg/L 이하
- 염소이온은 250mg/L 이하(염지하수의 경우에는 적용하지 아니한다)
- 증발잔류물은 수돗물의 경우에는 500mg/L, 먹는염지하수 및 먹는해양심층수의 경우에는 미네랄 등 무해성분을 제외한 증발잔류물이 500mg/L 이하
- 철은 0.3mg/L 이하. 다만, 샘물 및 염지하수의 경우에는 적용하지 아니한다.
- 망간은 0.3mg/L(수돗물의 경우 0.05mg/L)를 넘지 아니할 것. 다만, 샘물의 경우에는 적용하지 아니한다.
- 탁도는 1NTUNephelometric Turbidity Unit를 넘지 아니할 것. 다만, 지하수를 원수로 사용하는 마을 상수도, 소규모 급수시설 및 전용 상수도를 제외한 수돗물의 경우에는 0.5NTU 이하
- 황산이온은 200mg/L 이하. 다만, 샘물, 먹는샘물 및 먹는물공동시설의 물은 250mg/L 이하, 염지하수의 경우에는 적용하지 아니한다.
- 알루미늄은 0.2mg/L 이하

(6) 방사능에 관한 기준(염지하수의 경우에만 적용한다)

- 세슘(CS-137)은 4.0mBq/L 이하
- 스트론튬(Sr-90)은 3.0mBq/L 이하
- 삼중수소는 6.0Bq/L 이하

4) 먹는물의 수질검사

(1) 수질검사 횟수

「먹는물 수질기준 및 검사 등에 관한 규칙」 제4조에 명시되어 있으며 일반수도사업자, 전용상수도 설치자 및 소규모 급수시설을 관할하거나 먹는물공동시설을 관리하는 시장·군수·구청장은 기준에 따라 수질검사를 실시한다. 수질검사는 「먹는물 수질기준 및 검사 등에 관한 규칙」 제2조 관련 별표 1에 규정을 따라 실시한다.

① 광역상수도 및 지방상수

가. 정수장에서의 검사

- 냄새, 맛, 색도, 탁도濁度, 수소이온 농도 및 잔류염소에 관한 검사 : 매일 1회 이상
- 일반세균, 총 대장균군, 대장균 또는 분원성 대장균군, 암모니아성 질소, 질산성 질소, 과망간산칼륨 소비량 및 증발잔류물에 관한 검사 : 매주 1회 이상
- 별표 1의 제1호부터 제3호까지 및 제5호에 관한 검사 : 매월 1회 이상
- 별표 1의 제4호에 관한 검사 : 매 분기 1회 이상. 다만, 총 트리할로메탄, 클로로포름, 브로모디클로로메탄 및 디브로모클로로메탄은 매월 1회 이상

나. 수도꼭지에서의 검사

- 일반세균, 총 대장균군, 대장균 또는 분원성 대장균군, 잔류염소에 관한 검사 : 매월 1회 이상
- 정수장별 수도관 노후지역에 대한 일반세균, 총 대장균군, 대장균 또는 분원성대장균군, 암모니아성 질소, 동, 아연, 철, 망간, 염소이온 및 잔류염소에 관한 검사 : 매월 1회 이상
- 수돗물 급수과정별 시설에서의 수질검사 : 일반세균, 총 대장균군, 대장균 또는 분원성 대장균군, 암모니아성 질소, 총트리할로메탄, 동, 수소이온 농도, 아연, 철, 탁도 및 잔류염소에 관한 급수과정별 시설[정수장, 정수장으로부터 물을 공급받는 주배수지를 기준으로 하여 급수구역별로 주배수지 전후, 급수구역 유입부, 급수구역 내 가압장加壓場 유출부, 광역 및 외부수수계통外部授受系統의 수수지점, 정수계통이 다른 계통과 합쳐지는 지점, 급수구역 관말管末 수도꼭지]에서의 수질검사 : 매 분기 1회 이상

② 마을 상수도 · 전용상수도 및 소규모 급수시설

- 일반세균, 총 대장균군, 대장균 또는 분원성 대장균군, 불소, 암모니아성 질소, 질산성 질소, 냄새, 맛, 색도, 망간, 탁도, 알루미늄, 잔류염소, 보론 및 염소이온에 관한 검사 : 매 분기 1회 이상
- 별표 1 중 제1호부터 제5호까지의 전항목 검사 : 매년 1회 이상

③ 먹는물 공동시설

- 별표 1의 전항목 검사 : 매년 1회 이상
- 일반세균, 총 대장균군, 대장균 또는 분원성 대장균군, 암모니아성 질소, 질산성 질소 및 과망간산칼륨 소비량에 관한 검사 : 매 분기 1회 이상

(2) 건강진단

「먹는물 수질기준 및 검사 등에 관한 규칙」 제5조에 명시되어 있으며 「먹는물관리법」 제29조제1항 및 「수도법」 제32조제1항(같은 법 제53조에 따라 준용되는 경우를 포함)에 따라 장티푸스, 파라티푸스 및 세균성 이질 병원체의 감염 여부에 관하여 건강진단을 받아야 한다. 다만, 소화기계통 감염병이 먹는샘물 또는 먹는염지하수의 제조공장 또는 수도의 취수장 · 배수지 부근에서 발생하였거나 발생할 우려가 있는 경우에는 즉시 건강진단을 받아야 한다.

- 먹는샘물 등의 취수 · 제조 · 가공 · 저장 · 이송시설에서 종사하는 자와 취수 · 정수 또는 배수시설에서 종사하는 자 및 그 시설 안에 거주하는 자 : 6개월마다 1회 먹는샘물등의 제조업에 종사하는 자로서 환경부장관이 감염병의 예방 등을 위하 여 필요하다고 인정하는 경우에는 건강진단을 받는다.
- 건강진단은 관할 보건소 또는 특별시장 · 광역시장 또는 도지사가 지정하는 지정 의료기관에서 실시한다.
- 영업에 종사하지 못하는 질병의 종류는 장티푸스, 파라티푸스, 세균성 이질 병원체의 감염 및 소화기계통 감염병으로 한다.

3. 식품제조·가공 및 집단급식시설의 위생관리방법

식품의 위생적인 제조 및 가공을 위해서는 식품재료, 기계·설비, 기구·용기 및 식품 취급자까지도 청결해야만 한다. 따라서 세척 및 소독이 가능한 시설이나 장비를 갖추어야 하며, 세척·소독시설에는 사용자에게 잘 보이는 곳에 올바른 손세척방법 등에 대한 지침이나 기준을 제시한다.

또한 세척·소독과정에서 세제나 소독제에 의한 식품 오염이 발생되지 않도록 주의가 필요하다.

1) 세척

세척은 식품을 취급하는 시설에서 청결을 위하여 실시하는데, 일반적으로 수돗물이나 음용에 적합한 물을 사용하여 오염물질을 제거한다. 물로는 완전히 제거되지 않는 지방물질, 세균류, 기생충 알, 달라붙어 있는 오물 등은 모래가루, 비누 또는 세제 등을 이용하여 제거한다. 비누는 기포력과 세척력이 크지만, 센물·산성액·소금물에서는 거품이 잘 발생하지 않아 세척력을 잃는다. 따라서 최근에는 합성세제가 많이 사용된다.

합성세제는 계면활성제에 세척촉진제, 착색료, 향료 등을 첨가하여 만든 것으로 세척력은 강하지만 살균·소독력은 거의 없다. 세제는 무기성 세제와 계면활성제로 구별된다.

(1) 무기성 세제

가장 많이 사용되는 세제이다. 세척활성력이 없어서 계면활성제와 함께 사용한다. 식품, 용기, 기구의 세척에 활용된다.

① 알칼리류

수산화나트륨·탄산나트륨·인산나트륨 등이 있으며, 지방의 제거에 사용한다.

② 산류

염산·황산·질산·차아염소산수 등이 있으며, 무기염류의 침착 제거에 사용한다.

(2) 계면활성제

보통 비누, 세제, 유화제 등을 총칭하는 것으로 물이나 용매에 소량 용해되어 표면장력을 저하시킨다. 계면활성제의 액은 발포, 침투, 유화, 현탁, 세척, 가용화 등의 종합적 효과에 의하여 강한 세척력을 나타낸다.

① 이온형 계면활성제

양이온 계면활성제, 양성 계면활성제, 음이온 계면활성제 등이 있다. 물에 용해하면 활성 부위가 음이온을 나타내는데 비누나 중성세제가 여기에 속한다.

② 비이온형 계면활성제

수용액 중에서 해리가 되지 않는다. 하지만 물 속에 있는 다른 전해질에 의해 영향을 받지 않고 세척력을 나타낸다.

(3) 식품, 식기 및 식품용 기구의 세척

① 세척제의 종류

- 세척은 식품, 식기 및 식품용 기구의 표면에서 세척제를 사용하여 음식성분과 기타 유기성분을 제거하는 일련의 작업과정을 통해 이루어진다.
- 세척제는 채소 또는 과실용 세척제인 1종 세척제, 식기류용 세척제(자동식기세척기 또는 산업용 식기류 포함)인 2종 세척제 및 식품 가공·조리기구용 세척제인 3종

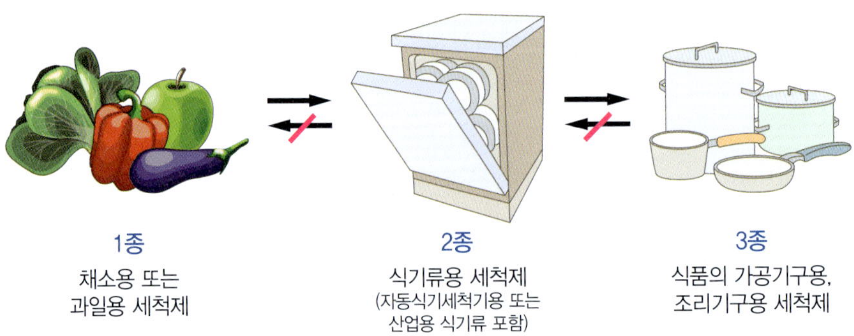

그림 11-5 | 세척제의 종류

음식물 찌꺼기 제거

세척제 제품에 표시된 사용기준에 따라 희석한 액을 스펀지에 묻혀 세척

세척제가 잔류하지 않도록 음용에 적합한 물로 충분히 헹굼

그림 11-6 | 세척방법

세척제가 있다.

② 세척제 사용상 주의점

- 1종은 2종 및 3종 세척제로, 2종은 3종 세척제로 사용 가능하나, 3종으로는 2종 및 1종, 2종으로는 1종의 목적에 사용할 수 없다.
- 용도이외로 사용하거나 규정사용량 이상을 사용하지 않는다.
- 사용한 후에는 조리기구 등에 세척제가 남지 않도록 음용에 적합한 물로 반드시 씻어야 한다.
- 세척제는 식품과 구분하여 안전한 장소에 보관하여야 한다.

2) 살균과 소독

살균은 모든 미생물을 완전히 죽이는 것이고, 소독은 병원미생물을 죽이거나 죽이지는 못하더라도 병원성을 약화시켜 감염력을 없애는 것이다.

살균과 소독의 방법으로는 물리적인 방법과 화학적인 방법이 있으며, 흔히 두 가지 방법을 함께 사용한다.

(1) 물리적 살균 · 소독방법

물리적인 방법으로는 가열, 여과, 자외선, 초음파, 고주파, 방사선조사 등이 있다.

① 열을 이용하는 방법

- 화염살균법(소각법) : 연소에 의한 가열살균법이다.
- 건열살균법 : 건열살균기를 사용하여 150~160℃에서 1시간 정도 열처리를 한다. 목제기구, 유리 등에는 이용할 수 없다.
- 열탕(자비)소독법 : 100℃의 물이 끓는 상태에서 30초 이상 가열한다. 작은 기구, 용기, 식기, 조리기구, 행주, 유리제품, 도자기, 금속제품 등에 이용한다.
- 고압증기멸균법 : 가압솥이나 고압멸균기를 사용하여 일반적으로 가압 1기압(15Lbs, 121℃)하에서 15~20분간 처리하는데, 세균의 영양세포와 포자도 완전히 사멸된다.
- 상압증기소독법 : 상압하에서 끓는 물의 수증기를 이용하여 가열, 살균한다. 코흐Koch씨 솥을 사용하는데, 솥의 내부온도가 100℃로 상승한 후부터 30분간 처리한다. 식품공장에서 많이 사용하며 증기 발생장치가 있는 경우에는 조리대나 기구의 살균에 이용할 수 있다.
- 간헐멸균법 : 코흐Koch씨 솥을 사용하는데, 100℃에서 40~50분간 살균하고 24시간 동안 항온기에 두었다가 다음날 같은 조건으로 살균한다. 항온기에서 포자가 발아하여 영양세포가 되는데, 3회에 걸쳐 반복 살균하여 100℃에서도 포자를 완전히 멸균시킨다.

② 자외선

일광소독은 햇빛 중 적외선, 자외선 등 종합적인 살균작용을 이용하는 것인데 식기

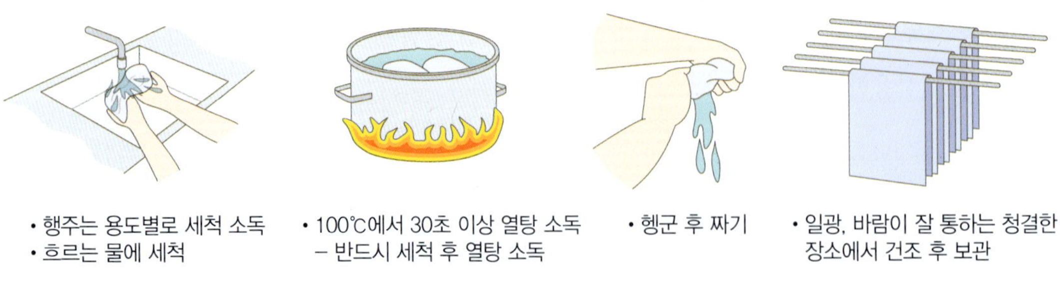

그림 11-7 | 행주의 세척 및 소독

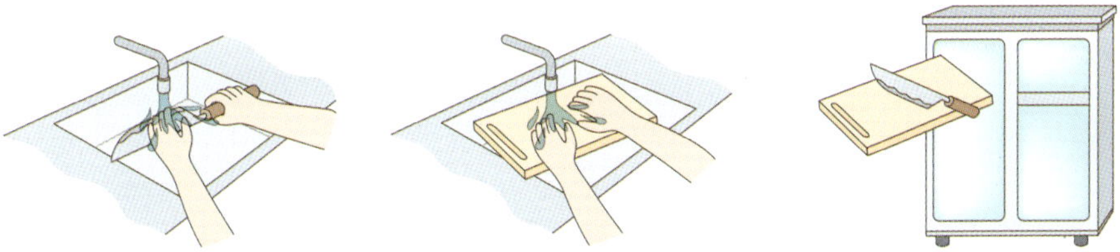

• 칼은 흐르는 물에 세척

• 도마는 세제(살균제)를 이용하여 수세미로 문질러 세척

• 칼 · 도마 자외선 보관함에 보관

그림 11-8 | 칼 · 도마 자외선소독

류나 행주 소독에 이용된다. 자외선 살균은 자외선 중에서 살균력이 가장 큰 253.7nm의 파장을 인공적으로 이용하는 방법이다. 공기, 물, 조리장, 식당, 식품창고, 냉장고, 칼, 도마, 컵, 조리용 소도구 살균에 이용된다.

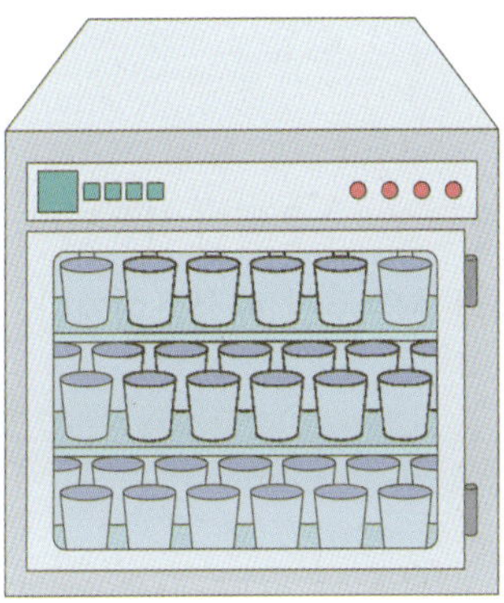

컵을 바로 놓아 사용

그림 11-9 | 자외선 소독기의 올바른 사용법

(2) 화학적 살균 · 소독방법

화학적인 방법은 소독제를 사용하는 것인데, 시설, 오물 및 배설물 소독제로는 석탄산, 크레졸, 포르말린, 생석회, 염소화합물, 알코올, 역성비누 등이 있다.

그러나 독성이 있거나 냄새가 불쾌감을 주는 소독제는 사용에 주의가 필요하다.

식품, 조리기구, 식기 등의 소독에는 염소화합물, 오존수, 에탄올, 암모늄제제, 과산화제제, 구연산, 요오드제제, 젖산제제 등이 사용된다. 식품, 식기 및 조리기구 등은 사

표 11-4 | 식품안전관리를 위한 살균 · 소독

종류	대상	소독방법
열탕소독	행주, 금속제 조리용 소도구*	100℃에서 30초 이상 충분히 가열한다.
일광소독	칼, 도마, 행주	바람이 잘 통하고 햇볕이 잘 드는 곳에서 소독한다.
건열소독	식기	100℃에서 2시간 이상 충분히 건조시킨다.
자외선소독	칼, 도마, 조리용 소도구	포개거나 뒤집어 놓지 말고 자외선이 직접 닿도록 하여 30~60분 소독한다.
살균 · 소독제 소독	작업대, 칼, 식기, 기구, 도마, 플라스틱 또는 고무 소재 조리용 소도구, 수세미 등	작업대, 큰 기구 소독 : 희석액은 분무하고 5분 후 헹구어 사용 칼, 도마, 식기, 소도구 소독 : 희석액에 5분 담구고 헹구어 사용
식품 살균	채소, 과일	희석액에 3~5분 담군 뒤 잘 헹구어 사용

*숟가락, 젓가락, 국자, 가위, 집게, 뒤집게 등

람이 섭취하는 식품이거나 시품과 직접 접촉하는 것이므로, 안전을 고려한 식품용 살균제와 기구(식품용 조리기구 및 용기 · 포장) 등의 살균소독제를 사용해야 한다.

① 석탄산

석탄산phenol은 일반적으로 3~5%, 평균 3% 수용액이 사용된다. 배설물은 5%용액이 효과적이다. 약품 냄새가 강하여 소독대상은 주로 배설물이지만, 오염된 실내벽, 실험대, 그 외에 기물의 소독에도 쓰인다.

② 크레졸

석탄산의 2배에 해당하는 소독력이 있고 약품 냄새가 강하다. 크레졸 비누액으로 만들어 3%(3~5%) 수용액상태로 손, 발, 오물통, 축사 등의 소독에 사용한다.

③ 포름알데히드 및 포르말린

포름알데히드는 가스소독제이고, 포르말린은 포름알데히드를 수용액으로 만든 것이다. 무균실, 국실, 발효실, 병실, 거실, 도서실 등의 소독에 이용된다.

④ 생석회

생석회CaO 1kg에 물 500mL의 비율로 타서 사용하는데, 분뇨와 배설물, 분비물, 퇴비, 분뇨탱크, 하수구, 우물, 물탱크, 오물의 소독에 적당하다.

⑤ 표백분

표백분 중의 유리염소가 소독력을 가진다.

⑥ 차아염소산나트륨

차아염소산나트륨NaClO은 4~6% 농도로 시판되고 있다. 식품첨가물인 살균제로 사용이 허용되고 있으며, 살균목적 외에 소독·표백·탈취의 목적으로도 사용된다 표 11-4.

표 11-5 | 차아염소산나트륨의 사용

용도	사용대상	희석배수	사용시간
살균, 소독	음료수	6,000	1분 이상
	채소, 과일	500	5분 이상
	식품 가공기구 및 용기	500	1분 이상
의료, 소독	법정감염병 소독	4	
	국부세척	1,000	
가축, 가금	낙농 및 우유처리기구	250	1분 이상
	축사의 소독, 탈위	100~200	1분 이상
세탁, 표백	거즈, 포대의 소독, 표백	60~200	15분 이상

⑦ 역성비누

역성비누는 제4급 암모늄의 유도체로 보통비누와는 반대로 해리하여 양이온이 비누의 주체가 되기 때문에 양성비누라고 한다. 세척력은 약하지만 물에 잘 녹고 살균력이 강하고 무색, 무취, 무자극성, 무부식성이어서 식품공장의 소독, 조리기구 및 식기류 소독, 손 소독에 이용된다.

⑧ 알코올

70% 에탄올용액을 사용하며 소독이 필요한 대상에 분무한 다음 휘발시키고나서 사용한다. 음식 조리용 용기, 조리용 장갑 및 손에 사용한다.

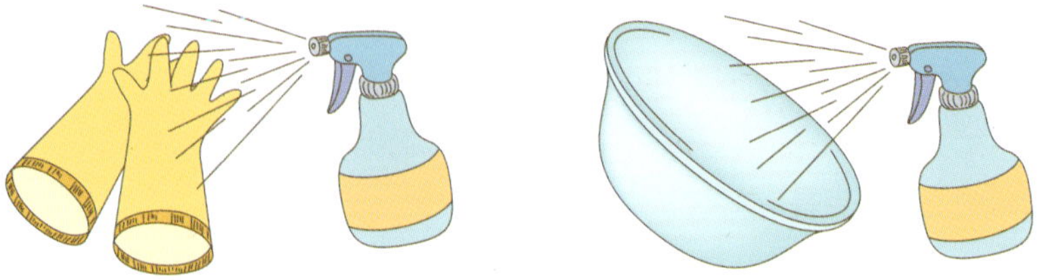

그림 11-10 | 알코올 소독의 예

(3) 식품, 식기 및 조리기구의 살균·소독방법

오염물질은 살균·소독에 방해가 되므로 식품, 식기 및 조리기구 등은 먼저 세척을 하고 깨끗하게 헹군 다음 살균·소독을 해야 효과적이다. 살균소독제를 용도에 따라 사용농도로 희석액을 만들어 20℃에서 5분 동안 처리하면 대장균과 황색포도상구균을 99.999% 감소시킬 수 있다.

① 살균소독제의 종류

가. 식품용 살균제

채소류와 과일류 등 식품을 살균하기 위하여 사용하며 제품에 식품첨가물이라고 표시가 되어 있다. 식품에 묻어 있는 식중독균을 살균시켜 식중독 발생을 예방하기 위해

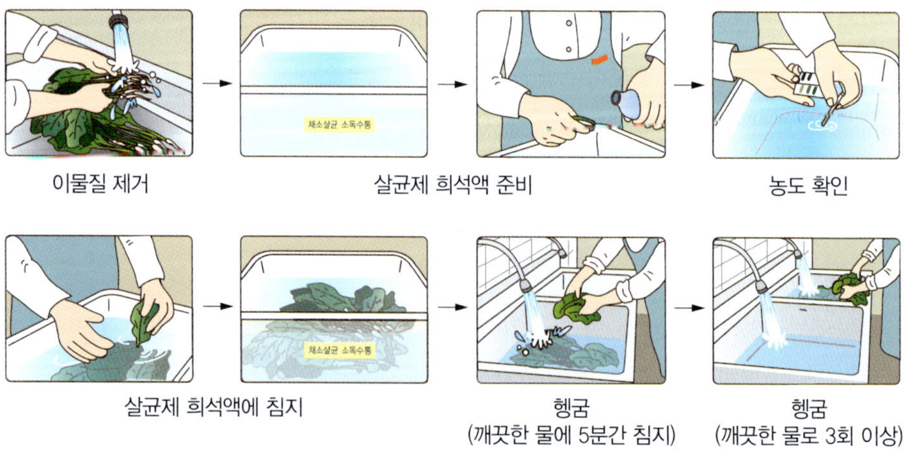

그림 11-11 | 채소류의 살균·소독방법

사용한다. 다음과 같이 7품목이 있으며, 사용기준에 따라 희석액을 준비하여 처리한 후 물(음용수)로 충분히 헹구고 최종식품에 남아 있지 않도록 해야 한다. 살균을 위한 최소량을 사용한다.

- 차아염소산칼슘
- 차아염소산나트륨
- 과산화초산
- 과산화수소
- 차아염소산수
- 이산화염소수
- 오존수

나. 기구 등의 살균소독제

식품용 조리기구 및 용기·포장을 살균소독하기 위하여 사용하는 제품이다. 식품용 조리기구 및 용기·포장에 묻어 있는 식중독균을 살균시켜 식품으로 교차오염되는 것을 방지하여 식중독 발생을 예방하기 위해 사용한다. 다음과 같이 13품목이 있으며 개별 품목에서 정해진 사용기준에 따라 처리한 후 식품과 접촉하기 전에 자연건조, 열풍건조 등의 방법으로 제거해야 한다. 살균·소독 효과를 나타낼 수 있는 최소량을 사용한다.

- 에탄올제제
- 염화-N-데실-N,N-디메틸-1-데칸아미늄제제
- 염화알킬(C12-C18)벤질디메틸암모늄제제
- 이염화이소시아뉼산나트륨제제
- 차아염소산나트륨제제
- 차아염소산수
- 폴리(헥사메텔렌비구아니드)하이드로클로라이드제제
- 과산화수소제제
- 과산화초산제제
- 구연산제제
- 요오드제제
- 이산화염소제제
- 젖산제제

• 용기 · 식기류

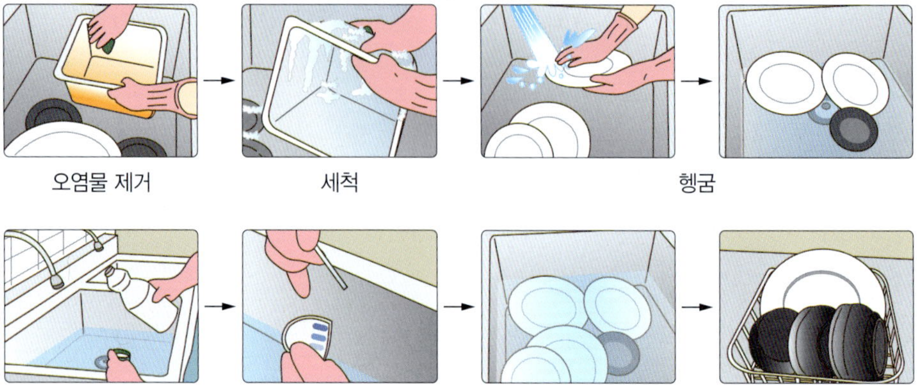

• 작업 내 칼, 도마, 조리기구

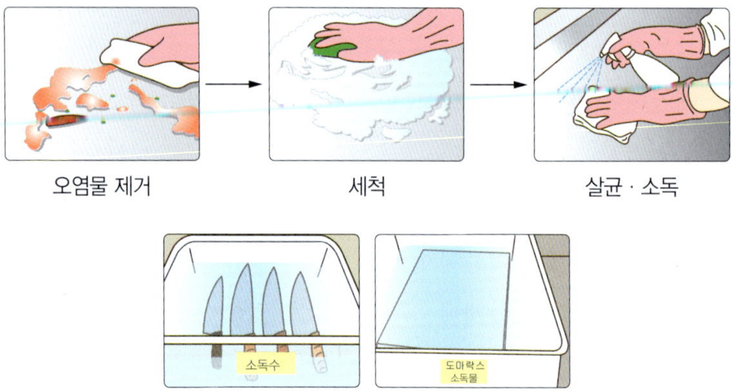

• 수세미, 조리기구, 스펀지, 수도꼭지

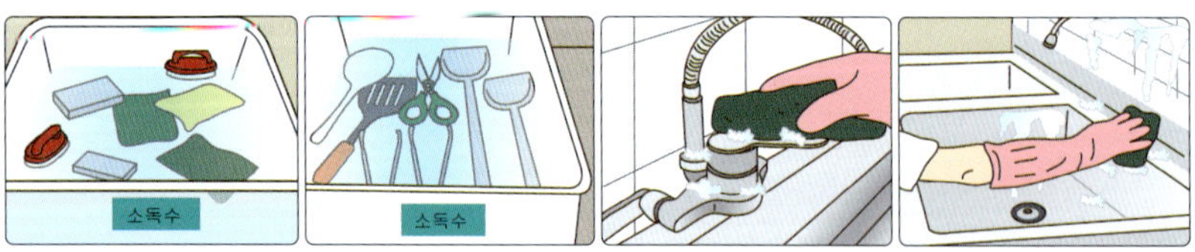

• 솥

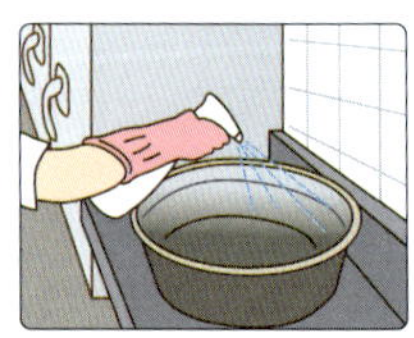

그림 11-12 | 기구 등의 살균소독제 올바른 사용방법

② 살균소독제의 올바른 사용방법

가. 희석방법

- 장갑, 고글, 마스크 등 개인보호장비를 착용하고 통풍이 잘되는 장소에서 만든다.
- 제품에 표시된 사용농도와 사용방법을 확인한다
- 상온의 물(음용수)만 사용하며, 온수나 열수는 사용하지 않는다.
- 1회 사용량을 만들고 사용 전 테스트 페이퍼test paper 등을 사용하여 농도를 확인한다.
- 사용하고 남은 희석액은 즉시 폐기한다. 시간이 경과함에 따라 살균소독력이 떨어진다.

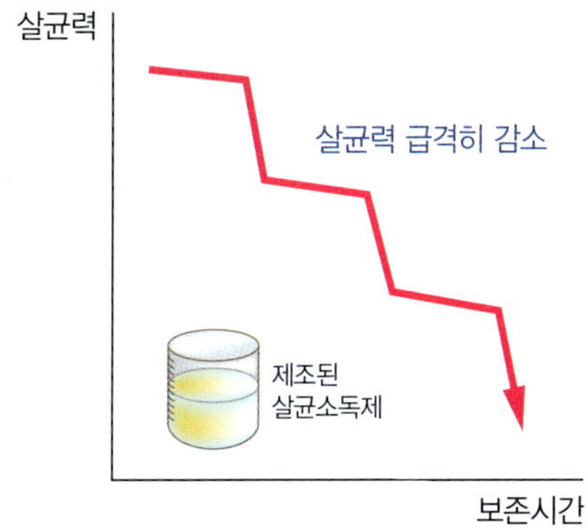

그림 11-13 | 살균소독제의 희석방법

나. 사용 시 주의사항

- 2가지 살균소독제를 혼합하여 사용하지 않는다. 임의로 혼합할 경우 화학반응이 일어나 위험하고 살균소독력은 감소할 수 있다.
- 사용목적 및 사용기준이 다른 세척제와 혼합하여 사용하지 않는다.
- 살균소독제는 뚜껑을 꼭 닫고 서늘하고 통풍이 잘되는 장소에 세워서 보관한다.
- 살균소독제를 흡입하거나 섭취해서는 안 된다.
- 공간이나 인체에 직접 분무하지 않는다.
- 기구 등의 살균소독제는 식품의 살균목적으로 사용하지 않는다.

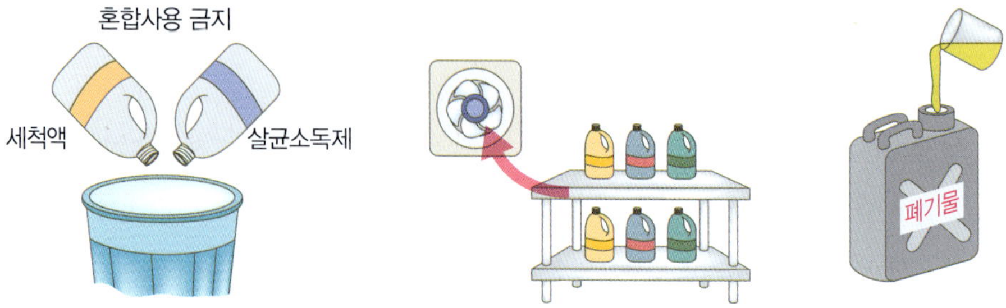

그림 11-14 | 살균소독제 사용 시 주의사항

③ 노로 바이러스 식중독 예방을 위한 살균·소독

노로 바이러스는 오염된 지하수 및 사람을 통해 빠르게 전파되기 때문에 평상시, 발생 우려 시, 사고 발생 후 등 3단계로 나누어 살균·소독을 한다. 특히, 노로 바이러스 식중독 발생이 의심될 경우에는 구토물과 분비물, 오염된 부위 및 시설 등은 1,000ppm 이상의 높은 농도로 살균·소독을 하여 2차 감염을 방지하여야 한다.

평상시

1 1회용 마스크, 장갑, 눈보호구, 가운 및 앞치마를 착용한다.
※ 1회용 신발 덮개 착용 권장

2 오염된 부위나 시설은 세척제를 사용하여 깨끗이 닦는다.
※ 음식물, 기름기, 찌꺼기 등 제거

3 살균·소독제 용액을 사용 농도로 조제하여 살균하고자 하는 표면에 분무(또는 침지)한다.

구분	사용농도액(0000)
분말 또는 타블렛 소독제	100ppm
액상 소독제	200ppm

4 5분 동안 자연건조시킨다.

발생 우려 시

1 1회용 마스크, 장갑, 눈보호구, 가운 및 앞치마를 착용한다.
※ 1회용 신발 덮개 착용 권장

2 오염된 부위나 시설은 세척제를 사용하여 깨끗이 닦는다.
※ 음식물, 기름기, 찌꺼기 등 제거

3 살균·소독제 용액을 사용 농도로 조제하여 살균하고자 하는 표면에 분무(또는 침지)한다.

구분	사용농도액(0000)
분말 또는 타블렛 소독제	100ppm
액상 소독제	200ppm

4 깨끗한 물로 충분히 헹군다.

5 평상시 살균방법 3단계로 다시 소독한다.

6 5분 동안 자연건조시킨다.

고농도로 사용 시 철기 및 표면 부식 등에 주의 요망

사고 발생 후

1 1회용 마스크, 장갑, 눈보호구, 가운 및 앞치마를 착용한다.
※ 1회용 신발 덮개 착용 권장

2 오염된 부위나 시설은 세척제를 사용하여 깨끗이 닦는다.
※ 음식물, 기름기, 찌꺼기 등 제거

3 살균·소독제 용액을 사용 농도로 조제하여 살균하고자 하는 표면에 분무(또는 침지)한다.

구분	사용농도액(0000)
분말 또는 타블렛 소독제	100ppm
액상 소독제	200ppm

4 깨끗한 물로 충분히 헹군다.

5 평상시 살균방법 3단계로 다시 소독한다.

6 5분 동안 자연건조시킨다.

고농도로 사용 시 철기 및 표면 부식 등에 주의 요망

그림 11-15 | 노로 바이러스 살균·소독 요령

• 평상시 : 200ppm
• 발생 우려 시 : 1,000ppm
• 사고 발생 후 : 5,000ppm

4. 식품종사자의 개인위생

식품재료·식품제조시설·식품제조설비 및 기구·공기·용수 등의 위생관리가 철저히 이루어졌다고 하더라도, 식품제조업체나 급식업체의 종사자가 개인위생관리를 소홀히 한다면 식품위생에 문제가 발생할 수 있다.

1) 개인 건강관리

식품을 취급하는 사람은 질병이 없는 건강인이어야 한다. 식품 취급자는 1년에 1번 정기적으로 건강진단을 받고 신체적으로 건강하다는 것을 확인해야 한다.

(1) 건강진단 대상자와 건강진단 항목

건강진단에 대해서는 식품위생법 제40조에 언급되어 있고, 식품위생법 시행규칙 제49조 제1항에 건강진단 대상자에 대하여 다음과 같이 명시되어 있다.

• 제49조(건강진단 대상자) : ① 법 제40조 제 1항 본문에 따라 건강진단을 받아야 하는 사람은 식품 또는 식품첨가물(화학적 합성품 또는 기구 등의 살균·소독제는 제외)을 채취·제조·가공·조리·저장·운반 또는 판매하는 일에 직접 종사하는 영업자 및 종업원으로 한다. 다만 완전 포장된 식품 또는 식품첨가물을 운반하거나 판매하는 일에 종사하는 사람은 제외한다.
• 건강진단 항목
  - 장티푸스(식품위생 관련 영업 및 집단급식소 종사자만 해당)
  - 폐결핵
  - 전염성 피부질환(한센병 등 세균성 피부질환)

(2) 식품 취급이 어려운 질병

식품위생법 시행규칙 제50조의 규정에 따라 다음과 같은 질병이 있는 사람은 식품을 다루는 영업에 종사할 수가 없으므로 종업원으로 채용할 수 없다.

- 콜레라, 장티푸스, 파라티푸스, 세균성이질, 장출혈성대장균감염증, A형 간염
- 결핵(비감염성인 경우 제외)
- 피부병 또는 그 밖의 고름 형성(화농성) 질환
- 후천성면역결핍증

종업원이 조리에 참여할 수 없는 경우

정식 직원이라 하더라도 다음과 같은 증상이 나타나면 식품 취급, 조리나 급식업무에 종사하지 말아야 한다.

- 목이 간지러울 때
- 설사를 할 때
- 피부가 가려울 때
- 콧물이 날 때
- 발진이 날 때
- 복통이 있을 때
- 구토나 황달 증상이 있을 때

(3) 손 상처 발생 시 처리방법

상처에는 황색포도상구균이 감염될 가능성이 있으므로, 작업 중 손에 상처가 생기면 그림 11-16과 같은 방법으로 조치를 취한다.

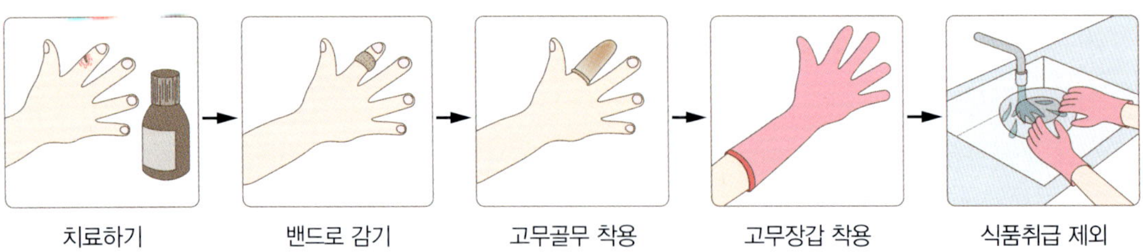

그림 11-16 | 손 상처 처리방법

2) 개인 복장관리

식품 취급자는 해당 작업구역에 적합한 작업복, 모자, 앞치마, 신발 등을 항상 청결한 상태로 착용하며 작업복을 입고 작업장 밖에 나가지 않도록 한다.

- 두발과 용모 : 식품 취급자는 항상 두발을 청결히 하고 머리카락이 빠지거나 비듬이 없도록 신경을 쓴다. 특히 조리실에서 일을 할 때는 머리카락이 노출되지 않도록 위생모를 정확히 착용한다. 남자의 경우에는 깨끗이 면도를 한다.
- 작업복 : 세탁하기 쉬운 재료로 만든 것을 준비하고 항상 청결한 상태를 유지한다. 흰색의 작업복이 위생상 적당하며 화장실에는 작업복을 입고 가지않는다. 앞치마의 경우에는 조리용, 배식용, 세척용으로 구분하여 사용한다.
- 액세서리 및 화장 : 식품 취급자는 손톱은 짧게 깎고 매니큐어나 광택제를 칠하거나 인조손톱을 착용해서는 안 된다. 손을 깨끗하게 하고 작업 중 손이나 식품을 취급하는 기구 등으로 머리, 코, 입, 귀 등을 긁거나 건드려서는 안 된다. 또한 시계, 반지, 목걸이, 귀걸이, 팔찌 등의 장신구를 착용해서는 안 된다. 화장은 진하게 하지 않으며 향이 강한 향수는 사용하지 않는다.

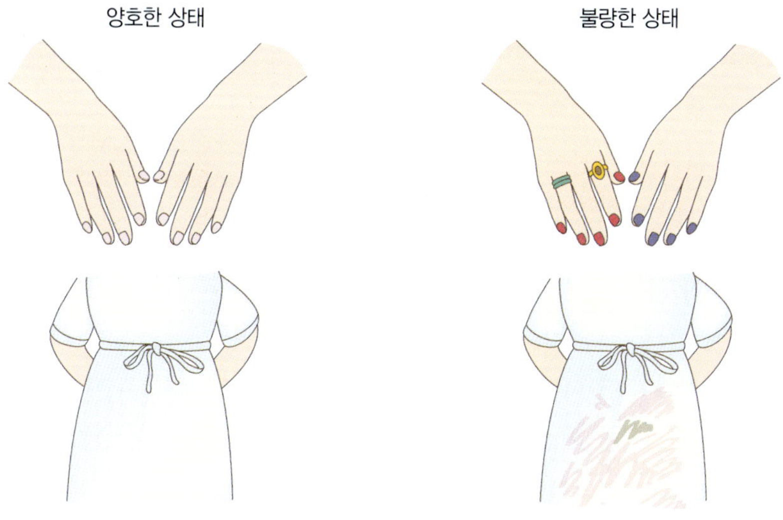

그림 11-17 | 식품 취급자의 손과 앞치마 위생

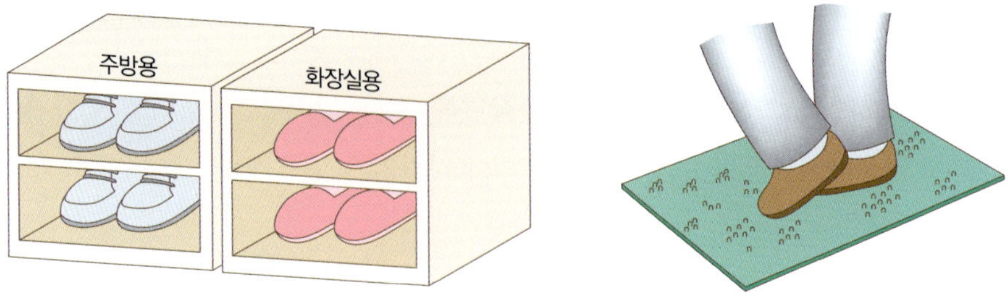

그림 11-18 | 신발 구분 및 소독 발판 사용

- 작업화 : 조리실에서는 전용 작업화를 신고, 외부 출입 후에는 반드시 소독판에 작업화를 소독하고 들어오도록 한다.
- 화장실 사용 : 식품 취급자는 반드시 전용화장실을 사용하고, 화장실에는 전용신발을 비치하여 이용한다. 식품 취급 중 화장실에 갈 경우에는 사복으로 갈아입고 용무 후 손을 씻고 소독한 다음 작업복을 입고 일을 한다.

3) 손의 위생관리

식품 취급자는 일을 하는 중에 손을 사용하는 빈도가 매우 높아 신체 중에서 손의 오염도가 상당히 높다. 따라서 식중독의 예방을 위해서는 손의 세척 및 소독이 매우 중요하다.

(1) 손을 씻는 시기

식품을 취급하는 사람은 다음과 같은 경우에는 반드시 손을 씻고 나서 작업에 임해야 한다.

- 작업을 시작하기 전
- 코를 풀거나 재채기, 기침 등을 한 후
- 취급하는 식재료가 바뀔 때마다
- 육류, 어류, 알류 등 날 것인 식재료를 만지고 난 후

- 쓰레기나 청소도구를 만졌을 때
- 청소용품을 만졌을 때
- 기구나 설비를 사용하기 전·후
- 원재료를 다듬거나 세척작업 후
- 음식이나 차를 마시고 난 후
- 휴대전화를 만진 경우
- 화장실 이용 후
- 흡연 후

(2) 손을 씻는 방법

손을 효과적으로 세척하려면 비누 거품을 충분히 내어 손과 팔을 문질러 닦고 깨끗한 물로 헹군다. 손가락 끝과 손가락 사이도 유의해서 깨끗이 씻고, 손톱 밑은 손톱용 브러시를 사용하여 닦는다. 일회용 종이수건이나 손 건조기를 이용하여 물기를 건조시킨다.

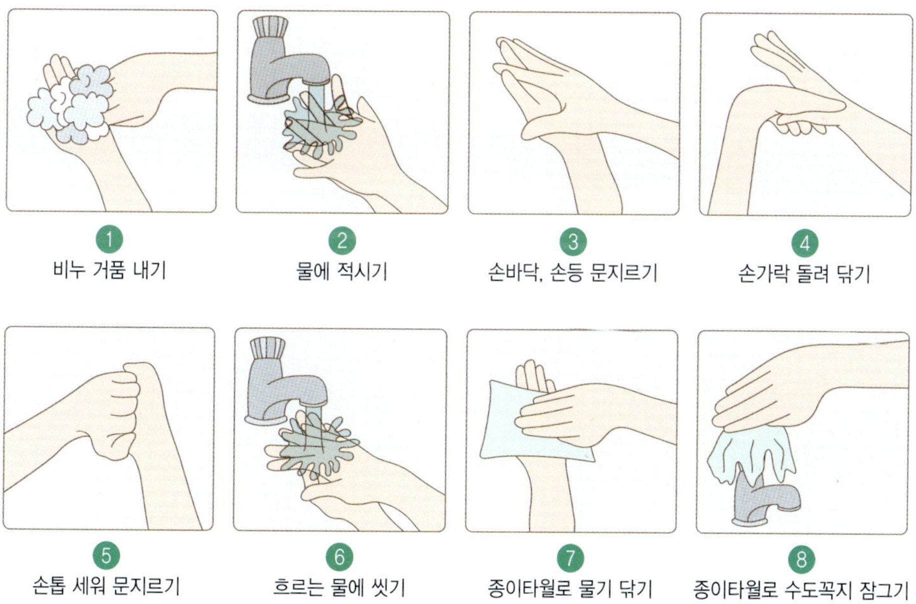

그림 11-19 | 올바른 손 씻기 방법

12

CHAPTER

유전자변형 농산물 및 방사선조사 식품

1. 유전자변형 농산물 | 2. 방사선조사 식품

학습목표

지구상의 인구증기로 식량 수요는 계속적인 증가를 보이고 있다. 제한된 경작지에서의 식량 증산을 위하여 세계 각국에서는 화학비료나 농약을 사용하고 있지만, 환경오염과 식품의 잔류농약 등에 의한 안전성 문제를 초래하고 있다. 이에 따라 병충해 또는 제초제에 강한 새로운 품종을 효율적으로 개발하기 위하여 유전자변형 농산물을 개발하게 되었다. 현재 많은 국가에서 유전자변형 농산물에 관한 시험과 연구가 계속되고 있으며, 우리나라에서도 이들 제품의 수입이 늘고 있는 실정이다.

또한 식품가공·저장에 있어서 지금까지 이용되어 온 가열, 냉장·냉동, 화학약품 처리(보존제·훈증제) 등은 처리 공정 및 효과, 처리비용, 건전성, 환경공해 등 많은 문제점이 지적되면서 방사선조사 식품에 대한 관심이 점차 증가하고 있다.

1. 유전자변형 농산물

GMOGenetically Modified Organism는 생물의 유전자 중 유용한 유전자를 취하여 그 유전자를 갖고 있지 않은 생물체에 삽입하는 유전자재조합기술 등 현대생명공학기술을 이용 또는 활용하여 특정한 목적에 맞도록 만든 생물체를 말한다. GM 용어를 해석하는 측의 입장에 따라 유전자변형 또는 유전자재조합이라고 부르기도 한다. 식품의약품안전처에서는 2014년 「유전자변형식품등의 표시기준」을 고시하면서 '유전자변형'으로 통일하였다. 이 책에서도 유전자변형이라고 표기하기로 한다.

> **GMO 종류**
> GMO는 종류에 따라 유전자변형 미생물(GM미생물), 유전자변형 동물(GM동물), 유전자변형 농산물(GM농산물) 등으로 분류된다.

GM농산물은 병충해, 해충, 제초제에 내성이 강한 품종을 얻기 위하여 개발되었다. 1986년 미국의 칼진Calgene사에서 무르지 않는 토마토FLAR SAVR를 개발한 이후 2014년 기준 옥수수, 감자, 대두, 벼, 사탕무, 치커리, 호박, 카놀라 등 21개 작물 113여 개 품종이 개발되어 있다. 우리나라에서도 유전자재조합기술을 이용하여 병충해나 추위에 강한 벼, 고추, 감자, 배추, 양배추, 토마토, 오이, 들깨 등의 품종을 개발하고 있다. 하지만 아직 재배·생산 단계는 아니다. 1994년 미국 식품의약국FDA은 무르지 않는 토마토의 판매를 허용하였으며, 이 외에도 유전자변형 옥수수, 콩, 토마토, 감자 등은 미국 내 판매가 허가되어 있다.

> **유전자변형식품**
>
> 생명공학기술을 이용하여 재배·육성된 농산물·축산물·수산물 등과 이를 원료로 하여 제조·가공한 식품 또는 식품첨가물(건강기능식품 포함)을 유전자변형식품이라고 말하며, 우리나라 유전자변형식품은 정부가 안전성 심사를 하여 안전성이 입증된 경우에만 식품으로 사용할 수 있다.

1) 유전자변형 농산물의 개발방법

유전자재조합기술은 우리가 원하는 특성을 지닌 유전자를 다른 생물체에서 이입시키는 기술이다. 유전자재조합기술은 동물, 식물, 미생물 등 모든 생물체를 대상으로 다양한 목적으로 응용할 수 있어 우수한 형질 및 유용물질을 얻는 데 효과적인 방법이 될 수 있다.

(1) 유전자를 이식하여 유전자변형식물을 얻는 과정

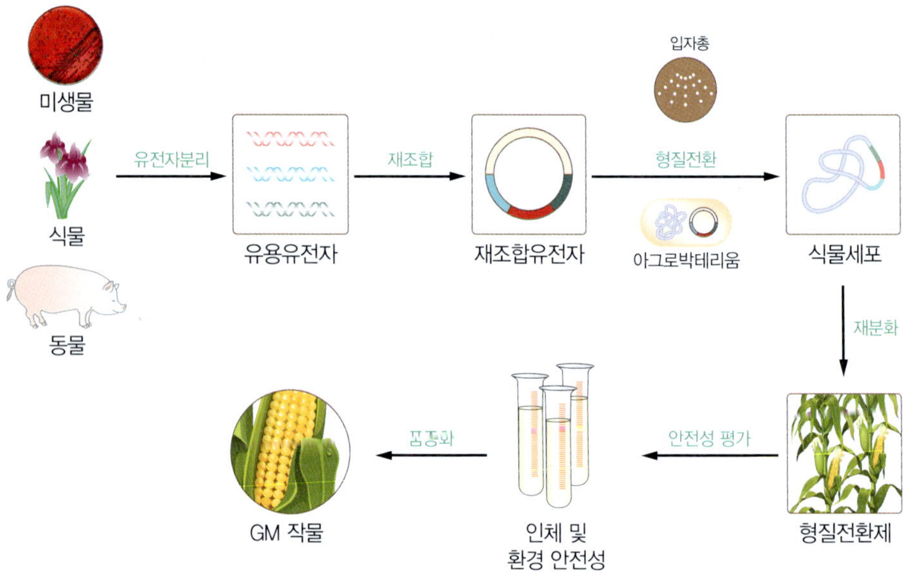

그림 12-1 | 유전자를 이식하여 GM 작물을 얻는 방법

(2) 유전자재조합기술을 이용하여 식물을 만드는 과정

> **플라스미드(plasmid)**
> 세포 내 핵 이외의 세포질 속에 있는 DNA. 생명공학에서는 세균 유래인 이것을 특정 유전자를 운반하는 벡터(운반체)로 이용함

① 아그로박테리아법

- 변형된 유전자를 아그로박테리아를 이용해 식물세포에 이식한다.
- 변형된 식물세포를 배양한다.
- 변형된 유전형질을 가진 식물로 성장한다.

② 유전자총법

- 변형된 유전자를 금속입자에 코팅한 후 변형시킬 식물세포에 발사한다.
- 변형된 식물세포를 배양한다.
- 변형된 유전형질을 가진 식물로 성장한다.

그림 12-2 | 아그로박테리아법으로 얻은 콩

그림 12-3 | 유전자총법으로 얻은 옥수수

2) 유전자변형 농산물 재배 현황

유전자변형 농산물은 세계적으로 콩, 옥수수, 면화, 카놀라가 대부분을 차지하며, 사탕무, 알팔파, 감자, 쌀, 멜론, 레드치커리, 토마토, 호박, 파파야, 아마 등도 개발되어 있다. 2013년 선진국 8개국, 개발도상국 20개국을 포함하여 총 28개국에서 유전자변형 농산물이 재배되었다. 2013년 유전자변형 농산물의 재배면적은 브라질, 아르헨티나, 인도, 중국, 파라과이의 전체 재배면적의 54%를 차지한다. 100만 헥타르 이상 재배하는 국가는 11개국이며, 미국, 브라질, 아르헨티나, 인도, 캐나다가 상위 5위권에 속한다.

2023년 10월 기준으로 유전자변형식품 안전성 심사 승인된 것은 농산물 191건(콩 30, 옥수수 97, 면화 37, 카놀라 17, 알파파 5, 사탕무 1, 감자* 4, *상업화 중단), 미생물 9건, 식품첨가물 32건이다.

- 콩 : 유전자변형 콩의 재배면적은 전체 유전자변형 농산물 재배면적의 48%에 해당되며, 11개국에서 재배되고 있다.
- 옥수수 : 2013년 유전자변형 옥수수의 재배면적은 2012년보다 4%가 증가하였다.
- 면화 : 유전자변형 면화의 재배면적이 가장 많은 인도의 유전자변형 품종 채택률

그림 12-4 | 안전성 심사 승인된 유전자변형 식품들

은 95%에 이른다.

- 카놀라 : 유전자변형 유채(카놀라)는 4개국에서 재배되고 있고, 약 94%가 캐나다에서 재배되고 있다.

3) 우리나라의 유전자변형 농산물 수입 현황

2023년 10월 현재 우리나라에서는 콩, 옥수수, 카놀라, 면화, 사탕무, 알팔파 등의 농산물 191건과 식품첨가물 32건이 안전성 평가에서 안전성이 입증되어 식품으로 수입이 승인되어 있다. 주요 수입국은 미국, 중국, 일본이며, 조미식품, 과자류, 서류가공품, 빵 또는 떡류, 곡류가공품, 낭류가공품, 장류 등의 수입량이 많다.

4) 유전자변형 농산물의 안전성 평가

유전자변형식품의 안전성 평가는 신청인 개발사가 제출한 안전성 평가자료를 근거로 하여 식품의약품안전처 '유전자변형식품 안전성 평가자료 심사위원회'에서 실시하고 있다.

표 12-1 | 유전자변형식품 안전성 평가자료 심사위원회 구성

분과위원회	평가항목
식품일반분과	유전자변형식품의 건전성, 재외국가의 허가, 식용 현황 등
분자생물학분과	형질전환에 이용되는 방법, 도입 유전자의 특성 등
독성분과	유전독성, 생식독성 등
알레르기분과	알레르겐성, 감수성 등
영양분과	주요 영양성분, 미량 영양성분 등

안전성 평가자료 심사위원회

유전자변형식품 안전성 평가자료 심사위원회는 학계 등 20명의 전문가로 구성되며, 유전자변형식품의 안전성 평가심사 등에 관한 규정에 따라 심사하고 심사결과를 30일간 공개하여 국민의 의견을 수렴하고 반영한다.

(1) 신규성

유전자재조합기술을 이용한 식품이나 식품첨가물이 기존의 것과 비교할 때 성분 종류가 동일하고, 그 함량도 기존 품종의 오차범위에 있을 때에는 기존의 것과 동일한 것으로 간주한다.

(2) 알레르기성

현재 유전자재조합 그 자체가 원인이 되어 알레르기를 유발한 유전자변형식품은 없다. 새로운 유전자의 도입에 의해 농작물 중 유전자 발현이 변화되거나 알레르기원이 생성될 가능성도 없다고 알려져 있다.

(3) 유전자 특성

형질전환에 이용되는 방법과 도입 유전자의 특성을 평가한다.

(4) 독성

해충에 내성을 갖는 유전자변형 농산물은 유전자재조합에 의해 만들어진 물질이 해충 소화관 내의 효소에 의하여 해충에 유해한 독소로 전환되어 살충효과를 보인다. 이런 물질을 식품으로 섭취했을 때 사람에게 해가 될 수도 있다는 우려가 있다.

현재까지는 건강에 나쁜 영향을 주었다는 사례는 보고되고 있지 않으나, 만성독성이나 유전독성 등과 같은 독성실험에 의한 안전성 확인이 중요하다.

(5) 영양

유전자변형식품의 영양성분 함량이 일반식품과 차이가 있는지를 비교하여 식품으로 섭취 시 영양적인 불균형을 일으킬 가능성에 대하여 평가한다.

5) 유전자변형식품의 표시제도

국가마다 유전자변형 농산물의 표시에 대한 입장이 다르지만, 유전자변형식품의 표시문제는 통상마찰과 관련되어 있어 매우 중요하다. 현재 우리나라, 일본, 유럽연합, 호주, 뉴질랜드 등 20여 개국에서는 표시제를 시행하며 과학적 검증과 사회적 검증을 병행하고 있다. 우리나라의 경우 2001년 7월부터 이 표시제도를 시행하였고, 유전자재조합된 콩과 옥수수로 만든 식품에 '유전자변형 농산물' 이라는 표시를 하도록 하였다. 식품의약품안전처에서는 「유전자변형식품등의 표시기준」을 개정하여 2017년 2월 4일부터 시행한다고 고시하였다.

(1) 유전자변형식품 표시기준의 목적

「식품위생법」 제12조의2, 「건강기능식품에 관한 법률」 제17조의2 및 「축산물 위생관리법」 제6조 관련 「축산물의 표시기준」, 「농수산물 품질관리법 시행령」 제20조에 따른 유전자변형식품 등의 표시대상, 표시의무자 및 표시방법 등에 필요한 사항을 규정함으로써 소비자에게 올바른 정보를 제공하기 위한 것이다.

(2) 유전자변형 표시대상 식품

「식품위생법」 제18조에 따른 안전성 심사를 통과하고, 식품의약품안전처에서 식품용으로 승인한 유전자변형 농축수산물과 이를 원재료로 하여 제조·가공 후에도 유전자변형 DNA 또는 유전자변형 단백질이 남아 있는 유전자변형식품 등은 유전자변형식품임을 표시하여야 한다.

식품용으로 승인된 유전자변형 농산물

콩(대두), 옥수수, 면화, 카놀라, 사탕무, 알팔파이며 유전자변형 표시대상 원재료

(3) 유전자변형 표시의 생략

유전자변형 표시대상 식품이더라도 다음과 같은 경우에는 유전자변형식품 표시를 생략할 수 있다.

- 유전자변형농산물이 비의도적으로 3% 이하인 농산물과 이를 원재료로 사용하여 제조·가공한 식품 또는 식품첨가물. 다만, 이 경우에는 구분유통증명서 또는 정부증명서를 갖추어야 한다.
- 고도의 정제과정 등으로 유전자변형 DNA 또는 유전자변형 단백질이 전혀 남아 있지 않아 검사불능인 식품

구분유통증명서
종자 구입·생산·제조·보관·선별·운반·선적 등 취급과정에서 유전자변형식품 등과 구분하여 관리하였음을 증명하는 서류

정부증명서
구분유통증명서와 동등한 효력이 있음을 생산국 또는 수출국의 정부가 인정하는 증명서

주표시면
용기·포장 등의 표시면 중에서 상표, 로고 등이 인쇄되어 있고, 식품 또는 식품첨가물을 구매할 때 소비자에게 보여지는 면

유전자변형 표시 제외 품목

식용유, 당류(포도당, 과당, 엿류, 당시럽류, 올리고당류), 간장, 변성전분, 주류(맥주, 위스키, 브랜디, 리큐르, 일반증류주, 기타주류 등)

(4) 유전자변형 농축수산물의 표시방법

다음과 같은 경우에는 유전자변형 농산물 표시를 생략할 수가 있다.

- 한글로 표시한다. 소비자의 이해를 돕기 위하여 한자나 외국어를 한글과 병행하여 표시하고자 할 경우에는 한자나 외국어는 한글표시 활자크기와 같거나 작은 크기의 활자로 표시한다.
- 지워지지 않는 잉크·각인 또는 소인 등을 사용하거나, 떨어지지 않는 스티커 또는 라벨지 등을 사용한다.
- 소비자가 쉽게 알아볼 수 있도록 해당 용기·포장 등의 바탕색과 뚜렷하게 구별되는 색상으로 12포인트 이상의 활자크기로 선명하게 표시한다.
- 제품의 주표시면이나 제품에 사용된 원재료명 바로 옆에 괄호로 표시한다.

① 유전자변형 농축수산물의 경우

'유전자변형 ○○(농축수산물 품목명)' 로, 유전자변형 농산물로 생산한 채소의 경우에는 '유전자변형 ○○(농산물 품목명)로 생산한 ○○○(채소명)' 로 표시해야 한다.

② 유전자변형 농축수산물이 포함된 경우

'유전자변형 ○○(농축수산물 품목명) 포함' 으로, 유전자변형 농산물로 생산한 채소가 포함된 경우에는 '유전자변형 ○○(농산물 품목명)로 생산한 ○○○(채소명) 포함' 으로 표시해야 한다

③ 유전자변형 농축수산물이 포함되어 있을 가능성이 있는 경우

'유전자변형 ○○(농축수산물 품목명) 포함 가능성 있음' 으로, 유전자변형 농산물로 생산한 채소가 포함돼 있을 가능성이 있는 경우에는 '유전자변형 ○○(농산물 품목명)로 생산한 ○○○(채소명) 포함 가능성 있음' 으로 표시할 수 있다.

④ 유전자변형 여부를 확인할 수 없는 경우

'유전자변형 ○○포함 가능성 있음' 으로 표시할 수 있다.

그림 12-5 | 유전자변형 농산물 및 식품 표시

자료: 식품의약품안전처

(5) 유전자변형식품 표시사항의 특별한 예

- 즉석판매제조·가공업의 영업자가 자신이 제조·가공한 유전자변형식품을 진열 판매하는 경우에는 유전자변형식품 표시사항을 진열상자에 표시하거나, 별도의 표지판에 기재하여 게시하는 때에는 개개의 제품별 표시를 생략할 수 있다.
- 두부류를 운반용 위생상자를 사용하여 판매하는 경우에는 그 위생상자에 유전자변형식품 표시사항을 표시하거나, 별도의 표지판에 기재하여 게시하는 때에는 개개의 제품별 표시를 생략할 수 있다.

비의도적 혼입허용치

비의도적 혼입허용치는 농수산물품질관리법 시행령 제20조(유전자변형 농수산물 표시요령)에 따라 관리하고 있다. 농산물의 종자 구입에서부터 재배·유통 등 취급과정에서 유전자변형 농산물과 구분하여 관리하더라도 유전자변형 농산물의 혼입을 완전히 방지하기는 현실적으로 불가능한 점을 고려하여 국가별로 비의도적 혼입허용치를 정하고, 그 이하로 혼입된 경우에는 표시를 면제하고 있다. 우리나라는 3%, 일본 5%, 타이완 5%, 호주 1%, 유럽연합은 0.9%의 혼입허용치를 인정하고 있으며, 미국은 의무표시제를 운영하지 않아 혼입허용치가 없고, 중국은 인정하지 않고 있다.

비유전자변형식품(Non-GMO) 표시의 허용

- "비유전자변형식품, 무유전자변형식품, Non-GMO, GMO-free" 4종류 표기가 가능하다.
- 표시대상 식품인데 유전자변형식품 등을 사용하지 않고 일반식품인 대두, 옥수수, 면화, 카놀라, 사탕무, 알팔파를 사용했을 경우 비유전자변형식품(Non-GMO) 표시가 가능하다.
- 원재료 함량이 50% 이상이거나, 해당 원재료 함량이 1순위로 사용한 경우에 표시를 할 수 있다. 이 경우에는 비의도적 혼입치가 인정되지 않는다.

비유전자변형식품(Non-GMO) 표시 및 유사표시의 사용금지

- 사용금지 이유 : 소비자에게 오인·혼동을 줄 수 있기 때문
- GMO 표시대상 원재료 품목과 명칭이 같더라도 유전자변형 농축수산물이 아닌 일반 농축수산물 또는 이를 사용하여 제조·가공한 제품에는 "비유전자변형식품, 무유전자변형식품, Non-GMO, GMO-free" 또는 이와 유사한 용어를 사용하지 않는다.

2. 방사선조사 식품

식품조사기술food irradiation은 현재 식품산업에 이용되고 있는 어떠한 저장·가공기술보다도 체계적이고 과학적인 방법에 의해 연구되고 있다. 1980년대 이후로는 세계보건기구WHO, 세계농업기구FAO, 국제원자력기구IAEA, 식품규격위원회Codex, 미국의 식품의약국FDA과 농무성USDA 등에 의해 사용이 권장되고 있다. 국내에서도 일부 식품에 대한 방사선조사가 상업적으로 실용화되고 있다.

이에 식품산업에서의 방사선조사기술에 대한 특성, 응용분야, 안전성, 국내·외 실용화 현황에 대해 알아보고자 한다.

1) 식품산업에 이용되는 방사선의 종류와 특징

방사선조사는 국가에서 허가를 얻고 면허를 받은 방사선조사시설에서 행해지며, 이 시설에는 정치형식과 연속식의 2종류가 있는데 규모의 장점 때문에 연속식 조사시설

표 12-2 | 식품가공방법별 소요 에너지 비교

가공방법	에너지값(KJ/Kg)
감마선 발아 억제(0.10kGy 조사)	12
방사선 살충(0.25kGy 조사)	7
방사선 부분살균(2.5kGy 조사)	21
냉장(0℃, 5.5일간)	157
냉장(0℃, 10.5일간)	318
가열에 의한 살균	918
조리(93℃)	2558
냉동(-25℃, 3주)	5149
송풍동결(4.4℃ → 23.3℃)	7552

이 일반적으로 식품산업에서 포장이 종료된 식품에 대해 사용되고 있다.

식품조사에 이용되는 방사선 에너지는 감마선(c선)이 대부분이며, 식품조사기술은 다른 가공방법에 비해 에너지 소요량이 적다. 가열살균법과는 달리 처리식품의 품온 상승이 거의 없어(국제기구 최대 허용선량 10kGy 처리 시 2.4℃ 상승) 영양성분의 파괴나 관능적 품질 변화 등을 최소화할 수 있는 특징이 있다.

방사선조사선량의 단위

전리방사선의 생물체나 무생물체에 대한 국제단위계(SI)의 방사선 흡수선량 단위는 Gy(그레이 · gray)가 사용되며 1Gy=100rad=1Joule/kg에 해당한다.

1rad는 피조사체의 종류에 관계없이 물질 1g당 100erg의 에너지를 흡수하는 것이다. 조사한 방사선량이 1kGy 이하는 저선량조사, 1~10kGy 이하는 중선량조사, 10~50 kGy 이하는 고선량조사라고 한다.

2) 식품조사의 이용 효과

(1) 발아 억제

저선량의 감마선을 조사하면 감자, 고구마, 양파, 마늘, 생강, 밤 등의 발아가 억제된다.

- 감자 : 일본에서는 0.04～0.15kGy를 사용한다. 0.15kGy를 조사하면 세포분열이 억제로 인하여 발아가 완전히 억제되고, 수확 후 1년간 저장이 가능하다.
- 양파 : 0.5kGy로 조사한 경우 저장기간이 1～5월, 수확 후 바로 0.02～0.04kGy 정도 조사하면 가장 좋은 결과를 얻을 수 있다.
- 대맥아 : 0.25～0.50kGy로 조사하면 발아억제, 0.01～0.1kGy의 극히 소량의 감마선을 조사하면 오히려 발아가 촉진되어 맥아 제조기간을 단축하게 된다.
- 밤 : 0.25kGy의 조사선량으로 발아억제와 살충효과가 있다.

(2) 해충 제거

0.5kGy 이하의 저선량의 감마선은 유충, 알을 포함하여 해충을 살충 또는 불임화시킬 수 있다. 해충 및 미생물의 식품조사에 대한 감수성은 해충이 가장 크고, 그 다음 대장균군, 무포자형성균, 포자형성균, 포자, 바이러스 순서이다.

(3) 식품의 보존성 연장

식품조사로 식품의 부패나 변질을 일으키는 미생물의 멸균이 가능하다. 미생물의 감마선 감수성과 식품의 미생물 오염 정도에 따라 필요한 선량이 결정된다.

과일, 채소, 육류, 닭고기, 생선, 해산물의 보존성 연장은 냉장과 저선량 조사를 병용함으로써 크게 연장할 수 있다. 곡물과 곡물제품은 국제적으로 화학훈증제의 처리가 규제되고 있어 조사가 더욱 용이하다.

(4) 과일과 채소의 숙도 지연

과일이나 채소에 저선량의 감마선을 조사하면 숙도가 지연되어 보존성이 연장된다. 주요 대상식품으로는 버섯, 바나나, 망고, 파파야, 토마토, 완두콩, 무화과류 등이 있다.

(5) 식중독의 억제

감마선을 조사하여 동물육의 고체식품이라든가 건조식품을 살균할 수 있다.

소고기, 돼지고기, 가금육, 어류 속의 무포자형성균도 살균이 가능하며, 냉동한 육류

식품을 조사하는 데 실용적이다. 살모넬라*Salmonella*속, 캄필로박터*Camphlobactor*속, 리스테리아*Listeria*속, 여시니아*Yersinla*속 등은 저선량으로도 살균한 수가 있어서 식중독 예방에 매우 유용하게 사용될 수 있다. 1997년 미국식품의약국은 병원성 식중독균인 *E.coli* O157 : H7을 제거하기 위해 쇠고기, 양고기 등의 육류 가공과정의 최종단계에서 저선량의 감마선 조사를 허용하였다.

(6) 동물성(가공)식품, 딸기 등의 부패균 감균처리

0.5~5kGy 범위의 방사선조사선량을 이용한다. 생선, 수산가공품, 축육(가공품), 딸기 등에 오염되어 있는 세균, 효모, 곰팡이 등 부패성 미생물의 수를 효과적으로 감소시킨다.

(7) 건조향신료, 조미료, 분말식품 등의 위생화처리

에틸렌 옥시드ethylene oxide 훈증법의 살균법이 잔류성분의 위해성 때문에 국내에서 사용 금지되었으며, 1988년 감마선 조사방법이 사용 허가되었다.

(8) 환자용 무균식, 우주식품 등의 완전살균

미생물의 오염농도에 따라 10~50kGy의 고선량 조사가 요구되며, 장기보관용 군용식품인 햄, 베이컨 등 밀봉 포장식품과 국내에서도 허가된 병원환자용 무균식이 해당된다.

3) 식품조사의 영향

(1) 영양학적인 변화

동일한 목적으로 사용되는 다른 식품가공법이나 보존방법보다 오히려 영양학적 변화가 적다. 단백질, 탄수화물, 지방과 같은 일반성분인 거대분자 영양물질은 10kGy까지의 선량까지 비교적 안정하다.

(2) 화학적 변화 및 방사선 분해산물

0.5kGy 이하로 조사한 식품 속의 화학적 변화는 발견되지 않았다.

멸균에 필요한 선량인 30kGy와 같은 고선량에서는 많은 화학적 변화가 일어나지만, 그 양은 소량이고 조사하지 않은 식품에서도 이런 화합물들이 검출되었다.

(3) 미생물에 대한 영향

3~7kGy의 선량은 식품에 흔히 있는 미생물을 광범위하게 파괴시킬 수 있으며 살모넬라 같은 미생물을 사멸시킬 수 있다. 그러나 10kGy 이하 선량의 조사가 모든 병원성균을 사멸하지는 못한다.

(4) 관능적 변화

우유 및 유제품이나 육류 또한 멸균에 필요한 고선량의 방사선을 조사하면 바람직하지 않은 냄새가 난다. 저온에서 육류를 조사할 경우 냄새의 변화가 적다.

세계보건기구에서는 현재 식품조사에 이용되는 10kGy 미만의 선량은 식품의 색, 맛, 향미 등에 아무런 영향도 미치지 않는다고 발표하였다.

4) 식품조사의 검지방법

국제무역의 확대로 인하여 세계 각국에서는 방사선조사가 실시된 식품임을 확인할 수 있는 방법을 필요로 하고 있다. 현재 사용하고 있는 식품조사의 검지방법은 다음과 같다.

(1) DNA 측정법

방사선조사에 의해 변형된 미생물 혹은 식품 DNA를 측정하는 방법인데 측정시간이 길고 숙련된 기술자를 필요로 한다.

(2) 생물학 및 미생물학적 측정법

방사선조사 전후의 미생물 양을 비교하는데, 방사선조사를 하면 항상 미생물의 양이 감소하게 된다.

(3) 화학적 방법

지방을 함유한 식품에 방사선조사를 하면 많은 양의 휘발성 물질이 형성된다. 즉, 휘발성 탄화수소, 알데히드 혹은 부타논butanone과 같은 물질의 함량이 많아진다.

(4) 물리적 방법

- 열발광측정법(Thermoluminescence, TL) : 고체와 건조식품에 방사선조사를 하면 에너지가 흡수될 때 이온과 전자가 재조합되면서 빛(냉광)을 발산한다. 이런 발광을 측정하는 방법이다.
- 전자회절공명(Electron Spin Resonancem, ESR) : 방사선조사로 생성되는 자유라디칼을 분광학적으로 측정하는 방법이다. 뼈 있는 고기류, 향신료, 과일류, 채소류, 어패류 등에 사용할 수 있다.

5) 방사선조사 식품의 표시기준

방사선조사된 식품은 식품표시를 위한 Codex 일반규격의 조항에 따라서 표시되어야 한다. 즉, 식품 이름 옆에 조사처리treated with radiation, treated by irradiation라고 표시하거나 국제규격의 마크를 표시해야 한다. 우리나라의 경우 방사선조사 식품의 세부 표시기준이 마련되어 있다.

그림 12-6 | 방사선조사식품의 국제 통용 마크

(1) 표시대상

방사선조사가 허용된 식품에 방사선을 조사한 완제품과 검지법이 고시된 식품을 원재료로 사용하여 제조가공한 식품이 표시대상이다.

(2) 표시방법

- 10포인트 이상 활자 크기로 표시한다.
- 완제품의 경우는 소비자가 알아보기 쉬운 장소, 방사선조사한 원재료를 사용한 식품의 경우는 원재료명 및 함량 란에 조사한 내용을 표시한다.
- 완제품의 경우에는 조사처리된 식품임을 나타내는 문구 및 그림 12-6과 같은 마크를 표시한다.

6) 방사선조사 허용식품 및 실용화 현황

(1) 국외 현황

세계적으로 39개국이 식품의 방사선조사와 관련된 허가 또는 금지규정을 가지고 있다. 이들 나라 중 한 품목 또는 여러 종류의 식품(군)에 대하여 방사선조사 허가를 한 국가는 유럽 17, 아시아·태평양 10, 북남미 8, 아프리카·중동 4개국이다.

이들 국가들이 허가하고 있는 식품군은 약 230종인데 미국이 55종, 영국이 47종, 프랑스가 41종, 네덜란드가 20종의 식품군에 대하여 식품조사를 허용하고 있다.

(2) 국내 현황

1980년대부터 방사선조사 식품에 대한 연구가 시행되고 있다. 1987년 감자, 양파, 마늘, 밤, 생버섯 등 신선식품류에 대한 생장 및 숙도 조정을 목적으로 1kGy 이하의 감마선조사를 허가하였고, 그 후 표 12-3과 같이 각종 건조식품류에 대한 살균·살충 등을 위하여 10kGy 이하의 감마선조사를 허가하고 있다.

표 12-3 | 국내 방사선조사 허용식품 및 흡수선량(2021년 9월 30일 기준)

품목	조사목적	선량(KGy)
감자 양파 마늘	발아 억제	0.15 이하
밤	살충 · 발아 억제	0.25 이하
버섯(건조 포함)	살충, 숙도 조절	1 이하
난분 곡류(분말 포함), 두류(분말 포함) 전분	살균 살균 · 살충 살균	5 이하
건조식육 어류분말, 패류분말, 갑각류분말 된장분말, 고추장분말, 간장분말 건조채소류(분말 포함) 효모식품, 효소식품 조류식품 알로에분말 인삼(홍삼 포함)제품류 조미건어포류	살균	7 이하
건조향신료 및 이들 조제품 복합조미식품 소스 침출차 분말차 특수의료용도등식품	살균	10 이하

13

CHAPTER

식품위생행정

1. 식품위생행정의 목적 | 2. 식품위생관련 법령
3. 식품위생 행정기구_식품의약품안전처 | 4. 식품위생법령의 종류
5. 식품위생법의 구성 및 주요 내용 | 6. 주요 식품위생 행정제도

학습목표

식품위생행정이란 광의로 보건복지부, 농림축산식품부, 국세청 등이 식품과 관련된 여러 법령에 기초하여 실시하는 행정이지만, 일반적으로 식품위생법에 근거한 보건복지부와 식품의약품안전처의 행정을 말한다. 즉 국가가 식품, 식품첨가물, 기구 및 용기, 포장의 안전성, 건전성, 완전성을 확보하고 이들에 의해 발생하는 여러 위해를 사전에 예방하기 위해 식품위생법 등 제반 법령에 따라 행정조직을 통해 총체적인 관리를 하고 정책을 개발하는 일련의 활동이 식품위생행정이다.

1. 식품위생행정의 목적

식품위생행정의 목적은 식품위생법을 근거로 하여 국민의 안전하고 청결한 식생활을 확보하고 부정식품과 불량식품으로 인한 질병이나 건강장해와 같은 각종 위해를 방지하며 공중위생의 증진 및 발전에 기여하는 데 있다. 이와 같은 목적을 달성하기 위해 식품위생관리제도에서는 영업허가, 위해제품 검사, 식품위생 감시, 식품회수recall, 식품안전관리인증기준HACCP, 수입식품관리 등의 구체적인 제도를 시행하고 있다.

2. 식품위생관련 법령

식품위생관련 법령에는 식품위생법을 비롯하여 농수산물품질관리법, 농약관리법,

식품위생관련 법령 및 목적

- 농수산물품질관리법 : 농수산물의 적절한 품질관리를 통하여 농수산물의 안전성을 확보하고 상품성을 향상하며 공정하고 투명한 거래를 유도함으로써 농어업인의 소득 증대와 소비자 보호에 이바지하는 것을 목적으로 함
- 축산물위생관리법 : 축산물의 위생적인 관리와 그 품질의 향상을 도모하기 위하여 가축의 사육·도살·처리와 축산물의 가공·유통 및 검사에 필요한 사항을 정함으로써 축산업의 건전한 발전과 공중위생의 향상에 이바지함을 목적으로 함를 유도함으로써 농어업인의 소득 증대와 소비자 보호에 이바지하는 것을 목적으로 함
- 농약관리법 : 농약의 제조·수입·판매 및 사용에 관한 사항을 규정함으로써 농약의 품질향상, 유통질서의 확립 및 농약의 안전한 사용을 도모하고 농업생산과 생활환경 보전에 이바지함을 목적으로 함
- 수산업법 : 수산업에 관한 기본제도를 정하여 수산자원을 조성·보호하며 수면을 종합적으로 이용·관리하여 수산업의 생산성을 높임으로써 수산업의 발전과 어업의 민주화를 도모할 목적으로 함
- 학교급식법 : 학교급식 등에 관한 사항을 규정함으로써 학교급식의 질을 향상시키고 학생의 건전한 심신의 발달과 국민 식생활 개선에 기여함을 목적으로 함
- 먹는물 관리법 : 먹는물의 수질과 위생을 합리적으로 관리하여 국민건강을 증진하는 데 이바지하는 것을 목적으로 함
- 인삼산업법 : 인삼 및 인삼류의 경작·제조·검사 등에 필요한 사항을 규정함으로써 인삼을 특산물로 보호·육성하고 인삼산업의 건전한 발전에 이바지함을 목적으로 함
- 주세법 : 주류에 대한 정의, 주류의 종류와 규격, 과세대상과 납세의무자, 주류의 제조와 판매, 면허 취득과 취소에 관한 제반 사항을 규정하며, 과세표준·세율·징수·납부방법 등을 명확히 함으로써 주세의 효과적인 부과와 징수를 가능하게 하기 위해 제정된 법률

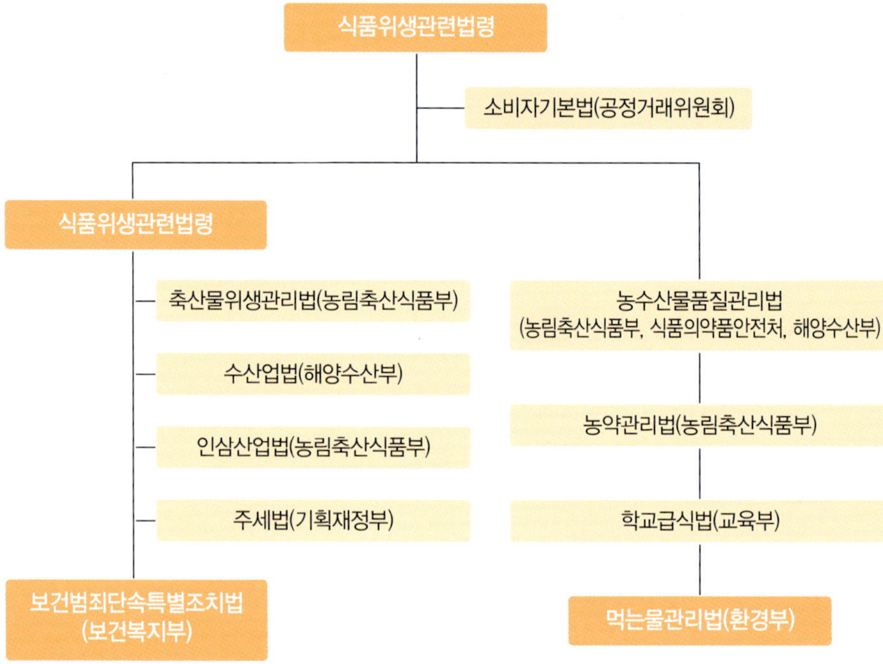

그림 13-1 | 식품위생관련 법령 및 기구

먹는물관리법, 소비자기본법, 수산업법, 인삼산업법, 주세법, 축산물위생관리법, 학교급식법 등이 있다.

식품위생관련 법령에 의하면 그림 13-1과 같이 축산물위생관리법 · 인삼산업법 · 농약관리법은 농림축산식품부에서, 수산업법은 해양수산부에서, 농수산물품질관리법은 농림축산식품부 · 식품의약품안전처 · 해양수산부에서, 주세법은 기획재정부에서, 소비자기본법은 공정거래위원회에서, 학교급식법은 교육부에서, 먹는물관리법은 환경부에서 관장한다. 또한 이들과 관련된 품목을 완제품으로 시중에 유통시키는 것과 이들 품목 이외의 식품, 식품첨가물, 기구 · 용기 · 포장 등은 보건복지부 및 식품의약품안전처에서 관장한다.

3. 식품위생 행정기구_식품의약품안전처

정부에서는 식품·의약품의 안전관리체계를 구축·운영하여 국민이 안전하고 건강한 삶을 영위할 수 있도록 하고자 1996년에 식품의약품안전본부를 발족하였으며, 1998년 식품의약품안전청으로, 2013년 식품의약품안전처로 승격되었다. 소속기관으

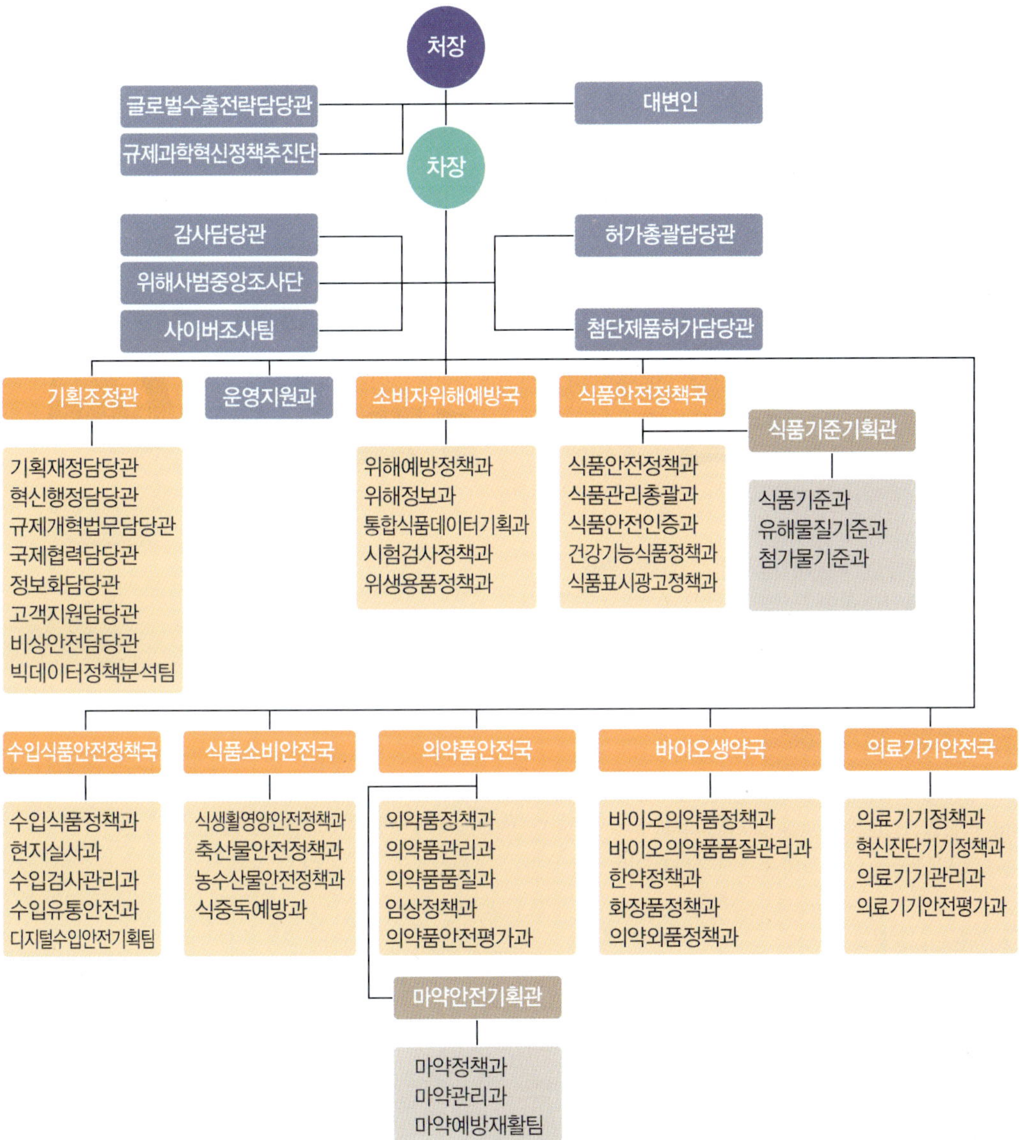

그림 13-2 | 식품의약품안전처 조직도(2024)

로는 식품의약품안전평가원과 6개의 지방안전청(서울지방청, 부산지방청, 경인지방청, 대구지방청, 광주지방청, 대전지방청)이 있다. 식품의약품안전처는 소비자가 안심할 수 있도록 식품의 사전 예측적 식품안전관리체계를 정착시키고 식품의 안전관리제도를 개선하며 식품의 기준 및 규격을 과학화하고 국제화함으로써 안전관리 수준을 향상시키고 소비자의 신뢰 및 만족도를 제고시킬 수 있는 여러 업무를 수행하고 있다. 식품의약품안전처 본부의 식품안전정책국에서 식품위생행정업무를 담당한다 그림 13-2.

식품의약품안전처 식품안전정책국의 업무

■ 식품안전정책과

1. 식품, 건강기능식품, 식품첨가물, 기구 또는 용기 · 포장(이하 "식품등"이라 한다)의 위생 · 안전관리 정책 수립 및 제도개선 총괄 조정
2. 「식품위생법」 및 「식품안전기본법」의 개정 및 운영에 관한 사항
3. 식품등[축산물 및 건강기능식품과 해외로부터 국내로 수입되는 식품등(이하 "수입식품등" 이라 한다)은 제외한다]의 영업 허가 · 신고 및 등록 관련 업무의 총괄
4. 식품등(축산물, 건강기능식품 및 수입식품등은 제외한다)과 관련한 법인 · 단체의 관리
5. 식품등 기준 · 규격의 총괄 조정
6. 식품등(농축수산물 및 수입식품등은 제외한다)의 사건 · 사고 대응 업무 총괄
7. 식품안전정책위원회 사무에 관한 사항
8. 식품위생심의위원회의 운영
9. 「식품위생법」에 따른 자가품질검사 제도의 운영
10. 식품진흥기금 운영
11. 국제식품규격위원회(CODEX) 등 식품안전관련 국제협력 업무 총괄
12. 식품등(농축수산물 및 수입식품등은 제외한다)의 위생 · 안전 관련 국제협력 업무
13. 관계 부처 및 기관 업무 협의의 조정 총괄
14. 식품 위생 및 안전 관련 공무원 교육
15. 식품등의 생산실적 등 통계관리
16. 식품안전정보원의 지원 및 지도 · 감독
17. 그 밖에 국내 다른 과의 주관에 속하지 아니하는 사항

■ 식품관리총괄과

1. 식품등(농축수산물, 건강기능식품 및 수입식품등은 제외한다. 이하 이 항에서 같다) 관련 영업의 지도 · 단속 등에 관한 종합계획의 수립
2. 식품등의 수거 및 검사계획 수립 · 관리
3. 부정 · 불량 식품등의 단속 및 단속업무의 총괄 · 조정
4. 식품등에 관한 감시업무의 총괄 · 조정

5. 식품등의 허위표시 및 과대광고 단속의 지도 · 감독 및 조정
6. 부적합 식품등 긴급통보 운영 · 관리
7. 위해 식품등의 회수 · 관리 총괄
8. 식품등의 사건 · 사고 대응
9. 식품등에 대한 신고포상금제도의 운영
10. 식품안전소비자신고센터 운영 및 관리
11. 식품등의 이물보고에 관한 제도 운영 및 이물 등에 대한 조사 · 관리
12. 식품등의 지도 · 단속, 위반현황, 행정처분, 수거 · 검사결과 등에 관한 통계 관리
13. 전국합동단속 계획수립 및 시행
14. 식품등에 대한 시정명령 등 행정제재 총괄
15. 식품등 검사명령 제도 운영
16. 식품의약품안전처 소속 식품위생감시원의 임면 및 교육
17. 소비자식품위생감시원 제도의 운영 총괄
18. 인터넷 식품 판매 사이트 모니터링제도 운영 및 사후관리 총괄
19. 국제회의 및 국제행사 등에 제공되는 식음료 안전관리 지원

■ 식품안전인증과

1. 「식품위생법」 및 「축산물 위생관리법」에 따른 안전관리인증기준(HACCP)에 관한 종합계획의 수립 및 조정
2. 「식품위생법」 및 「축산물 위생관리법」에 따른 안전관리인증기준 관련 법령, 고시의 제정 · 개정 및 제도개선
3. 「식품위생법」 및 「축산물 위생관리법」에 따른 안전관리인증기준 제도에 관한 대국민 홍보 및 정보교류
4. 「식품위생법」 및 「축산물 위생관리법」에 따른 안전관리인증기준 적용 해설서의 개발 및 보급
5. 「식품위생법」 및 「축산물 위생관리법」에 따른 안전관리인증기준 적용업소 지정 및 사후관리의 총괄 · 조정
6. 「식품위생법」 및 「축산물 위생관리법」에 따른 안전관리인증기준 제도의 활성화를 위한 재정 및 기술 지원
7. 「식품위생법」 및 「축산물 위생관리법」에 따른 안전관리인증기준 지원기구 운영 및 관리
8. 「식품위생법」 및 「축산물 위생관리법」에 따른 안전관리인증기준 교육훈련기관의 지정 · 관리, 안전관리인증기준 지도관 교육 · 훈련
9. 식품등(농수산물 및 수입식품등은 제외한다) 이력추적제도 운영
10. 「식품위생법」에 따른 제조 · 가공업소 중 우수업소 지정제도의 운영
11. 소비자의 요청에 따른 위생검사 제도 및 소비자 위생점검 참여 제도 운영
12. 식품등의 제품별 위해요소 분석 및 안전관리 대안 검토
13. 식품등(축산물, 건강기능식품 및 수입식품등은 제외한다) 영업자 식품위생교육 관리

■ 건강기능식품정책과

1. 건강기능식품(해외에서 국내로 수입되는 건강기능식품은 제외한다. 이하 이 항에서 같다)에 관한 정책 개발 및 제도개선, 안전관리 종합계획의 수립 및 총괄
2. 「건강기능식품에 관한 법률」의 개정 및 운영
3. 건강기능식품 영업허가 · 신고 관련 업무 총괄
4. 건강기능식품 관련 교육 및 홍보

5. 건강기능식품의 안전성 확보 및 품질관리에 관한 교육
6. 건강기능식품 관련 법인의 관리
7. 우수건강기능식품 제조 및 품질관리기준(이하 "우수건강기능식품제조기준"이라 한다)에 관한 종합계획의 수립 및 조정
8. 우수건강기능식품제조기준의 제정 · 개정 및 제도개선
9. 우수건강기능식품제조기준 제도에 관한 대국민 홍보 및 정보교류
10. 우수건강기능식품제조기준 적용 해설서의 개발 및 보급
11. 우수건강기능식품제조기준 적용업소의 지정 및 사후관리의 총괄 · 조정
12. 우수건강기능식품제조기준 제도의 활성화를 위한 재정 및 기술 지원
13. 우수건강기능식품제조기준 지도관 교육훈련
14. 건강기능식품 생산실적, 인정, 지도 · 단속, 위반현황, 행정처분, 수거 · 검사결과 등에 관한 통계 관리
15. 건강기능식품 부작용 정보의 수집 및 관리 총괄
16. 건강기능식품심의위원회의 운영
17. 건강기능식품 관련 영업의 지도 · 단속 등에 관한 종합계획의 수립
18. 건강기능식품의 수거 및 검사계획의 수립 · 관리
19. 부정 · 불량 건강기능식품의 단속 및 단속업무의 총괄 · 조정
20. 건강기능식품의 허위표시 및 과대광고 단속의 지도 · 감독 및 조정
21. 부적합 건강기능식품 긴급통보 제도의 운영 · 관리
22. 위해 건강기능식품의 회수 및 관리 총괄
23. 건강기능식품의 사건 · 사고 대응
24. 건강기능식품에 대한 신고포상금제도의 운영
25. 건강기능식품에 대한 시정명령 등 행정제재 총괄
26. 인터넷 건강기능식품 판매 사이트 모니터링제도 운영 및 사후관리 총괄
27. 건강기능식품 검사명령 제도 운영

■ 식품표시광고 정책과

1. 식품등의 표시 · 광고 정책 수립 및 제도개선 총괄
2. 「식품 등의 표시 · 광고에 관한 법률」의 개정 및 운영
3. 식품등의 표시기준 운영
4. 식품등의 영양표시 및 나트륨 함량 비교표시 기준 운영
5. 소 · 돼지 식육의 표시방법 및 부위 구분기준 운영
6. 어린이기호식품 등의 영양성분과 고카페인 함유식품 표시기준 및 알레르기 유발 식품 표시기준 운영
7. 유전자변형식품등의 표시기준 운영
8. 식품등의 부당 표시 · 광고 기준 운영
9. 식품등의 표시 · 광고 실증제도 운영
10. 식품등의 자율심의제도 운영
11. 자율심의 기구 등록 및 관리
12. 식품등의 표시 · 광고 정책자문위원회 운영
13. 식품등의 표시 · 광고에 관한 교육 및 홍보

4. 식품위생법령의 종류

1) 식품위생법

식품위생법은 식품으로 인한 위생상의 위해를 방지하고 식품영양의 질적 향상을 도모하며 식품에 관한 올바른 정보를 제공함으로써 국민보건의 증진에 이바지함을 목적으로 한다. 식품위생법은 영업을 하고자 할 경우 공공복리, 질서유지, 안전보장을 위해 국민의 자유 권리를 제한하는 헌법 제37조에 따라 식품위생상의 위해방지 등을 위한 일정 요건과 의무를 요구한다. 식품위생법은 1962년 1월 20일 법률 제1007호로 제정, 공포되었으며 2017년 5월 18일 법률 제14835호로 일부 개정되어 현재 총 13장 101조 및 부칙으로 구성되어 있다.

2) 식품위생법 시행령

식품위생법 시행령은 식품위생법에서 위임된 사항과 그 시행에 관하여 필요한 사항을 규정함을 목적으로 하며, 식품위생법에서 위임받은 사항과 식품위생법을 시행하는데 필요한 구체적인 사항을 규정한다. 식품위생법 시행령의 개정은 입법예고 후 공청회, 관계부처 협의, 관계장관회의, 국무회의를 거쳐 대통령령으로 공포하게 된다. 1962년 10월에 제정, 공포된 이후 식품위생법의 개정에 따라 수차에 걸쳐 관련 규정을 개정, 보완하였다. 최근에는 2017년 4월 18일(대통령령 제27997호)에 일부 개정되어 총 67조 및 부칙으로 구성되어 있다.

3) 식품위생법 시행규칙

식품위생법 시행규칙은 식품위생법 및 동법 시행령에서 위임된 사항과 그 시행에 관하여 필요한 사항을 규정함을 목적으로 한다. 식품위생법 시행규칙의 개정은 입법예고 후 공청회, 관계부처 협의를 거쳐 보건복지부령으로 공포한다. 식품위생법 시행규칙은 1962년 10월 10일 보건복지부령 제91호로 제정, 공포되었으며 식품위생법과 식품위생법 시행규칙의 개정에 따라 수차에 걸쳐 관련 규정을 개정, 보완하였다. 최근에는 2017년 5월 16일(총리령 제1396호)에 일부 개정되어 현재 식품위생법 시행규칙은 전문 101조 및 부칙으로 구성되어 있다.

4) 고시

식품위생법, 식품위생법 시행령, 식품위생법 시행규칙에서 위임받은 사항과 구체적인 집행에 관한 사항을 규정하며 고시의 개정은 입법예고, 공포 등의 절차를 거치고 필요에 따라 공청회 또는 식품위생심의위원회 심의를 거칠 수 있다.

5) 기준과 규격

식품 또는 식품첨가물의 제조·가공·사용·조리 및 보존의 방법에 관한 규정을 기준이라고 하며, 그 식품 또는 식품첨가물의 성분에 관한 규정을 규격이라고 한다. 기준과 규격은 식품 및 첨가물, 기구 및 용기·포장을 대상으로 한다. 식품의약품안전처장은 국민 보건상 필요하다고 인정하는 기준과 규격이 고시되지 아니한 식품 또는 식품첨가물(식품에 직접 사용하는 화학적 합성품인 첨가물을 제외한다)에 대하여는 그 제조·가공업자로 하여금 제조·가공·사용·조리 및 보존의 방법에 관한 기준과 그 성분에 관한 규격을 제출하게 하여 「식품·의약품분야 시험·검사 등에 관한 법률」 제6조 제3항 제1호에 따라 식품의약품안전처장이 지정한 식품전문 시험·검사기관 또는 같은 조 제4항 단서에 따라 총리령으로 정하는 시험·검사기관의 검토를 거쳐 제1항에 따른 기준과 규격이 고시될 때까지 그 식품 또는 식품첨가물의 기준과 규격으로 인정할 수 있다.

5. 식품위생법의 구성 및 주요 내용

우리나라 식품위생법은 표 13-1과 같이 구성되어 있다.

표 13-1 | 식품위생법의 구성 및 주요 내용

장	장의 제목	주요내용
제1장	총칙	목적, 정의, 식품 등의 취급
제2장	식품과 식품첨가물	위해식품 등의 판매금지, 병든 동물고기 등의 판매 금지, 기준규격이 정하여지지 아니한 화학적 합성품 등의 판매 등 금지, 식품 또는 식품첨가물의 기준 및 규격, 권장규격, 농약 등의 잔류허용기준설정 요청 등, 식품등의 기준 및 규격 관리계획 등, 식품등의 기준 및 규격의 재평가 등
제3장	기구와 용기 · 포장	유독기구 등의 판매 · 사용금지, 기구 및 용기 · 포장에 관한 기준 및 규격, 기구 및 용기 · 포장에 사용하는 재생원료에 관한 인정, 인정받지 않은 재생원료의 기구 및 용기 · 포장에의 사용 등 금지
제4장	표시	유전자변형식품 등의 표시
제5장	식품 등의 공전(公典)	식품 등의 공전
제6장	검사 등	위해평가, 위해평가 결과 등에 관한 공표, 소비자 등의 위생검사등 요청, 위해식품 등에 대한 긴급대응, 유전자변형식품등의 언전성 심사 등, 검사명령 등, 특정 식품 등의 수입 · 판매 등 금지, 출입 · 검사 · 수거 등, 식품등의 재검사, 자가품질검사의 의무, (소비자)식품위생감시원, 소비자 위생점검 참여 등
제7장	영업	시설기준, 영업허가등, 영업허가 등의 제한, 영업승계, 건강진단, 식품위생교육, 위생관리책임자, 실적보고, 영업제한, 영업자 등의 준수사항, 보험가입, 위해식품 등의 회수, 식품등의 이물 발견보고 등, 위생등급, 식품접객업소의 위생등급 지정 등, 식품안전관리인증기준, 인증유효기간, 식품안전관리인증기준적용업소에 대한 조사 · 평가 등, 식품안전관리인증기준의 교육훈련기관 지정 등, 교육훈련기관의 지정취소 등, 식품이력추적관리 등록기준, 식품이력추적관리정보의 기록 · 보관 등, 식품이력추적관리 시스템의 구축,
제8장	조리사 등	조리사, 영양사, 조리사의 면허, 결격사유, 명칭사용금지, 교육
제9장	식품위생심의위원회	식품위생심의 위원회의 설치, 심의위원회의 조직과 운영
제10장	식품위생단체 등	동업자조합, 식품산업협회, 식품안전정보원, 건강위해가능 영양성분관리
제11장	시정명령과 허가취소 등 행정제재	시정명령, 폐기처분, 위해식품 등의 공표, 시설계수명령, 허가취소 등, 품목제조정지 등, (영업)허가등의 취소(요청), 행정 제재처분 효과의 승계, 폐쇄조치 등, 면허취소 등, 청문, 과징금 처분/부과, 위반사실 공표
제12장	보칙	국고보조, 식중독에 관한 조사 보고, 식중독대책협의기구설치, 집단급식소, 식품진흥기금, 영업자 등에 대한 행정적 · 기술적 지원, 포상금지급, 정보공개, 식품안전관리 업무 평가, 벌칙 적용에서 공무원 의제, 권한의 위임, 수수료
제13장	벌칙	벌칙, 양벌규정, 과태료, 과태료에 관한 규정 적용의 특례
부칙		

1) 용어의 정의

식품위생법을 운용하는데 기초가 되는 식품, 식품첨가물, 화학적 합성품 등 관련 용어를 다음과 같이 정의하고 있다.

- 식품 : 모든 음식물(의약으로 섭취하는 것은 제외한다)을 말한다.
- 식품첨가물 : 식품을 제조·가공·조리 또는 보존하는 과정에서 감미甘味, 착색着色, 표백漂白 또는 산화방지 등을 목적으로 식품에 사용되는 물질을 말한다. 이 경우 기구器具·용기·포장을 살균·소독하는 데에 사용되어 간접적으로 식품으로 옮아갈 수 있는 물질을 포함한다.
- 화학적 합성품 : 화학적 수단에 의하여 원소 또는 화합물에 분해반응 외의 화학반응을 일으켜 얻은 물질을 말한다.
- 기구 : 다음 어느 하나에 해당하는 것으로서 식품 또는 식품첨가물에 직접 닿는 기계·기구나 그 밖의 물건(농업과 수산업에서 식품을 채취하는 데에 쓰는 기계·기구나 그 밖의 물건은 제외한다)을 말한다.

  가. 음식을 먹을 때 사용하거나 담는 것

  나. 식품 또는 식품첨가물을 채취·제조·가공·조리·저장·소분小分(완제품을 나누어 유통을 목적으로 재포장하는 것을 말한다. 이하 같다)·운반·진열할 때 사용하는 것
- 용기·포장 : 식품 또는 식품첨가물을 넣거나 싸는 것으로서 식품 또는 식품첨가물을 주고받을 때 함께 건네는 물품을 말한다.
- 위해 : 식품, 식품첨가물, 기구 또는 용기·포장에 존재하는 위험요소로서 인체의 건강을 해치거나 해칠 우려가 있는 것을 말한다.
- 영업 : 식품 또는 식품첨가물을 채취·제조·수입·가공·조리·저장·소분·운반 또는 판매하거나 기구 또는 용기·포장을 제조·수입·운반·판매하는 업(농업과 수산업에 속하는 식품 채취업은 제외한다)을 말한다.
- 영업자 : 제37조 제1항에 따라 영업허가를 받은 자나 같은 조 제4항에 따라 영업신고를 한 자 또는 같은 조 제5항에 따라 영업등록을 한 자를 말한다.
- 식품위생 : 식품, 식품첨가물, 기구 또는 용기·포장을 대상으로 하는 음식에 관한 위생을 말한다.
- 집단급식소 : 영리를 목적으로 하지 아니하면서 특정 다수인에게 계속하여 음식물을 공급하는 다음의 어느 하나에 해당하는 곳의 급식시설로서 대통령령으로 정하는 시설을 말한다.

가. 기숙사

나. 학교, 유치원, 어린이집

다. 병원

라. 「사회복지사업법」 제2조제4호의 사회복지시설

마. 산업체

바. 국가, 지방자치단체 및 「공공기관의 운영에 관한 법률」 제4조 제1항에 따른 공공기관

사. 그 밖의 후생기관 등

- 식품이력추적관리 : 식품을 제조·가공부터 판매 단계까지 각 단계별로 정보를 기록·관리하여 그 식품의 안전성 등에 문제가 발생할 경우 그 식품을 추적하여 원인을 규명하고 필요한 조치를 할 수 있도록 관리하는 것을 말한다.
- 식중독 : 식품 섭취로 인하여 인체에 유해한 미생물 또는 유독물질에 의하여 발생하였거나 발생한 것으로 판단되는 감염성 질환 또는 독소형 질환을 말한다.
- 집단급식소에서의 식단 : 급식 대상집단의 영양섭취기준에 따라 음식명, 식재료, 영양성분, 조리방법, 조리인력 등을 고려하여 작성한 급식계획서를 말한다.

2) 위해식품 등의 판매 금지

다음의 어느 하나에 해당하는 식품 등을 판매하거나 판매할 목적으로 채취, 제조, 수입, 가공, 사용, 조리, 저장, 소분, 운반 또는 진열하지 못하도록 하고 있다.

- 썩거나 상하거나 설익어서 인체의 건강을 해칠 우려가 있는 것
- 유독·유해물질이 들어 있거나 묻어 있는 것 또는 그러할 염려가 있는 것. 다만, 식품의약품안전처장이 인체의 건강을 해칠 우려가 없다고 인정하는 것은 제외한다.
- 병病을 일으키는 미생물에 오염되었거나 그러할 염려가 있어 인체의 건강을 해칠 우려가 있는 것
- 불결하거나 다른 물질이 섞이거나 첨가된 것 또는 그 밖의 사유로 인체의 건강을 해칠 우려가 있는 것

• 제18조에 따른 안전성 평가 대상인 농·축·수산물 등 가운데 안전성 평가를 받지 아니하였거나 안전성 평가에서 식용으로 부적합하다고 인정된 것
• 수입이 금지된 것 또는 수입식품안전관리특별법 제20조 제1항에 따른 수입신고를 하지 아니하고 수입한 것
• 영업자가 아닌 자가 제조·가공·소분한 것

3) 식품 또는 식품첨가물의 기준과 규격

기준과 규격이 정하여진 식품 또는 식품첨가물은 그 기준에 따라 제조·수입·가공·사용·조리·보존하여야 하며, 그 기준과 규격에 맞지 아니하는 식품 또는 식품첨가물은 판매하거나 판매할 목적으로 제조·수입·가공·사용·조리·저장·소분·운반·보존 또는 진열하여서는 아니 된다.

4) 유전자변형식품 등의 표시

인위적으로 유전자를 재조합하거나 유전자를 구성하는 핵산을 세포 또는 세포 내 소기관으로 직접 주입하는 기술 또는 분류학에 따른 과(科)의 범위를 넘는 세포융합기술 등 생명공학기술을 활용하여 재배·육성된 농산물·축산물·수산물 등을 원재료로 하여 제조·가공한 식품 또는 식품첨가물은 유전자변형식품임을 표시하여야 한다.

다만, 제조·가공 후에 유전자변형 DNA 또는 유전자변형 단백질이 남아 있는 유전자변형식품등에 한정한다.

5) 식품위생감시

식품위생법 제32조의 규정에 의한 공무원의 직무와 그 밖에 식품위생에 관한 지도 등을 하기 위하여 식품의약품안전처(대통령령으로 정하는 그 소속 기관을 포함한다), 특별시·광역시·도·특별자치도 또는 시·군·구에 식품위생감시원을 둔다. 식품위생감시원의 자격·임명·직무범위, 그 밖에 필요한 사항은 대통령령으로 정한다.

한편 식품의약품안전처장(대통령령으로 정하는 그 소속 기관의 장을 포함한다.), 시·도지

사 또는 시장·군수·구청장은 식품위생관리를 위하여 「소비자기본법」 제29조에 따라 등록한 소비자단체의 임직원 중 해당 단체의 장이 추천한 자나 식품위생에 관한 지식이 있는 자를 소비자식품위생감시원으로 위촉할 수 있다. 소비자식품위생감시원을 위촉한 식품의약품안전처장, 시·도지사 또는 시장·군수·구청장은 소비자식품위생감시원에게 직무 수행에 필요한 교육을 하여야 한다.

식품의약품안전처장, 시·도지사 또는 시장·군수·구청장은 출입·검사·수거 등에 참여를 희망하는 소비자를 참여하게 하여 위생 상태를 점검할 수 있으며 위생점검의 시기 등은 대통령령으로 정한다.

소비자식품위생감시원의 직무는?

- 식품접객업을 하는 자에 대한 위생관리상태 점검
- 유통 중인 식품 등이 표시기준에 맞지 아니하거나 허위표시 또는 과대광고 금지 규정을 위반한 경우 관할 행정관청에 신고하거나 그에 관한 자료 제공
- 식품위생감시원이 행하는 식품 등에 대한 수거 및 검사 지원

6) 조리사와 영양사

(1) 조리사

집단급식소 운영자와 대통령령으로 정하는 식품접객업자는 조리사를 두어야 한다. 다만, 집단급식소 운영자 또는 식품접객영업자 자신이 조리사로서 직접 음식물을 조리하는 경우, 1회 급식인원 100명 미만의 산업체인 경우,영양사가 조리사의 면허를 받은 경우에는 조리사를 두지 않아도 된다.

조리사가 되려는 자는 「국가기술자격법」에 따라 해당 기능분야의 자격을 얻은 후 특별자치도지사·시장·군수·구청장의 면허를 받아야 하며 따른 조리사의 면허 등에 관하여 필요한 사항은 총리령으로 정한다.

(2) 영양사

집단급식소 운영자는 영양사를 두어야 한다. 다만, 집단급식소 운영자 자신이 영양사로서 직접 영양 지도를 하는 경우, 1회 급식인원 100명 미만의 산업체인 경우, 조리사가 영양사의 면허를 받은 경우에는 영양사를 두지 않아도 된다.

> **영양사의 직무는?**
>
> - 집단급식소에서의 식단 작성, 검식 및 배식관리
> - 구매식품의 검수 및 관리
> - 급식시설의 위생적 관리
> - 집단급식소의 운영일지 작성
> - 종업원에 대한 영양 지도 및 식품위생교육

(3) 교육

식품의약품안전처장은 식품위생 수준 및 자질의 향상을 위하여 필요한 경우 조리사와 영양사에게 교육(조리사의 경우 보수교육을 포함한다)을 받을 것을 명할 수 있다. 다만, 집단급식소에 종사하는 조리사와 영양사는 1년마다 교육을 받아야 한다.

7) 식품위생심의위원회

식품의약품안전처장의 자문에 응하여 다음 사항을 조사·심의하기 위하여 식품의약품안전처에 식품위생심의위원회를 둔다.

- 식중독 방지에 관한 사항
- 농약·중금속 등 유독·유해물질의 잔류허용기준에 관한 사항
- 식품 등의 기준과 규격에 관한 사항
- 기타 식품위생에 관한 중요사항

6. 주요 식품위생 행정제도

1) 회수제도

회수제도는 식품 등이 식품위생상의 위해가 발생했거나 발생할 우려가 있다고 인정된 경우 영업자가 유통 중인 당해 식품 등을 회수하여 소비자의 피해를 최소화하고 소비자를 보호하기 위한 제도이다. 이 제도는 1995년 식품위생법에 도입되었고 1996년 10월부터 시행되었다.

(1) 위해식품의 회수

식품위생법 제45조에 의거한 위해식품 등의 회수에 의하면 판매의 목적으로 식품 등을 제조·가공·소분·수입 또는 판매한 영업자는 해당 식품 등이 식품 등의 위해와 관련된 위반사항을 알게 된 경우에는 지체 없이 유통 중인 해당 식품 등을 회수하거나 회수하는 데에 필요한 조치를 하여야 한다. 이 경우 영업자는 회수계획을 식품의약품안전처장, 시·도지사 또는 시장·군수·구청장에게 미리 보고하여야 하며, 회수 결과를 보고받은 시·도지사 또는 시장·군수·구청장은 이를 지체 없이 식품의약품안전처장에게 보고하여야 한다.

(2) 위해식품 등의 공표

식품의약품안전처장, 시·도지사 또는 시장·군수·구청장은 식품위생에 관한 위해가 발생하였다고 인정되는 때, 회수계획을 보고받은 때는 해당 영업자에 대하여 그 사실의 공표를 명할 수 있다. 다만, 식품위생에 관한 위해가 발생한 경우에는 공표를 명해야 하며 공표방법 등 공표에 관하여 필요한 사항은 대통령령으로 정한다.

2) 식품안전관리인증기준 제도

식품안전관리인증기준, 즉 HACCP은 식품의 원료, 제조, 가공, 유통의 각 단계에서 발생할 수 있는 위해요소를 분석하여 중요관리점을 알아내고 이를 과학적이고 체계적으로 관리하여 안전한 식품을 제조할 수 있도록 하기 위한 예방관리제도이다.

국제식품규격위원회 위생분과위원에서는 1993년 HACCP을 식품위생의 일반원칙으로 채택하고 각 나라에 권고하였으며, 국제규격단체인 ISO에서도 식품의 ISO 9000 계열 인증을 HACCP의 기본원칙으로 규정하고 있다. 미국, 일본 등 선진 각국에서는 HACCP을 이미 도입, 적용하고 있다. 미국에서는 모든 식품의 위생관리에 HACCP 개념을 도입하고, 특히 식육, 육가공품, 수산물, 수산가공품 등에 법적 도입을 추진하고 있으며, 일본은 1995년부터 「식품위생법」에 '종합위생관리 제조과정' 을 도입하여 HACCP을 시행하고 있다.

우리나라는 1995년 식품위생법에 위해요소중점관리기준을 신설, 적용하고 있다. 식품위생법 제48조에 의거한 식품안전관리인증기준에 의하면, 식품의약품안전처장은 식품의 원료 관리 및 제조·가공·조리·소분·유통의 모든 과정에서 위해한 물질이 식품에 섞이거나 식품이 오염되는 것을 방지하기 위하여 각 과정의 위해요소를 확인·평가하여 중점적으로 관리하는 기준을 식품별로 정하여 고시할 수 있다. 또한 식품의약품안전처장은 식품안전관리인증기준을 지켜야 하는 영업자와 그 밖에 식품안전관리인증기준을 지키기 원하는 영업자의 업소를 식품별 식품안전관리인증기준 적용업소로 인증할 수 있다. 식품안전관리인증기준 적용업소의 영업자와 종업원은 교육훈련을 받아야 한다.

식품안전관리인증기준 대상 식품(시행규칙 제62조)은 ①어육가공품 중 어묵·어육소시지, ②기타 수산물가공식품 중 냉동 어류·연체류·조미가공품, ③냉동식품 중 피자류·만두류·면류, ④과자류, 빵류, 떡류 중 과자·캔디류·빵류·떡류, ⑤빙과류 중 빙과, ⑥음료류(다류 및 커피류 제외), ⑦레토르트식품, ⑧절임류 또는 조림류의 김치류 중 김치(배추를 주원료로 한 것), ⑨ 코코아가공품 또는 초콜릿류 중 초콜릿류, ⑩면류 중 국수·유탕면류, ⑪특수용도식품, ⑫즉석섭취·편의식품류 중 즉석섭취식품, ⑬식품제조·가공업의 영업소 중 전년도 총 매출액이 100억원 이상인 영업소에서 제조·가공하는 식품 등이다.

지방식품의약품안전청장은 식품안전관리인증기준 적용업소로 인증받은 업소에 대하여 식품안전관리인증기준의 준수 여부와 교육 훈련 수료 여부를 매년 1회 이상 조사·평가할 수 있다.

3) 영업 등의 허가

(1) 영업 허가, 신고 및 등록 업종

영업은 종류에 따라 허가를 받아야 하는 업종, 신고를 해야 하는 업종, 등록해야 하는 업종으로 나눈다.

- 허가업종 : 허가 대상 업종인 식품조사처리업의 허가관청은 식품의약품안전처장, 단란주점영업과·유흥주점영업의 허가관청은 특별자치시장·특별자치도지사 또는 시장·군수·구청장이다.
- 신고업종 : 특별자치시장·특별자치도지사 또는 시장·군수·구청장에게 신고를 하여야 하는 영업은 ①즉석판매제조·가공업, ②식품운반업, ③식품소분·판매업, ④식품냉동·냉장업, ⑤용기·포장류제조업(자신의 제품을 포장하기 위하여 용기·포장류를 제조하는 경우는 제외), ⑥휴게음식점영업, 일반음식점영업, 위탁급식영업, 제과점영업 등이다.
- 등록업종 : 특별자치시장·특별자치도지사 또는 시장·군수·구청장에게 등록하여야 하는 영업은 식품제조·가공업, 식품첨가물제조업이다. 단, 식품제조·가공업 중 주세법 제6조에 따라 주류 제조면허를 받아 주류를 제조하는 경우에는 식품의약품안전처장에게 등록하여야 한다.

영업의 종류는?

① 식품제조·가공업	② 즉석판매제조·가공업
③ 식품첨가물제조업	④ 식품운반업
⑤ 식품소분·판매업	⑥ 식품보존업(식품조사처리업, 식품냉동·냉장업)

⑦ 용기·포장류제조업(용기·포장지제조업, 옹기류제조업)
⑧ 식품접객업(휴게음식점영업, 일반음식점영업, 단란주점영업, 유흥주점영업, 위탁급식영업, 제과점영업)

(2) 영업의 허가 및 신고

영업의 허가를 받고자 하는 자는 법적으로 결격사유가 없어야 하고 법에서 규정하는 위생교육 등의 조건을 만족해야 하며 법에 규정된 영업허가신청서(전자문서로 된 신청서를 포함)에 관련 서류(전자문서를 포함)인 교육이수증, 면허증/신고필증, 수질검사성적서 등을 첨부하여 허가관청에 제출해야 한다. 영업의 신고를 위해서는 영업신고서(전자문서로 된 신청서를 포함)에 관련 서류(전자문서를 포함)인 교육이수증, 시설사용계약서, 수질검사성적서 등의 서류를 구비하여 신고관청에 제출해야 한다. 영업의 허가(신고)를 위해 구비서류를 시·군·구의 해당부서로 접수하면 담당계에서 서류 검토와 시설조사를 하여 영업활동에 타당한 것으로 판단되면 영업허가 또는 영업신고에 대한 사항을 기안, 결재하여 민원인에게 영업허가증이나 영업신고증을 교부한다.

4) 품목제조 보고

'품목허가'와 '품목신고'의 법적 근거가 되었던 식품위생법 제22조제2항이 1995년 삭제됨에 따라 '품목허가' 제도가 폐지되고 '품목제조보고' 제도가 도입되었다. 이 제도의 도입으로 기존의 사전관리제도에서 사후관리체제로 전환하게 되면서 제품 개발 및 생산 등과 관련된 인적, 물적 자원의 비용이 절감되고 식품제조·가공업의 생산활동과 행정제도 개선에 기여하며 나아가 업계의 책임의식 및 행정기관의 사후관리를 강화하게 될 것이다.

식품 또는 식품첨가물의 제조·가공에 관한 보고를 하려는 자는 품목제조보고서에 제조방법설명서, 식품 등의 한시적 기준 및 규격검토서, 유통기한의 설정사유서를 첨부하여 제품생산 시작 전이나 제품생산 시작 후 7일 이내에 등록관청에 제출하여야 한다. 이 경우 식품제조·가공업자가 식품을 위탁 제조·가공하는 경우에는 위탁자가 보고를 하여야 하며 등록관청은 품목제조보고 관리대장에 기록·보관하여야 한다.

5) 식품 등의 기준, 규격 및 표시기준

'기준'은 판매를 목적으로 하는 식품 또는 식품첨가물의 제조·가공·사용·포장 및 보존의 방법에 관한 규정이며, '규격'은 식품 또는 식품첨가물, 기구 및 용기, 포장의 성분에 관한 규정이다. 식품의약품안전처장은 국민보건을 위하여 필요하면 판매를 목적으로 하는 식품 또는 식품첨가물에 대한 제조·가공·사용·조리·보존 방법에 관한 기준과 성분에 관한 규격을 정하여 고시한다. 다만, 식품첨가물 중 기구 및 용기·포장을 살균·소독하는 데에 쓰여서 간접적으로 식품으로 옮아갈 수 있는 물질은 그 성분명만을 고시할 수 있다. 기준과 규격이 정하여진 식품 또는 식품첨가물은 그 기준에 따라 제조·수입·가공·사용·조리·보존하여야 하며, 그 기준과 규격에 맞지 아니하는 식품 또는 식품첨가물은 판매하거나 판매할 목적으로 제조·수입·가공·사용·조리·저장·소분·운반·보존 또는 진열하여서는 아니 된다. 기준 및 규격은 식품위생관리의 중요한 수단이며, 식품위생의 안전성 및 최소 품질 확보 그리고 영양의 질적 향상에 중요한 역할을 한다.

(1) 식품 등의 기준 및 규격

우리나라에서는 기준 및 규격에 맞지 않는 식품 등의 제조·가공·판매 등을 금지시키기 위해 식품 등의 기준 및 규격을 규정하고 있다. 식품 및 기구·용기·포장의 기준과 규격은 '식품공전'에, 식품첨가물의 기준과 규격은 '식품첨가물공전'에 수록되어 있다. 식품의약품안전처장은 국민보건상 필요하다고 인정하는 때에는 기준과 규격을 정하여 고시한다. 식품의 표시기준은 '식품 등의 표시기준'에 대한 고시로 시행되고 있다.

기준과 규격이 고시되지 아니한 식품 또는 식품첨가물(식품에 직접 사용하는 화학적 합성품인 첨가물을 제외)에 대하여는 그 제조·가공업자에게 제조·가공·사용·조리·보존 방법에 관한 기준 및 성분에 관한 규격을 제출하게 하여 지정된 식품전문 시험·검사기관의 검토를 거쳐 기준과 규격이 고시될 때까지 그 식품 또는 식품첨가물의 기준과 규격으로 한시적으로 인정받을 수 있다.

(2) 식품 등의 표시기준

식품, 축산물, 식품첨가물, 기구 또는 용기·포장, 즉 식품 등의 표시기준에 관한 사항 및 영양성분 표시대상 식품의 영양표시에 관한 필요한 사항을 규정함으로써 식품 등의 위생적인 취급을 도모하고 소비자에게 정확한 정보를 제공하며 공정한 거래의 확보를 목적으로 한다.

① 표시

식품 등의 표시사항은 제품명(기구 또는 용기·포장은 제외), 식품의 유형, 업소명 및 소재지, 제조연월일, 유통기한 또는 품질유지기한(식품첨가물과 기구 또는 용기·포장은 제외), 내용량, 원재료명(기구 또는 용기·포장은 재질로 표시) 및 함량, 성분명 및 함량, 영양성분, 기타 식품 등의 세부표시기준에서 정하는 사항 등이다.

- 원재료명 표시 : 모든 원재료명을 많이 사용한 순서에 따라 표시해야 하며 중량비율로서 2% 미만인 나머지 원재료는 함량 순서에 따르지 아니하고 표시할 수 있다. 식품첨가물은 그 명칭과 용도를 함께 표시해야 한다. 한국인에게 알레르기를 유발하는 것으로 알려져 있는 식품인 난류(가금류에 한함), 우유, 메밀, 땅콩, 대두, 밀, 고등어, 게, 새우, 돼지고기, 복숭아, 토마토, 아황산류, 호두, 닭고기, 쇠고기, 오징어, 조개류(굴, 전복, 홍합 포함), 잣을 함유하거나 이들 식품으로부터 얻은 성분과 이들 식품 및 성분을 함유한 식품 또는 식품첨가물을 원료로 사용하였을 경우에는 함유된 양과 관계없이 원재료명을 표시하여야 한다. 다만, 아황산류의 경우 이를 첨가하여 최종제품에 SO_2로 10mg/kg 이상 함유한 경우에 한한다.
- 영양표시 : 총리령으로 정한 영양표시 대상식품은 ①장기보존식품(레토르트식품만 해당), ②과자류 중 과자, 캔디류 및 빙과류, ③빵류 및 만두류, ④초콜릿류, ⑤잼류, ⑥식용 유지류, ⑦면류, ⑧음료류, ⑨특수용도식품, ⑩어육가공품 중 어육소시지, ⑪즉석섭취식품 중 김밥, 햄버거, 샌드위치, ⑫커피(볶은커피 및 인스턴트커피 제외), ⑬장류(한식메주, 재래한식간장, 한식된장 및 청국장 제외) 등이다. 영양성분 함량은 1포장당, 단위 내용량당, 1회 섭취 참고량당 함유된 값으로 표시하고, 표시대상 영양성분은 열량, 나트륨, 탄수화물, 당류, 지방, 트랜스지방, 포화지방, 콜레스테롤, 단백질, 그 밖에 영양표시나 영양강조 표시를 하고자 하는 1일 영양성분 기준치의 영양성분의 함량과 1일 영양성분기준치에 대한 비율(%)을 표시해야 한다. 다만 열량, 트랜스지방에 대하여는 1일 영양성분 기준치에 대한 비율(%) 표시를 제외한다.
- 나트륨 함량 비교 표시 : 총리령으로 정한 나트륨 함량 비교 표시 대상 식품은 ①조미식품이 포함되어 있는 국수, 냉면, 유탕면류 ②즉석섭취식품 중 햄버거, 샌드위치 등이다.

참고문헌

강동현. **생각이 필요한 식품위생학**. 수학사, 2012

권중호. 식품조사의 국제적 허가현황 및 실용화 전망. **식품공업**, 18-49, 125호, 1996

권중호. 방사선조사식품의 교역전망과 검지관리. **월간 식품세계**, 34-38, 7월, 2001

권진, 김창렬, 박완희, 조정순, 홍재훈. **최신 식품위생학**. 보문각, 2007

권훈정, 김정원, 유화춘. **식품위생학**. 교문사, 2005

김관수. 식품산업에 이용되는 식품 조사기술. **월간 식품세계**, 53-63, 7월, 2001

김경민, 서영훈, 신주옥, 이혜영, 정인실, 조은희, 하영미(역). **일반미생물학**, 제5판. 라이프사이언스, 2003.

김두진, 오찬. **식품위생 및 외식사업관계법규**. 효일, 2007

김미라. **식품의 안전성**. 도서출판 신정, 2004

김미정, 윤혜현. **식품위생학-이론과 실무**. 라이프사이언스, 2006

김종규. **식품위생학**. 신광출판사, 2006

김종규, 노우섭. **식품위생관리**. 한국방송통신대학교출판부, 2006

대한영양사회. **위생관리지침서 Ⅱ**, 1999

류충호 역. **식품위생학**. 동화기술, 2005

문범수. **최신식품위생학**. 수학사, 1993

문범수, 김성환. **식품위생학**. 신광출판사, 2007

문창규, 박민경, 박영서, 박훈, 송은성, 이숙경, 이효구, 장영상, 조영희, 홍재훈. **식품위생학**. 보문각, 2007

박종세, 김동술. **꼭 알아야 할 식품위생**. 유림문화사, 1998

박혜영, 김시월. 유전자재조합식품(GMO)에 대한 소비자 정보요구도 연구. **대한가정학회지**, 제43권 2호. 175-189, 2005

배현주, 백재은, 주나미, 윤지영. **급식관리자를 위한 HACCP 이론 및 실제**. 교문사, 2005

변명우. 방사선조사식품-보다 안전한 식품공급을 위한 안전한 결정은 방사선조사. **국민영양**. 9-17, 3월, 1999

변명우, 이주운. 식품의 위생안전성 확보를 위한 방사선조사기술의 이용. **식품과학과 산업**. 36(2). 25-41, 2003

송재철. **새로운 식품위생학**. 동서문화원, 2005

송재철, 박현정. **식품첨가물학**. 내하출판사, 2000

송형익, 채기수, 김영만, 손규목, 이용수, 하상철. **현대 식품위생학**. 지구문화사, 2006

식품영양관련학과교수협의회. **최신 식품위생관계법규**. 신광문화사, 2006

식품위생법규교재편찬위원회. **식품위생관계법규 편람**. 광문각, 2007

식품의약품안전청. **유전자재조합 식품의 올바른 이해**, 1998

식품의약품안전청. **식중독 예방교육 표준교재**, 2003

식품의약품안전청. **조개류(貝類)에서 발생하는 조개류 독소에 대하여 알아봅시다**, 2004

식품의약품안전청. **곰팡이 독소에 대해서 알아봅시다**, 2006

식품의약품안전청. **식품공전**, 2007

식품의약품안전청. **식품첨가물공전**, 2007

식품의약품안전청. **국가별 곰팡이 독소류 규격모음집**, 2006

심창환, 서현창, 박헌국, 김현대, 김종국. **식품위생학**. 문운당, 2006

오성천. **식품미생물학**. 정문각, 2002

우세홍. **식품첨가물**. 신광출판사, 2006

우세홍, 김정환, 김중배, 정동옥, 장재권, 정현재, 황상용. **최신 식품위생학**. 신광문화사, 2003

윤승기. 식품조사처리에 관하여. **식품공업**. 122호. 45-55, 1993

이서래. **식품의 안전성연구**. 이화여자대학교 출판부, 1993

이영옥, 김영찬, 박기환. 각국의 국민영양조사자료에 근거한 GM 콩 섭취량 추정. **식품과학과 산업**. 36(3). 61-69, 2003

이진영, 김현오, 현영희, 이행숙. **현대 식품구매론**. 효일문화사, 2004

이철호. 방사선조사식품의 안전성과 국제교역. **월간 식품세계**. 28-33. 7월, 2001

이한창, 임종필, 조좌형, 신중엽. **식품미생물학**. 수학사, 2004

장동석, 신동화, 정덕화, 우건조, 이인선. **자세히 쓴 식품위생학**. 정문각, 2007

최석영. **식품오염**. 울산대학교 출판부, 1995

하정철, 최수전, 권영태, 문태화. 유전자재조합식품 안전성과 표시에 대한 소비자 인식조사. **한국식품영양과학회지**. 32(8). 1401-1407, 2003

한국대학 식품영양관련학과 교수협의회. **최신식품위생법규**, 제11판. 문운당, 2007

한국소비자연맹. **유전자변형식품 올바른 알기**. 2014. 8월

한국식품과학회. **식품과학용어집**(증보판). 대광서림, 1994

홍기운. **식품위생학**. 대왕사, 2007

국립수산물품질관리원. **복어의 올바른 이해**, 2006

Branen AL, Davidson PM, Salminen S. ***Food additives***. Marcel Dekker, Inc., 1990

McSwane. ***Essentials of food safety and sanitation***. Prentice-Hall, 2005

Murphy PA, Hendrich S, Landgren C, Bryann CM. Food mycotoxin : An update. ***J Food Sci,*** 71(5): R51-R65, 2006

http://www.foodnara.go.kr (식품안전정보서비스 식품나라)

http://www.ikpca.co.kr (한국방역협회)

http://www.kafri.or.kr (한국식품과학연구원)

http://www.kfia.or.kr (한국식품산업협회)

http://www.law.go.kr (법제처 국가법령정보센터)

http://www.mafra.go.kr (농림축산식품부)

http://www.mfds.go.kr/ (한국식품의약품안전처)

http://www.mfds.go.kr/fa/index.do (한국식품의약품안전처 식품첨가물데이터베이스)

http://www.mw.go.kr (보건복지부)

http://www.naas.go.kr (국립농업과학원)

http://www.nfqs.go.kr (국립수산물품질관리원)

http://www.rda.go.kr (농촌진흥청)

찾아보기

ㅅ

ㅇ

저자 소개

구난숙(Koo Nan-Sook)
서울대학교 생활과학대학 식품영양학과 졸업
미국 플로리다주립대학교 식품영양학과 PhD
현재 대전대학교 식품영양학과 명예교수

김완수(Kim Wan-soo)
서울대학교 생활과학대학 식품영양학과 졸업
미국 캔사스주립대학교 곡류학과 PhD
전 호남대학교 외식조리학과 교수

이경애(Lee Kyong-Ae)
서울대학교 생활과학대학 식품영양학과 졸업
일본 동경대학교 농예화학과 농학박사
현재 순천향대학교 식품영양학과 명예교수

김미정(Kim Mee-Jeong)
서울대학교 생활과학대학 식품영양학과 졸업
서울대학교 대학원 식품영양학과 이학박사
현재 동국대학교 가정교육과 겸임교수

이해하기 쉬운 **식품위생학**

2015년 8월 5일 초판 발행
2026년 3월 5일 7쇄 발행

지은이 | 구난숙 · 김완수 · 이경애 · 김미정
발행인 | 유제구
발행처 | 파워북
주 소 | 경기도 고양시 일산동구 호수로 358-25
동문타워 2차 529호
전 화 | (02) 730-1412
팩 스 | (031) 908-1410
등 록 | 1997년 1월 31일 제2014-000067호

정 가 23,000원
ISBN 978-89-8160-250-5 (93590)